艺术设计
ARTDESIGN

高等院校艺术学门类『十四五』系列教材

YUANLIN GUIHUA SHEJI SHIXUN

园林规划设计实训

主编　吴　苗　李甜甜　胡　平

副主编　严　明　杨　洁　曾　艳　王植芳　袁伊旻

参编　陈　丽　段丽娟　张辛阳　薛凤姣　潘玉莲

　　　杨紫文　徐旭敏　叶菲阳

华中科技大学出版社
http://www.hustp.com
中国·武汉

图书在版编目(CIP)数据

园林规划设计实训/吴苗,李甜甜,胡平主编.—武汉:华中科技大学出版社,2022.4
ISBN 978-7-5680-8153-5

I.①园… Ⅱ.①吴… ②李… ③胡… Ⅲ.①园林-规划 ②园林设计 Ⅳ.①TU986

中国版本图书馆 CIP 数据核字(2022)第 059044 号

园林规划设计实训
Yuanlin Guihua Sheji Shixun

吴　苗　李甜甜　胡　平　主编

策划编辑:袁　冲

责任编辑:李曜男

封面设计:优　优

责任监印:朱　玢

出版发行:华中科技大学出版社(中国·武汉)　　电话:(027)81321913
　　　　　武汉市东湖新技术开发区华工科技园　　邮编:430223

录　　排:武汉创易图文工作室

印　　刷:湖北新华印务有限公司

开　　本:880 mm×1230 mm　1/16

印　　张:16

字　　数:473 千字

版　　次:2022 年 4 月第 1 版第 1 次印刷

定　　价:48.00 元

前言
Preface

　　风景园林规划设计课程和园林规划设计课程是风景园林和园林专业本科学生的专业核心课程,涵盖了学生未来从业的最基本、最主要的专业能力与素质培养的核心内容,是风景园林和园林专业最重要的专业课程。风景园林规划设计课程和园林规划设计课程可以帮助同学们建立正确的园林规划设计理念,掌握园林构成要素的基本设计方法,掌握园林规划设计的原则和方法。园林规划设计实训是风景园林规划设计课程和园林规划设计课程的重要实践教学内容。

　　本书分为三章,根据园林规划设计的程序循序渐进。第一章是园林规划设计各阶段设计要求。园林规划设计包括四个阶段:概念设计阶段、方案设计阶段、初步设计阶段以及施工图设计阶段。第二章是不同绿地类型园林规划设计任务书,包括附属绿地设计、城市广场设计、公园绿地景观设计、观光农业园与美丽乡村规划设计。第三章节选了园林规划设计相关的设计标准和规范。

　　本书是教学研究的产物,感谢项目式教学法在风景园林规划与设计课程中的应用(201604)、"金课"背景下地方新建本科高校植物类课程建设的研究和实践(2019JY111)、数字化景观技术下的风景园林规划设计课程教学模式探索与实践(2021JY101)、湖北省高等学校省级教学研究项目立体化教学模式在园林专业应用型课程中的改革研究(2017505)、武汉设计工程学院校级教材项目《园林规划设计》(JC202104)、武汉设计工程学院校级教材建设项目(JC202103)、基于景观都市主义理论的武汉市工业遗产地保护与再利用研究(18G130)、城市微更新理念下口袋公园设计探究(B2021370)、肠道共生微生物对南亚果实蝇雌虫生殖力的影响研究(B2019329)的支撑。

编者

2022 年 1 月 7 日

目录
Contents

Yuanlin Guihua Sheji Shixun

第 一 章
园林规划设计各阶段
设计要求

第一节
概念设计阶段

一、场地勘察、资料收集与整理

(一)现场踏查

无论面积大小、设计项目的难易,设计者都必须认真到现场进行踏查。一方面,设计者应核对、补充所收集的图纸资料,如现状的建筑、树木等情况,水文、地质、地形等自然条件。另一方面,设计者到现场,可以根据周围环境条件,进入艺术构思阶段。"俗则屏之,嘉则收之"。设计者应发现可利用、可借景的景物和不利或影响景观的物体,在规划过程中分别加以适当处理。根据情况,如面积较大,情况较复杂,有必要的时候,现场踏查工作要进行多次。

现场踏查的同时,设计者应拍摄一定的环境现状照片,以供进行总体设计时参考。

(二)编制总体设计任务文件

以公园设计为例,设计者应分析、研究收集到的资料,定出总体设计原则和目标,编制出进行公园设计的要求和说明。总体设计任务文件主要包括以下内容:

①公园在城市绿地系统中的关系;
②公园所处地段的特征及四周环境;
③公园的面积和游人容量;
④公园总体设计的艺术特色和风格要求;
⑤公园地形设计,包括山体、水系等要求;
⑥公园的分期建设实施的程序;
⑦公园建设的投资匡算。

(三)设计前期基础资料

设计前期基础资料包括以下内容。
①甲方对设计任务的具体功能、规模、风格等的要求及历史状况。
②由主管部门批准的规划条件(用地红线、总占地面积、周围道路红线、周围环境、对外出入口位置、地块容积率、绿地率及原有文物古树等级文件、保护范围等)。
③城市绿地总体规划与项目的关系,对项目设计的要求,城市绿地总体规划图(比例尺为1:5000~1:10 000)。
④项目周围的环境关系、环境的特点、未来发展情况,如周围有无名胜古迹、人文资源等。
⑤项目周围城市景观:建筑形式、体量、色彩等与周围市政的交通联系,人流集散方向,周围居民的类型

与社会结构,如厂矿区、文教区或商业区等的情况。

⑥该地段的能源情况:电源、水源,排污、排水,周围是否有污染源,如有毒有害的厂矿企业,传染病医院、学校、幼儿园以及噪声源等情况。

⑦规划用地的水文、地质、地形、气象等方面的资料。了解地下水位,年降雨量与月降雨量,年最高、最低温度的分布时间,年最高、最低湿度及其分布时间,年季风风向、最大风力、风速以及冰冻线深度等。主要建筑物位置尤其需要地质勘察资料。

⑧植物状况:用地范围内的植被情况和主要多年生乔灌木的位置和面积。

⑨甲方要求的设计标准及投资额度。

(四)设计前期图纸资料(电子文件)

设计前期图纸资料(电子文件)包括以下内容。

①地形图。建设单位应根据面积大小,提供比例尺为1:1000~1:500项目用地范围的总平面地形图。图纸应明确显示以下内容:设计范围(红线范围、坐标数字),园址范围内的地形、标高及现状物(现有建筑物、构筑物,山体,水系,植物,道路,水井,水系的进、出口位置,电源等)的位置(现状物的保留利用、改造和拆迁等情况要分别注明),四周环境情况(与市政交通联系的主要道路的名称、宽度、标高点、走向和道路排水方向),周围机关、单位、居住区的名称、范围,以及今后发展状况。

②局部放大图。1:200图纸主要供局部详细设计使用。该图纸要满足建筑单位设计及周围山体、水系、植被、园林小品及园路的详细布局。

③需要保留的建筑,要提供建筑物的平面图、立面图。平面图要注明室内外标高;立面图要标明建筑物的尺寸、颜色等内容。

④现状树木分布位置图(1:200~1:500)。现状树木分布位置图主要标明要保留树木的位置,并注明品种、胸径、生长状况和观赏价值等。有较高观赏价值的树木最好附彩色照片。

⑤地下管线图(1:500~1:200)。地下管线图的比例尺一般要与施工图相同。地下管线图应包括要保留的上水、雨水、污水、化粪池、电信、电力、暖气沟、煤气、热力等管线位置及井位等。地下管线图除平面图外,还要有剖面图,并需要注明管径的大小、管底或管顶标高、压力、坡度等。

二、与业主沟通,确定主题构想

景观设计的首要目标就是满足、改善业主的需求。在设计之初,设计师就要考虑项目完成之后展现的蓝图。设计师应通过有效的沟通,了解业主的生活喜好。有时业主并未表达清楚自己的需要,这时,设计师就应给予启发和引导,让业主参与到设计中来,而不是被摒弃在设计之外,不需要业主提出多好的意见,只需要倾听他们的要求,并使之融入设计当中。在规划构思时,设计师应胸怀大局,而不能被原有布局所牵绊,设计也要富有弹性。

以庭院设计为例,与业主进行沟通应包括以下内容。

①设计之前,设计师要考虑业主对庭院的使用方式和准备投入的预算情况,例如是否有时间、精力来养护庭院,庭院的使用率,家里是否有老人、孩子,老人对庭院是否有特殊的要求,家里是否养宠物,是否需要在庭院给宠物安置一个小屋,是否经常在室外聚会。

②设计师应预算庭院建造、绿化以及养护的费用,不必勉为其难地建造一个需要高额维护支出的庭院。同时,设计师应考虑更具体的问题,包括是否需要花房、庭院是否需要夜间照明、是否需要户外园艺构件。

③设计师应考虑业主所喜爱的设计方向,例如对哪种文化环境更感兴趣、是否要将风水或者信仰的元

素融入设计、喜欢哪种庭院风格(简约大气、别致独特的北美风格,风格朴素、颜色庄重的德式风格,空间灵活、雍容娴雅的英式风格,高贵优雅、追求浪漫的法式风格,单纯凝练,小巧精致的日式风格,具有本土文化、拥有文化底蕴的中式风格)。

以上这一系列问题都是设计师需要兼顾的,设计工作要在明确业主实际需要的基础上进行,当然,设计师也可以给业主一些从业建议,帮助业主打开思路,明确自己想要的蓝图。因此,设计师应制作出业主需求清单(见图1-1),来细致地了解和评估业主的需求。

业主需求清单		
项目名称	需求分析	备注
客户基本状况	1、家庭常住人员: 2、是否养宠物或是否准备饲养宠物: □是　　□否 3、是否有宗教信仰: □是　　□否 4、是否有风俗忌讳: □是　　□否 5、有无特别要求保留和增设的内容:	
需求细节	1、对于庭院整体风格的偏好 2、对于苗木品种的偏好 3、对于铺装材质和色彩的偏好 4、本工程投资额的范围 5、本工程设计周期的要求 6、本工程施工周期的要求	
其他需求		

图 1-1　业主需求清单

三、场地空间概念分析

(一)中国传统立意的表达

园林的布局,就是在选定园址或"相地"的基础上,根据园林的性质、规模、地形特点等因素,进行全园的总布局,通常称之为总体设计。不同性质、不同功能要求的园林有各自不同的布局特点。不同的布局形式必然反过来反映不同的造园思想。所以,园林的布局,即总体设计是一个园林艺术的构思过程,也是园林的内容与形式统一的创作过程。

立意是指园林设计的总意图,即设计思想。无论中国的帝王宫苑、私人宅园,还是外国的君主宫苑、地主庄园,都反映了园主的指导思想。

1. 神仪在心,意在笔先

晋代顾恺之在《论画》中说"巧密于精思,神仪在心",即绘画、造园首先要认真考虑立意,"意在笔先"。清代陈夔麟也在《宝迂阁书画录》中谈道:"诗文以意为主,而气附之,惟画亦云。无论大小尺幅,皆有一意,故论诗者以意逆志,而看画者以意寻意。"扬州个园园主无疑在说,"无个"不成竹。个园暗喻园主有竹子般清逸的品格和崇高的气节。唐代柳宗元被贬官为永州司马时,建了一个名为"愚溪"的私园。该园内的一切景物以"愚"字命名,愚池、愚丘、愚岛、愚泉、愚亭……一愚到底,其意与"拙政园"的"拙者为政"异曲同工。图 1-2 所示为扬州个园。

图 1-2　扬州个园

承德避暑山庄是位于河北省的皇家园林。如此庞大的园林的立意也十分明确。承德避暑山庄的东宫有景点"卷阿胜境",意在追溯几千年前的君臣唱和,宣传忠君爱民的思想,从而标榜清朝最高统治阶级的"扇被恩风,重农爱民"的思想境界。"崇朴鉴奢,以素养艳,因地宜而兴造园",这就是根据山庄本身优越自然条件,"物尽天然之趣,不烦人事之工",以创造山情野致。在这种设计思想指导下,产生了"依松为斋""引水在亭"的创作手法。

美国首都华盛顿的"越战老兵纪念碑",碑园形式十分简洁,一条折线道路,面临一面垂直黑色花岗岩碑壁,壁上刻阵亡将士姓名。方案评审过程中,不是高大、复杂的纪念碑作品中选,而是立意准确、作品标题"越战老兵纪念碑",副标题"被遗忘的角落"的巧妙构思、新奇形式折桂。作者的折线形的道路,更准确、简要地表达了美国人参加越南战争,只不过是在历史上走了一段"弯路"的客观结果。图 1-3 所示为越战老兵纪念碑。

园林立意与"相地"是相辅相成的两方面。《园冶》云:"相地合宜,构园得体。"这是明代园林哲师计成提出的理论,他把园林"相地"看作园林成败的关键。古代"相地",即造园时选择园址。"相地"的主要含义为园主经多次选择、比较,最后"相中"园主人认为理想的地址。那么,选择的依据是什么呢?园主在选择园址的过程中,已把他的造园构思与园址的自然条件、社会状况、周围环境等因素做了综合的比较、筛选。因此不难看出,"相地"与立意是不可分割的,是在园林创作过程中的前期工作。

图 1-3 越战老兵纪念碑

随着社会的进步和城市建设的发展,出现了另一种情况,就是有关部门确定园林项目,不能做到理想地选择园址,而是在城市建设中,将不宜建房、地形条件较差的区域确定为园林绿地,如杭州的花港观鱼公园(见图 1-4),原址仅 0.2 hm² ,亭墙颓圮,野草丛生,除浅水方塘外,一片荒芜,原址为水塘地;浙江的温岭市,东南部有一片低于市区 80 cm 的水稻田地,属河网地,城市规划过程中,不宜作为居住区或其他开发的地段,最后确定作为城市公园用地。所以,园林设计工作中,如何因地制宜而达到"构园得体"是园林规划设计师的重要任务之一。

图 1-4 花港观鱼公园

2. 情因景生,景为情造

造园的关键在于造景,而造景的目的在于抒发作者对造园目的与任务的认识和激发的思想感情。所谓"诗情画意"写入园林,即造园不仅要做到景美如画,还要达到情从景生,要富有诗意,触景能生情。"情景名为二,而实不可离。神于诗者,妙合无垠,巧者则有情中景,景中情。"(王夫之《姜斋诗话》)。苏州古典园林中,最早的一座名园是沧浪亭,园内土阜最高处有一座四方亭叫沧浪亭,其上对联为"清风明月本无价,近水远山皆有情。"正是这"清风明月"和"近水远山"的美景激发了诗人的情感。图 1-5 所示为沧浪亭。

图1-5　沧浪亭

可见,园林创作过程中,选择园址、依据现状情况确定园林主题思想、创造园景是不可分割的有机整体。造园的立意,或构思、创作激情,最终要通过具体的园林艺术创造出一定的园林形式,通过精心布局得以实现。

(二)西方从形式到概念设计的表达

最早将概念和设计结合在一起的领域是产品设计领域。1984年,德国的Pall和Beitz在《Engineering Design》一书中,率先提出"概念设计"(concept design)一词,这个名词是吸收了"概念艺术"中的概念,根据"一个大概的方向""在概念形成和完成作品的过程中,艺术家必须从属于他自己所启动的程序"这两个重要内涵而提出的命题。概念设计的定义是在确定任务之后,通过抽象化拟定功能结构,寻求适当的作用原理及其组合等,确定基本的求解途径,得出求解方案的设计工作。自此以后,"概念"这个用法,从艺术领域,被引入设计领域,并在设计领域里广泛应用。随着计算机技术的普及和飞速发展,三维动漫设计领域里,概念设计几乎"一统天下",因为其最终成品大量地以虚拟图像的方式存在,而非实物。1969年,德国勒沃库森博物馆举办了概念展,在这次艺术展览中,陈列在展厅里的,只不过是大量的案卷和手工印刷的纸张,它们传达的是艺术并非一定需要有形的实体,同样,设计也并不一定需要转化为实物,而三维动漫领域里概念设计盛行,也正是因这个设计形式的常用载体并不是普通意义上的实物作品。对于景观设计领域而言,景观概念设计的应用已经很广泛了,在设计竞赛中、设计实施过程中及对景观作品的描述中,景观概念设计已是一个被大量提到的行语,然而用法却未规范化,关于景观概念设计的探讨也不多见。

风景园林设计的传统方法常开始于调查,即调查业主的目的、调查场地的尺度、调查潜在使用者的需求。这个过程的规范性提法是"立项、场地勘察、场地分析"。调查结束后就可以进入下一步——概念设计。概念设计的过程体现了改善特定场地景观的一些思想,这些思想通常是调查的逻辑结果,但有时它们先于调查,设计师只能通过调查去修改这些思想,使之更加精练。

在《园林景观设计——从概念到形式》一书中,作者将概念分为两种,一种是一般的哲学概念,另一种是个别的功能概念。

1. 一般的哲学概念

哲学概念用来表达一个项目的外形、本质特征、目的以及潜在的特点。这种概念能赋予场地特定的位置感,赋予特定位置超出美学和功能的特殊意义。对一个设计师来说,这种概念将迫使你去问自己:这个场地真正意味着什么?根植于哲学概念的设计具有很强的特性,使人身处设计空间便能产生特别的感觉。生活中有很多专业的园林景观设计缺乏希腊人所谓的"地方特色",即场地的一种特有精神。设计师需要发现并且揭示这种精神的特征,进而明确场地如何使用,并巧妙地使它融入有目的的使用和特定的设计形式,以便体现这种精神,增强地方特色。

要做到这一点,设计师必须投入自己的感情,必须了解和理解业主或使用者的基本情况、情感及目的,必须问自己设计出的具体形式是否融入了他们的理想信仰、价值观,并成为当地文化和个人特点的真实反映。

象征性的形式能给空间带来一种特定的内涵,因为它们能增加一种神秘的色彩并且使不同的人有不同的理解。传统的日本园林就富有象征性并给人以丰富的遐想:沙中的石块在一些人眼里是大海中的航船,在另一些人眼里是白云中飘浮不定的游子。

总之,西方园林缺少哲学深度或者叫象征主义,这是不应该的。设计师如果去发现场地的精神并追寻它的意境,会发现有很多机会去弥补缺少哲学深度的问题。

设计师一旦找到了适合客户和场地的哲学概念,下一步就是要用具体的形式表达这些概念。经过反复琢磨和"头脑风暴",设计师就会想出一些可见的形体:用弯曲的线条、几何形体以及一些人造物质,如塑料、钢材、水泥等反映高技术信息;用有机体形式、水体以及一些软材料,如草坪、树木等体现环保价值;用明亮鲜艳的动态元素布置娱乐场地;用淡雅的静态元素布置安静休息区。

影响概念深入发展的另一个抽象的领域是情绪。什么情绪能与设计目的相匹配呢?这些要表达的情绪有下面几种:

①严肃的、轻浮的;

②主动的、被动的;

③惊奇的、平淡的;

④内省的、外向的;

⑤合作的、对抗的;

⑥刺激的、抚慰的;

⑦交互的、孤独的。

2. 特定功能性概念

特定功能性概念涉及解决特定问题并能以概念的形式表达。特定功能性概念包括以下内容:

①减少土壤侵蚀;

②改善不良的排水状况;

③控制动物的破坏;

④避免人为的破坏;

⑤降低维护费用;

⑥使预算控制在一定水平。

解决这些实际的问题可能没有一个很清楚的空间概念,但却影响最终的设计形式。许多功能性概念易于用示意图表示,尤其是那些涉及使用面积、道路模式,以及展示设计方案的其他初步思想之间的关系的概念。

四、功能分析及分区

大多数景观只从独立景点出发,忽略了各个空间的融合,出现了人与环境、人与自然、人与人之间的不协调。在"以人为本"的知识经济时代,景观功能分区在整个景观设计中起着不可替代的作用。我们应改变独立景点造景,从"人"的角度去理解和分析景观。

(一)功能分区的定义

在基地的资料数据分析的基础上,根据基地的特性和制约条件,明确基地内各个部分可以承担的功能和规模,在此基础上进行大致的功能配置称作功能分区。

功能分区就是对各功能部分的特性和与其他部分的关系进行深入、细致、合理、有效的分析,决定它们各自在基地内的位置、大致范围和相互关系。

功能分区常依据动静原则、公共和私密原则、开放与封闭原则进行分区,也就是在大的景观环境或条件下,充分了解其环境周围及邻近实体与人产生的相互作用,划分特定区域,是人与环境协调的焦点。

(二)功能分区的目的

景观设计的指导思想中有一点相当重要,即在设计中必须贯彻实用、经济和美观相结合的原则,其中的实用就是在强调功能性。进行功能分区可以确定出设计的主要功能与使用空间是否有最佳的利用率和最理想的联系。

合理的功能分区是判断设计整体好坏的重要标准,只有功能分区的合理化才能满足使用者的需求。相反,错误的功能分区会给接下来的设计工作带来难度或者费用的增加,甚至可能会使剩下的工作变得毫无意义,那是因为不合理的功能分区会导致使用空间的利用率大大降低。由此可见,做好功能分区是至关重要的。

(三)功能分区的原则

功能分区就是对各功能部分的特性和与其他部分的关系进行深入、细致、合理、有效的分析,决定它们各自在基地内的位置、大致范围和相互关系。设计师要在宏观的景观环境中,充分了解环境周围建筑物与人之间的相互作用,这是协调人与环境关系的重点。因此,我们可以了解,景观功能分区充满了无限的生动性和灵活性,也有无数的不确定性。功能分区是人与环境契合的中心,也是景观设计的重要环节。

功能分区常依据动静原则、公共和私密原则、开放与封闭原则进行分区,也就是在大的景观环境或条件下,充分了解其环境周围及邻近实体与人产生的相互作用,划分特定区域,是人与环境协调的焦点。

1. 动静原则

我们要清楚各个功能区之间的关系和矛盾,明确哪些必须联系在一起,哪些必须分隔开。举一个简单的例子,对于公园这种景观类型,一个综合性公园的分区一般有出入口区,观赏浏览区、安静休息区、文化娱乐区、体育活动区、儿童活动区、老年人活动区、公园管理区。在平时的练习中,很多人会犯同样的错误,他们会把安静休息区与文化娱乐区放在一起。文化娱乐区是公园中最吵的一个区域,而安静休息区是公园里相对安静的区域,把它们放在一起会相互干扰,所以一定要分开布置。

2. 公共和私密原则

功能区的空间类型也是要考虑的问题,我们要分析各个功能区的服务对象以及他们需要什么样的活动空间,根据他们的活动需求来确定功能空间开敞和封闭的程度。例如,我们在做别墅庭院的景观设计时,设计聚会区时应考虑到业主会经常举办一些派对活动,我们可以把此空间定义为较开敞的空间;我们在做高校校园景观设计时,设计户外阅读区时应考虑到师生们会需要一个相对舒适、安静的环境进行学习,我们可以把此空间定义为较封闭的空间;我们在做城市小游园的景观设计时,设计儿童游戏区时应考虑到小朋友活泼的天性和安全性的保障,我们可以把此空间定义为半开敞的空间,当然定义为较为的封闭空间也是可以的。

3. 开放与封闭原则

开敞空间使人心情舒畅,适用于广场、剧场、大面积水体等场景空间的设计,封闭空间较为宁静,使人心情平静,适用于私密性较强以及对于噪声屏蔽要求较高的场所,开闭空间的合理分配对场地有明显的影响。

4. 功能分区的方法

1)功能分区的依据

在项目场地中,需要设置哪些功能,每一种功能所需要的面积大小,这些问题怎么解决,这些并不是设计师随心所欲决定的,功能的多少及面积大小的选择都是有相应依据的。功能分区的依据包括三个方面:一是通过对设计任务书或者设计招标书的解读,从中获取项目必须要具备的功能;二是利用现状分析图,结合现有的条件分析,判断能赋予该场地哪些功能;三是景观类型,任何一个景观用地都有特定的使用目的和功能要求,这就决定了功能区的内容会因为景观类型的不同而有所不同。例如,公园的功能区与住宅小区的功能区会有不同的标准,广场与步行街在功能上的要求也不一样。此外,不同的构思立意对于同一块景观场地在功能布局上也有一定的影响。

2)功能分区的步骤

首先,我们要详细阅读任务书或招标书,并与甲方或业主沟通交流,结合构思立意,分析现状环境条件后,罗列出该场地应具备的主要功能,并把性质类似的功能区整合成一个功能区,大致确定出功能区的数量和名称;然后,初步确定各功能区的大小,功能区的大小主要是要参考甲方和业主的意见并且受到具体场地条件的影响;最后,考虑功能区的位置,着重考虑各功能区之间的联系。如果一个功能区穿越另一个功能区,我们应考虑是从中间还是从边缘通过、是直接还是间接通过,也要考虑各个功能区的进出口位置。此外,功能区的组合还要充分考虑使用者的习惯和方便性。

每个景观场地的功能布局都有多种方案,设计师需要将多种方案进行比较拼合,权衡利弊,综合出最佳的方案并加以完善,完成初步设计。

本书以城市公园和校园为例,介绍功能分区。

城市公园:城市公园的功能分区一般有科学普及文化娱乐区、体育活动区、观赏游览区、老人活动区、儿童活动区、安静休息区、公园管理区等。图1-6所示为某城市公园功能分区。

校园:以高校为例,高校校园作为师生工作、学习、科研、生活的教育场所,其景观环境是一个功能复杂的综合体,应具有一定的个性,同时需兼具自身特色、文化内涵、功能需求等,还需区别于城市中的其他场所景观环境,不仅要不同于商街区域的热市繁华,还要不同于住宅区域的居家氛围,更要不同于公园区域的安静闲适。图1-7所示为某高校校园功能分区。

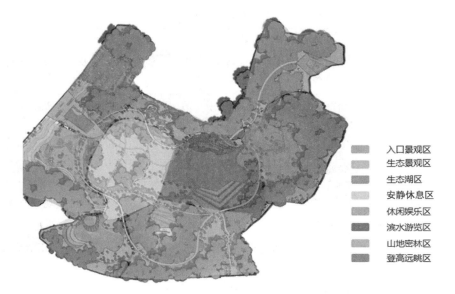

图 1-6　某城市公园功能分区

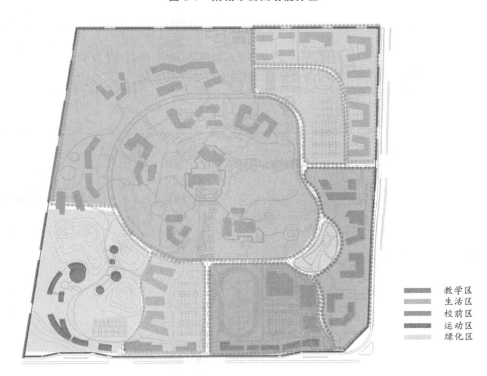

图 1-7　某高校校园功能分区

五、阶段成果

(一)设计分析和组织阶段

(1)对设计分析对象及内容进行调研和分析,如表 1-1 所示。

表 1-1　设计分析对象及内容

分析对象	分析内容
区位等分析	项目的具体位置,附近建筑及停车场的情况,居住的主要人群,数量及公共交通的情况,现有道路广场情况,性质、走向、标高、宽度、路面材料等
气象资料等分析	当地积累的气象资料,每月最低的、最高的、平均的气温,水温,湿度,降雨量及历年最大暴雨量,每月阴天数量,风向和风力等
历史人文分析	用地的历史沿革、人文和现在的使用情况
红线分析	范围界限、周围红线及标高、周边景观环境分析及评定
植被调查分析	现有植物、古树、大树的品种、数量、高度、覆盖范围、质量、生长情况、姿态及观赏价值的评定
建(构)筑物调查分析	现有建筑物和构筑物的立面形式、平面形状、质量、高度、基地标高、面积及使用情况、建筑风格等
管线分析	现有地上地下管线的种类、走向、管径、埋地深度、标高和柱杆的位置和高度
水体分析	现有水面及水系的范围,水底标高,河床情况,常水位、最高及最低水位的标高,地下水的水质情况
地形分析	现有地形的形状、坡度、位置、高度及土石的情况,地貌、地质及土壤情况的分析评定,地基承载力,内摩擦角度,滑动系数,土壤坡度的自然稳定角度
功能分区分析	

(2)确定景观设计风格,结合建筑和周围环境或甲方意向确定设计风格,如中式、现代、欧式等。

(3)分析构思与定位得出设计的指导思想和设计理念与原则。

(4)开讨论会,汇集所有资料,再次对资料进行筛选,小组成员根据实地情况提出景点规划建议,并确定设计主题。

(二)概念设计阶段

概念设计阶段的工作和成果包括以下内容:

①设计立意;

②景观概念平面草图;

③景点描绘(手工透视),并找一些相关的图片,作为主要景点概念示意图;

④设计概念分析文字说明;

⑤根据概念总平面图出分析图(现状分析图和功能分析图)。

第二节
方案设计阶段

(1)方案设计文件包括设计说明及图纸。方案设计文件应达到以下要求:

①满足编制初步设计文件的需要;

②提供能源利用及与相关专业之间的衔接;

③满足编制工程估算的需要;

④提供编制申报有关部门审批的必要条件。

(2)方案设计文件的内容如下:

①设计说明书,包括各专业设计说明以及投资估算等内容,涉及建筑节能、环保、绿色建筑、人防等的设计说明书还应有相应的专项内容;

②总平面图以及相关设计图纸;

③设计委托或设计合同中规定的透视图、鸟瞰图、模型等。

(3)方案设计文件的编排顺序一般为封面、扉页、设计文件目录、设计说明书、设计图纸和投资估算。具体编排顺序如下:

①封面:写明项目名称、编制单位、编制时间;

②扉页:写明编制单位法定代表人、技术总负责人、项目总负责人及各专业负责人的姓名,并经上述人员签字或授权盖章;

③设计文件目录;

④设计说明书;

⑤设计图纸。

方案设计阶段主要分析自然现状和社会条件,确定项目的类型、定位、功能、风格特色、空间布局,对竖向、交通组织、种植设计、建筑小品、生物多样性、雨水控制与利用、综合管网设施等进行专项设计,可根据项目要求,增加消防、环保、卫生、节能、安全防护和无障碍设计等技术专业设计。

各专业、专项总平面图应包括以下内容:用地边界、周边的市政道路及地名和重要地物名称的相关情况;比例或比例尺;指北针或风玫瑰图;图例及注释。

(4)设计依据及相关基础资料可参考以下内容。

①设计采用的主要法规和标准。

②与工程设计有关的依据性文件的名称和文号,包括选址及环境评价报告、地形图、项目的可行性研究报告、规划及有关行政管理部门批准的有关文件、政府有关主管部门对立项报告的批文、设计任务书或协议书等。

③自然与社会经济等相关基础资料,包括气象、水文地质、地形地貌、土壤及植被;风景资源及文化史料;能源、公共设施、交通;区位描述及分析;能源供应及三废处理等。

设计师应对项目的上位规划、区位、自然、历史文化条件,项目服务人群及其使用需求进行分析。设计师应说明设计理念、设计构思、功能分区;概述空间组织和园林景观特色。设计师可对竖向、交通组织、种植设计、建筑小品、生物多样性、雨水控制与利用、综合管网设施等进行专项设计。

一、区位分析

区位分析图应标明用地在城市中的位置以及与周边地区的关系;用地及周边土地利用规划图应标明用地性质及周边的土地利用规划情况。区位分析图属于示意性图纸,表示基地在城市区域内的位置,绘图要简洁明了,如图 1-8 至图 1-10 所示。

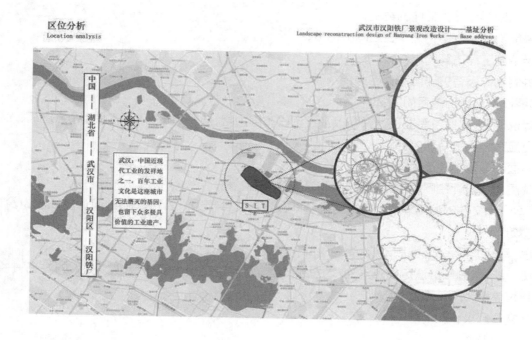

图1-8　区位分析图1

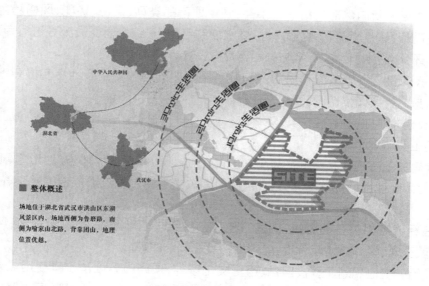

图1-9　区位分析图2

二、现状分析图

　　现状分析图应标明用地内及周边的现状情况并对其进行分析。

　　园林拟建地又称为基地,是由自然力和人类活动共同作用形成的复杂空间实体,与外部环境有着密切的联系,在进行园林设计之前,设计师应对基地进行全面、系统的调查和分析,为设计提供详细、可靠的资料与依据。同时,基地的现场调查又是获得基地环境认知和空间感受不可或缺的途径。图1-11所示为某项目现场照片。

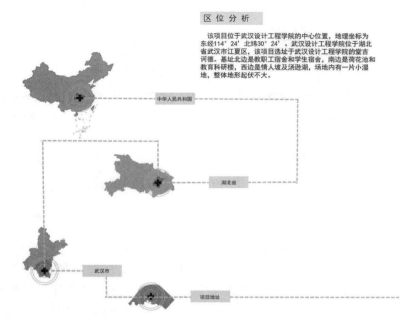

区位分析

　　该项目位于武汉设计工程学院的中心位置，地理坐标为东经114°24′北纬30°24′。武汉设计工程学院位于湖北省武汉市江夏区，该项目选址于武汉设计工程学院的堂吉诃德。基址北边是教职工宿舍和学生宿舍，南边是荷花池和教育科研楼，西边是情人坡及汤逊湖，场地内有一片小湿地，整体地形起伏不大。

图1-10　区位分析图3

图1-11　某项目现场照片

(一)内容和方法

1. 基地现状调查

　　基地现状调查包括搜集与基地有关的技术资料和进行实地勘察、测量两部分工作。有些技术资料可从有关部门查询得到，如基地所在地区的气象资料、基地地形及现状图、各种相关管线资料、相关的城市规划资料等。对查询不到的，但又是设计所必需的资料，设计师可以通过实地调查勘测得到，如基地及其周边环境的视觉质量、基地小气候条件、详细的现状植被状况等。同时，如果现有资料精度不够或与现状有差异，则应重新勘测或补测。基地现状调查的内容涉及以下几方面：

①自然条件，包括地形、水体、土壤与地质、植被；

②气象资料，包括日照条件、温度、风、降雨；

③人工设施，包括建筑及构筑物、道路和广场、各种管线设施；

④人文及感官环境，包括基地现状自然与人文景观、视域条件、与场地相关的历史人文资源；

⑤基地范围及其周边环境，包括基地范围、基地周边感官环境、基地周边地段相关的城市规划与建设条件。

现状调查并不需要将以上所列的内容全部调查清楚，应根据基地的规模与性质、内外环境的复杂程度，分清主次目标。主要内容应深入详尽地调查，次要的内容仅需做一般了解。

2. 基地分析

调查是手段，分析才是目的。基地分析是在客观调查和基于专业知识与经验的主观评价的基础上，对基地及其环境的各种因素做出综合性的分析与评价，趋利避害，使基地的潜力得到充分发挥。

基地分析在整个设计过程中占有很重要的地位，深入细致的基地分析有助于园林用地规划和各项内容的详细设计，并且在分析过程中产生的一些设想通常对设计构思也会有启发作用。

基地分析包括在地形资料的基础上进行坡级分析、排水类型分析，在地质资料的基础上进行地面承载分析，在气象资料的基础上进行日照条件分析、小气候条件分析等。

较大规模的基地需要分项调查，因此基地分析也应按不同性质的分项内容进行，最后再综合。首先，将调查结果分别绘制在基地底图上，一张底图上通常只绘制一个单项调查内容，绘成单因子分析图（见图1-12），然后将诸项内容叠加到一张基地综合分析图上。各分项的调查或分析是分别进行的，因此能叠加并做得较细致与深入，但在综合分析图上应该着重表示各项的主要和关键内容。图1-13和图1-14所示为多因子叠加分析图。基地综合分析图的图纸宜用描图纸，各分项内容可用不同的颜色加以区别。基地规模较大，条件相对复杂时可以借助计算机进行分析，例如很多地理信息系统（GIS）都具有很强的分析功能。图1-15所示为GIS分析图。

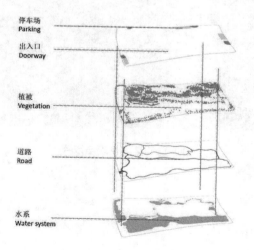

图1-12　单因子分析图

3. 资料表达

在基地调查和分析时，所有资料应尽量用图面或图解并配以适当的文字说明的方式表示，并做到简明扼要。这样,资料才直观、具体、醒目,能给设计带来方便。

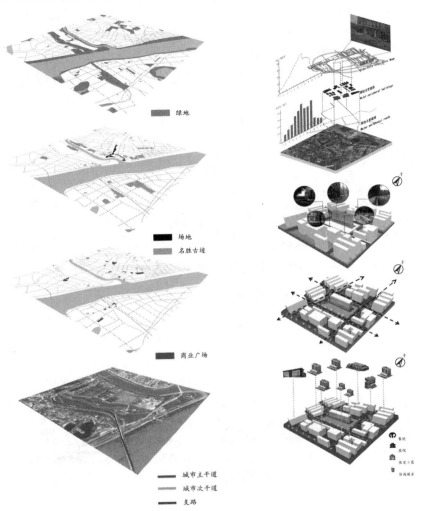

图 1-13　多因子叠加分析图 1　　　　　图 1-14　多因子叠加分析图 2

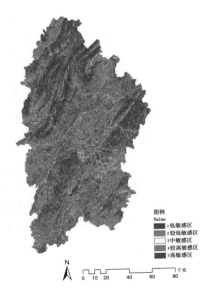

图 1-15　GIS 分析图

　　带有地形的现状图是基地调查、分析不可缺少的基本资料,通常称为基地底图。基地底图应依据园林用地规模和建设内容选用适宜的比例。在基地底图上需表示出比例和朝向、各级道路网、现有主要建筑物,以及人工设施、等高线、大面积的林地和水域、基地用地范围等内容。另外,在需要放缩的图纸中应标出线状比例尺图,用地范围采用双点划线表示。基地底图不要只限于表示基地范围之内的内容,也应给出一定范围的周围环境。为了能准确地分析现状地形及高程关系,设计师也可绘制一些典型的场地剖面图。图 1-16 和图 1-17 所示为某场地剖面图。

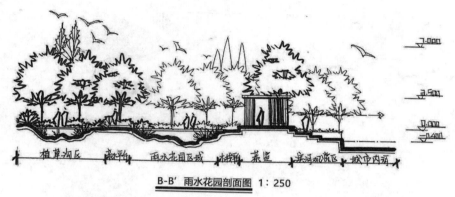

图 1-16　某场地剖面图 1

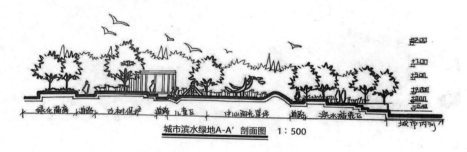

图 1-17　某场地剖面图 2

(二)基地自然条件

1. 地形

　　基地地形图是最基本的场地条件资料。根据地形图,结合实地调查可进一步分析与掌握现有地形的起伏与分布、基地的坡级分布和地形的自然排水类型,其中,地形的起伏与分布可以用坡度分析图来表示。地形图只能表明基地整体的起伏,不能够明确表达不同坡度地形的分布条件。地形起伏的分析能帮助合理安排建筑、道路、停车场地以及不同坡度要求的活动内容。例如,设计师将地形按坡度大小用四种坡级(<1%、1%～4%、4%～10%、>10%)表示,并在坡度分析图上用由淡到深的单色表示坡度由小变大,那么最淡的颜色表示坡度小于 1%,说明排水是主要问题;较淡的颜色表示坡度为 1%～4%,表明几乎适合建设所有的项目而不需要大动土方;较深的颜色表示坡度为 4%～10%,表明需要进行一定的地形改造才能利用;最深的颜色表示坡度大于 10%,表明不适合大规模用地,若要使用,则需要对原地形做较大的改造。这些内容在坡度分析图上十分明确。因此,坡度分析对合理地安排用地,分析植被、排水类型和土壤等内容都有一定的作用。图 1-18 所示为坡级分析图。

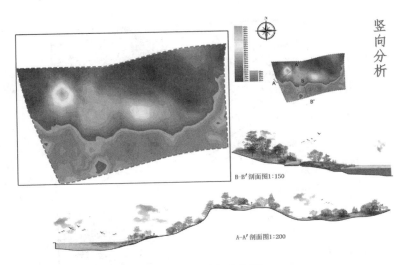

图 1-18　坡级分析图

2. 水体

基地中现状水体可分为静水(池塘、湖泊)和流水(河流、溪涧)两个方面进行调查,水体调查和分析的主要内容如下。

①了解现有水面的位置、范围、平均水深,常水位、最低和最高水位,洪涝水面影响的范围(河滩、湖滩)和洪水水位。流动的水体还需要了解水流速度、流量、流向、客水来源及组成等。

②了解水面岸带情况,包括岸带的形式与受破坏的程度、自然岸带的边坡陡缓、自然岸带边的植物、现有硬质驳岸的分布情况及其稳定性;分析岸带受水体冲刷或侵蚀的情况和破坏成因。

③了解地下水位波动范围、地下常水位、地下水质。

④了解现有水体的水质状况、影响水面的污染源状况。

⑤了解现有水面与基地外水系的关系,包括水流的来龙去脉、水位落差、各种水工设施(如水闸、水坝等)的使用情况。

⑥结合地形划分出汇水区,标明汇水点或排水体、主要汇水线。地形中的脊线通常称为分水线(见图 1-19),是划分汇水区的界线;山谷线常称为汇水线,是地表水汇集线(见图 1-20)。除此之外,设计师还需要了解地表径流的情况,包括地表径流的位置、方向、强度、沿程的土壤和植被状况以及所产生的土壤侵蚀和沉积现象。地表径流的方式、强度和速度取决于地形、土壤条件、坡面植被条件。在自然排水类型中,谷线形成的径流量较大,易形成较严重侵蚀,陡坡、长坡形成的径流的速度较大。另外,当地表面较光滑、没有植被、土壤黏性大时地表径流也会加强。

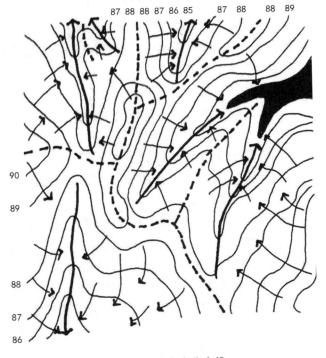

图 1-19　地表水分水线

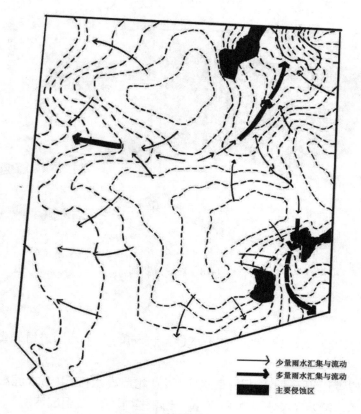

图 1-20　地表水汇水线

3. 土壤

一般来说,较大的工程项目需要由专业人员提供有关土壤情况的综合报告,较小规模的工程则只需了解主要的土壤特征,如 pH 值、土壤承载极限、土壤类型等。在场地现状调查中有时还可以通过观察当地植物群落中某些能指示土壤类型、肥沃程度及含水量等的指示性植物和土壤的颜色来协助调查。

土壤调查的主要内容如下:

①土壤的类型、结构;

②土壤的酸碱度(pH 值)、有机物的含量;

③土壤的含水量、透水性;

④土壤的承载力、抗剪切强度、安息角;

⑤土壤冻土层深度、冻土期的起止日期与天数;

⑥地面侵蚀状况。

每种土壤都有一定的承载力,通常潮湿、富含有机物的土壤的承载能力很低,如果荷载超过该土壤的承载力极限就需要采取一些工程措施,如打桩、增加接触面积或铺垫水平混凝土条等进行加固。土壤的抗剪切强度决定了土壤的稳定性和抗变形的能力,在坡面上,无论是自然还是人工因素引起的土壤抗剪切强度的下降都会损害坡面、造成滑坡。土壤的安息角是非人工压实土壤自然形成的坡面角,它随着土壤颗粒的大小、形状和土壤的潮湿程度而变化。为了保持坡面稳定,地形坡面角度应小于安息角。另外应注意,由地形形成的地表径流会引起土壤的侵蚀和沉积;在较寒冷的地区,无论排水是否良好,土壤的冻胀和浸润对园林中的建筑物、道路基础、驳岸岸体都会产生不利的作用。

4. 植被

基地现状植被调查的主要内容有：现状植被的种类、数量、分布以及可利用程度。在基地范围小、种类不复杂的情况下，调查人员可直接进行实地调查和测量定位。这时，调查人员可结合基地底图和植物调查表格将植物的种类、位置、高度、长势等标出并记录下来，同时可做些现场评价。对规模较大、组成复杂的林地，调查人员应利用林业部门的调查结果，或将林地划分成格网状，抽样调查一些单位格网林地中占主导的、丰富的、常见的、偶尔可见的和稀少的植物种类，绘制出标有林地范围、植物组成、水平与垂直分布，郁密度、林龄、林内环境等内容的植被调查图。

与基地有关的自然植物群落是进行种植设计的依据之一。若这种植物景观已消失，植被情况可以通过历史记载或对与该地有相似自然气候条件的地点的自然植被进行了解和分析获得。现状植物的生长情况的分析对设计中植物种类的选择有一定的参考价值；现状乔灌木、常绿落叶树、针叶树、阔叶树所占比例的统计与分析对树种的选择和调配、季相植物景观的创造十分有用，并且能使现有的一些具有较高观赏价值的乔灌木或树群等得到充分利用。另外，了解冬季盛行风向上的植物群体的确切位置、高度，挡风面长度以及叶丛或树冠的透风性，可以划分出不同的挡风区，通常叶丛或树冠较稀疏的植物群体的最佳挡风区较远，而较密的植物群体的最佳挡风区较近。

(三)气象资料

气象资料包括基地所在地区或城市常年积累的气象资料和基地范围内的小气候资料两部分。区域或城市常年积累的气象资料通常不难得到，但是，基地范围内的小气候资料却需要通过现场调查与观察才能获得。

1. 日照条件

不同纬度地区的太阳高度角不同。在同一地区，一年中夏至的太阳高度角和日照时数最大，冬至的最小。图 1-21 所示为太阳高度角和方位角。太阳高度角和方位角可以用于分析日照状况、确定地形阴坡和永久无日照区。基地中的建筑物、构筑物或林地等北面的日照状况可用下面的方法进行分析，即根据该地所在的地理纬度，查表得出或计算出冬至和夏至两天日出后的每一整点时刻的太阳高度角(h)、方位角(A)，并算出水平落影长率，如表 1-2 所示。方位角在正午时刻是两侧对称的，所以作图时可先找出正午时刻线(南北方向)，再量方位角，作落影方向线，并在其上截取实际落影长度，作落影平行线完成落影平面。图 1-22 所示为日照条件分析方法。其中某时刻的实际落影长度等于该时刻的水平落影长率与实际高度的乘积。

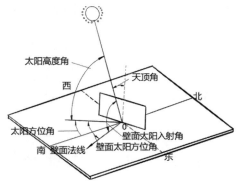

图 1-21 太阳高度角和方位角

表 1-2　方位角和水平落影长率

	日出	日落	时间	上午	5	6	7	8	9	10	11	12
				下午	19	18	17	16	15	14	13	
夏至	−118°	+118°	高度角 h		0°35′	12°12′	24°22′	36°52′	49°38′	62°12′	74°12′	81°23′
			方位角 A		117°36′	110°11′	103°24′	96°44′	89°22′	79°33′	60°42′	0°00′
			水平落影长率 l		99.43	4.63	2.21	1.33	0.85	0.53	0.28	0.15
冬至	−62°	+62°	高度角 h					10°13′	19°47′	27°31′	32°40′	34°29′
			方位角 A					53°50′	43°35′	31°09′	16°23′	0°00′
			水平落影长率 l					5.55	2.78	1.92	1.56	1.46

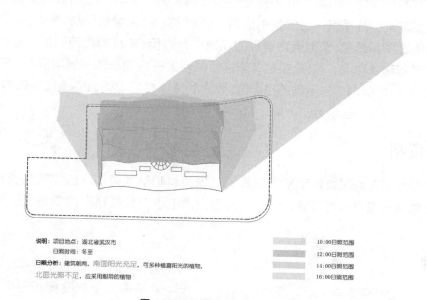

说明：项目地点：湖北省武汉市
　　　日照时间：冬至
　　　日照分析：建筑朝南，南面阳光充足，可多种植喜阳的植物，
　　　北面光照不足，应采用耐阴的植物

10:00日照范围
12:00日照范围
14:00日照范围
16:00日照范围

图 1-22　日照条件分析方法

通常,设计师可以用冬至阴影线定出永久日照区,将建筑物北面的儿童游戏场、花园等设在永久日照区内;用夏至阴影线定出永久无日照区,避免设置需日照的内容;根据阴影图划分出不同的日照条件区,为种植设计提供设计依据。

2. 温度、风和降雨

基地所在地区的温度、风和降雨等气象要素受到更大的区域气候和城市局地气候条件的制约。对某个地区气候条件进行了解可以更好地认识温度、风和降雨等气象要素,通常需要了解下列内容:

①年平均温度、年最低温度和最高温度;

②持续低温或高温的天数;

③月最低、最高温度和平均温度;

④各月的风向和强度、夏季及冬季盛行风风向;

⑤年平均降雨量与天数、阴晴天数;

⑥最大暴雨的强度、历史重现期。

这些内容可以用表格说明,也可以用图表示。图 1-23 所示为气象资料分析图。

自然资源分析

Analysis of Natural Conditions

汉阳钛厂 位于湖北省武汉市，属亚热带季风湿润区，光能充足，热量丰富，雨量充沛，水热同季，四季分明，干湿明显，无霜期长。

■ **日照：**全年平均日照时数为1950～2050小时，并与光热同季，主要集中在农作物需水的4—8月。

■ **气温：**一年中气温变化大，最热的七月平均气温为29°C左右，最冷的一月的平均气温为4°C，存在着夏季高温、冬季冷冻等弊端。

■ **降雨量：**降雨量一般集中在4—8月，年均降水量为1150～1190毫米，通常夏多雨，秋冬少雨，在季节上分布不匀，春季阴雨连绵，夏季大暴雨，突发性强，日降雨量最多达248毫米，秋冬降雨较缓和，冬季时有干旱发生。

■ **风向：**夏季东南风，南北通透，"穿堂风"；冬季西北风，山地阻挡，避免寒风侵袭。

光、热、水资源丰富，并且具有组合优势。

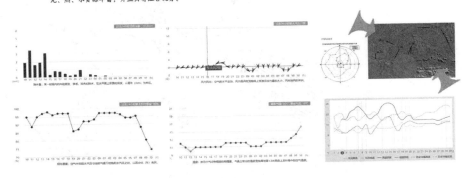

图 1-23　气象资料分析图

3. 基地小气候

下垫面构造特征，如小地形、小水面和小植被等的不同，使热量和水分收支不一致，从而形成了近地面大气层中局部地段特殊的气候，即小气候，它与基地所在城区或城市的气候条件既有联系又有区别。较准确的基地小气候数据要通过多年的观测积累才能获得。通常，设计师应在了解了当地气候条件之后，随同有关专家进行实地观察，合理地评价和分析基地地形起伏、坡向植被、地表状况、人工设施等对基地日照、温度、风和湿度条件的影响。小气候资料对园林用地规划和园林设计都很有价值。

规模较大、有一定地形起伏的基地应考虑基地小气候，具体的分析方法后面将详述，而规模较小、地形平坦的基地则可以忽略基地小气候的影响。基地中的水体对温度、湿度有一定的稳定作用，处于水体夏季盛行风向下的地段湿度较大、相对凉爽，应加以利用。植被的范围、与盛行风向的位置关系、遮阴条件等对小气候要素（日照、温度、风）影响较大。另外，设计师还要注意不同的地面条件。例如，由水面、地被物等湿性、多孔材料构成的表面，其温度相对稳定，日辐射反射量小；而混凝土、沥青等干燥密实的地面会产生较大的温差。最后，小规模基地还需分析其中的建筑、墙体对小气候的作用，即根据建筑物的平面、高度以及墙体或墙面材料分析其周围的日照、墙面反射以及气流等。图 1-24 所示为小气候条件分析。

基地外围环境形成的小气候条件也比较重要。设计师需要了解基地外围植被、水体及地形对基地小气候的影响，可考虑基地的通风、冬季的挡风和空气湿度几方面。处于城市高楼间的基地还需要分析建筑物对基地日照的影响，了解基地附近高层建筑物之间"穿堂风"的大小与方向。

4. 地形小气候

下垫面的地形起伏对基地的日照、温度、气流等小气候因素有影响，从而使基地的气候条件有所改变。引起这些变化的主要因素为地形的凹凸程度、坡度和坡向。在分析地形小气候之前，设计师应首先了解基地的地形和区域性气候条件。

地形主要影响太阳辐射和空气流动。坡面的日辐射量由太阳高度角、日照时长、地形坡度和坡向决定。不同坡度与坡向的地形坡面，其水热条件会有所差别。例如西南坡较东北坡要干热得多。设计师可以在地形分析的基础上先绘制出地形坡向和坡级分布图，如图 1-25 所示，然后分析不同坡向（常用四方位或八方

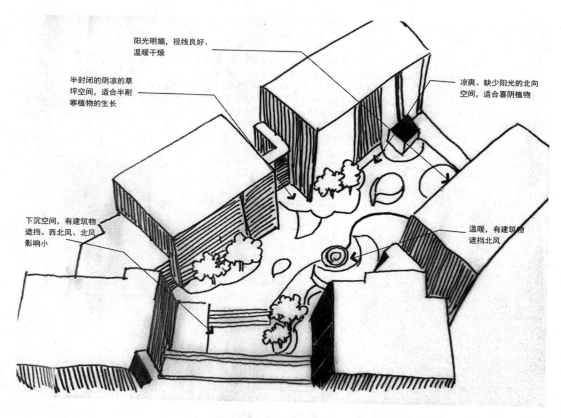

阳光明媚，视线良好、温暖干燥

半封闭的阴凉的草坪空间，适合半耐寒植物的生长

凉爽、缺少阳光的北向空间，适合喜阴植物

下沉空间，有建筑物遮挡。西北风、北风影响小

温暖，有建筑物遮挡北风

图 1-24　小气候条件分析

位)和坡级的日照状况(常选冬夏两季进行分析)，如图 1-26 所示。有条件的话，设计师还可以编制软件，用计算机辅助进行地形日照分析。基地通风状况主要由地形与盛行风向的位置关系决定。设计师可以在地形图上绘制山脊线和山谷线，标出盛行风向。顺风谷通风良好;与风向垂直的山脊线后的背风坡的风速比顺风坡要小;与风向垂直的谷地通风不佳;山顶和山脊线上多风。绘制盛行风向上的地形剖面可以分析地形对通风的影响。顺风谷的相对通风量与谷的上下底宽和谷深有关。另外，除了风引起的水平气流外，设计师还应注意重力产生的垂直气流。在基地中，坡面长、面积大、坡脚段平缓的地形很容易积留冷空气和霜冻，因此晨温较低，湿度较大，对一些不耐寒的植物生长不利。地形对温度的影响主要与日辐射量和气流条件有关，日辐射量小、通风良好的坡面在夏季较凉爽，日辐射量大、通风差的坡面在冬季较暖。设计师应将地形对日照、通风和温度的影响综合起来分析，在地形图中标出某个盛行风向下的背风区及其位置、基地里气流方向、易积留冷空气和霜冻的地段、阴坡和阳坡等与地形有关的内容。图 1-27 所示为地形小气候分析图。

(四)人文及感官环境

基地内的景观和从基地中感受到的周围环境景观的状况需要实地勘察后才能进行评价。感受基地环境可以从人文与感官两方面着手，在勘察中常用速写拍照片或记笔记的方式记录一些现场视觉印象和感受。

1. 人文环境

涉及历史人文景观的园林项目，对人文环境的了解不能仅局限在基地范围之内，应该扩展到基地所在地区，包括当地历史、人物传记、民间传说、风俗习惯、地方曲艺等内容。这些内容可通过查阅地方文献、走访名胜古迹、深入社会生活等方式进行调查。人文环境是一种非物质化的"软"环境，需要借助各种载体加以流传，却是地域文化的精神所在，是设计师应该重视的一个方面。图 1-28 所示为历史人文分析图。

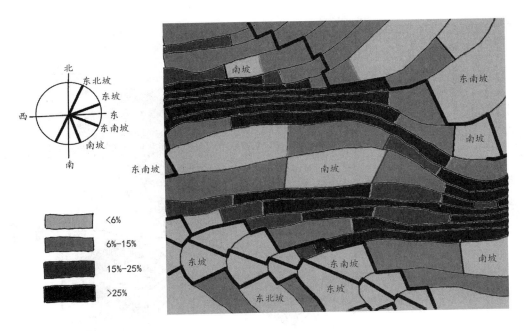

图 1-25　地形坡向及坡级分布图

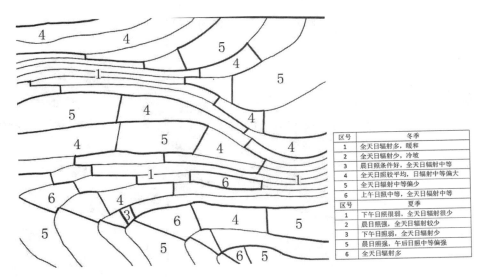

图 1-26　不同坡向日照状况分析图

2. 感官环境

感官环境包括人们感官通道(视觉、听觉、嗅觉、触觉、味觉等)所能感受到的各种环境,其中,视觉景观是人们空间经历中的主体感官对象。

1)基地现状景观

对于基地中的植被、水体、山体和建筑等组成的景观,设计师可以从形式、历史文化及特异性等方面去评价其优劣,并将结果分别标记在基地的景观调查现状图上,同时标出主要观景点的平面位置、标高、视域范围。

2)基地外的环境景观

环境景观也称介入景观,分为基地外的现状可视景观和潜在的发展景观,它们各自有各自的视觉特征,

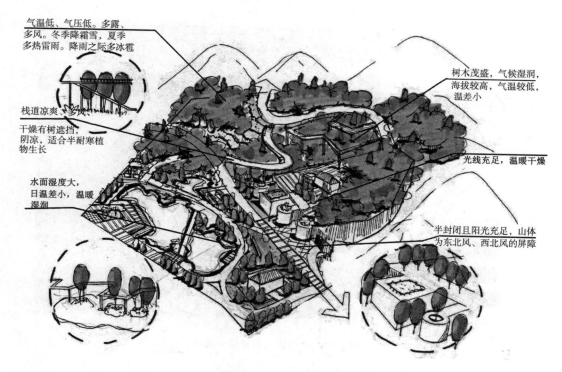

图 1-27　地形小气候分析图

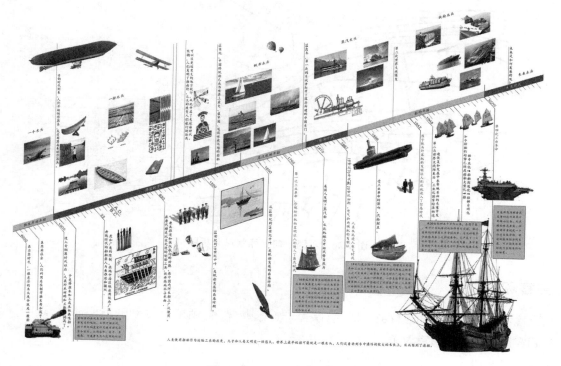

图 1-28　历史人文分析图

根据它们自身的视觉特征可确定它们对将来基地园林景观形成所起的作用。现状景观视觉调查结果应该用图面表示,现状视觉分析图需标出确切的观景位置、视轴方向、视域、清晰程度(景的远近)以及简略的评价。图 1-29 所示为现状视觉分析图。

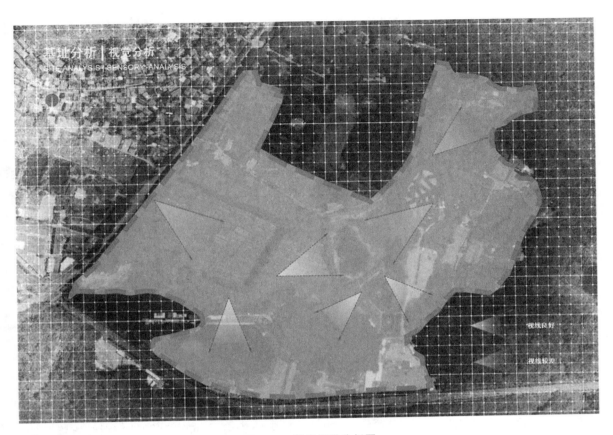

图 1-29　现状视觉分析图

3)其他感官环境

了解基地总体环境还需要对其他感官环境进行评价,该过程可与基地视觉质量评价同时进行,例如了解基地外噪声的位置和强度,并注意噪声与盛行风向的关系。顺风时,噪声趋向地面传播,而逆风时正好相反。设计师应了解基地外空气污染源的位置、主要污染物、污染影响范围、污染源位于基地的上风向还是下风向。此部分还可以结合基地小气候调查结果,形成一个基地总体感官环境评价,即现状感官分析图,如图 1-30 所示。

(五)人工设施及建设条件

1. 人工设施

人工设施的调查与分析应根据场地中不同类型的设施分别考虑。

1)建筑物和构筑物

了解基地现有的建筑物、构筑物等的数量、结构、材料、破损程度及使用情况。设计师应对基地中的园林建筑进行仔细调查,了解平面、立面、标高以及与道路的连接情况。

2)道路和广场

了解道路的宽度和分级、道路面层材料、道路平曲线及主要点的标高、道路排水形式、道路边沟的尺寸和材料;了解广场的位置、大小、铺装、标高以及排水形式。

3)各种管线

管线有地上和地下两部分,包括电线、电缆线、通信线、给水管、排水管、煤气管等各种管线。有些管线是供园内使用的,有些管线是过境的,因此,设计师要区别园中这些管线的种类,了解它们的位置、走向、长

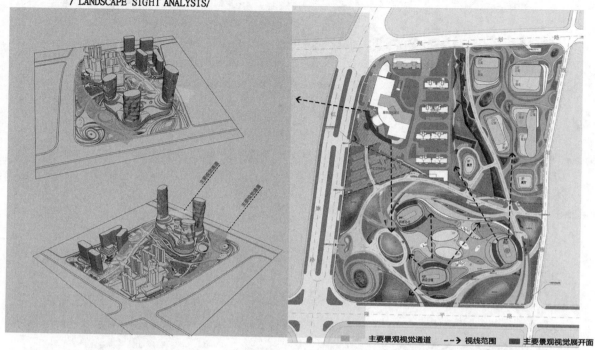

/景观视线分析/
/ LANDSCAPE SIGHT ANALYSIS/

主要景观视觉通道　--▶ 视线范围　主要景观视觉展开面

图 1-30　现状感官分析图

度,每种管线的管径和埋深以及一些技术参数,例如高压输电线的电压、园内或园外邻近给水管线的流向、水压和闸门井位置等。

2.建设条件

园林项目的建设条件主要指基地外围的一些限制因素,包括基地范围、周边交通与用地条件、城市发展规划等几个方面。

1)基地范围

应明确园林用地的界线及其与周围用地界线或规划红线的关系。

2)交通和用地

了解基地周围的交通情况,包括与主要道路的连接方式、距离,主要道路的交通量,与主(次)干道交叉口的距离;应标明基地周围工厂、商业或居住等不同性质的用地类型,根据基地的规模了解其服务半径内的人口数量及其构成。

3)城市发展规划

城市发展规划对城市各种用地的性质、范围和发展已做出明确的或引导性的规定。因此,要使园林规划设计符合城市发展规划的要求,就必须了解基地所处地区的城市用地特性及其发展方向以及可能与园林设计相关的交通、管线、水系、绿地系统等一系列专项规划的详细情况。

三、总平面图

总平面图表现整个基地内所有构成成分(地形、山石、水体、道路系统、植物的种植面积、建筑物位置等)的平面布局、平面轮廓等,是园林设计的最基本图纸,能够较全面地反映园林设计的总体思想及设计意图。

以公园设计总平面图为例,公园设计总平面图主要包括以下内容。

①基地与周围环境的关系:公园主要、次要、专用出入口与市政系统的关系,即面临街道的名称、宽度;周围主要单位名称或居民区名称等。

②公园主要、次要、专用出入口的位置、面积、规划形式,主要出入口的内、外广场,停车场,大门等的布局。

③公园的地形总体规划,道路系统规划。

④全园建筑物、构筑物等的布局情况,建筑平面要能反映总体设计意图。

⑤全园植物设计图,反映密林、疏林、树丛、草坪、花坛、专类花园等植物景观。

此外,总平面图应准确标明指北针、比例尺、图例等内容。

图 1-31 所示为某公园设计平面图。

图 1-31　某公园设计平面图

(一)总平面图包括的内容

总平面图应包括以下内容:

①用地范围;

②用地性质,景区景点的位置、出入口的位置,园林植物、建筑、山石、水体及园林小品等造园素材的种类和位置;

③比例尺、指北针。

(二)总平面图的绘制要求

总平面图的绘制应满足以下要求。

①布局与比例:图纸应按上北下南方向绘制,根据场地形状或布局,可向左或向右偏转,但偏转角度不宜超过 45°,总平面图一般采用 1:200、1:250、1:500、1:1000 的比例尺。

②图例:按《房屋建筑制图统一标准》《总图制图标准》中列出的建筑物、构筑物、道路、植物等的图例

绘制。

③图线:总平面图图线的线型选用应根据《总图制图标准》的规定执行。

(三)总平面图应符合的规定

总平面图应符合以下规定。

①标明项目用地红线、蓝线、绿线、紫线、黄线、用地范围线的位置;

②标明保留的原有园路、植物和各类水体的岸线、各类建筑物和构筑物等;

③标明方案设计的园路、广场、停车场、建筑物、构筑物、园林小品、种植、山形水系的位置、轮廓或范围,景区、景点、建筑物、构筑物的名称;

④标明坡道、挡墙、台阶、围墙、排水沟、护坡、陡坎等的位置;

⑤满足用地平衡表(见表1-3)的要求。

表1-3　用地平衡表

项目用地总面积/m²	用地类型		面积/m²	比例/(%)	备注
	陆地	绿化面积			
		建筑占地			
		园路及铺装场地用地			
		其他用地			
	水体				

注:如有其他用地,在"备注"一栏中注明内容。

四、竖向设计图

(一)竖向设计图的规定

竖向设计图应符合以下规定:

①标明用地周边相关环境现状及规划的竖向标高;

②标明用地内的设计等高线和主要控制点高程,水体的最高水位、常水位、池底标高;

③应有必要的地形剖面,应有现状剖面及设计地形剖面及标高。

竖向设计图是根据设计平面图及原地形图绘制的地形详图,它借助标注高程的方法,表示地形在竖直方向上的变化情况及各造园要素之间位置的相互关系。竖向设计图主要表现地形、地貌、建筑物、植物和园林道路系统的高程等内容。竖向设计是设计者从园林的实用功能出发,统筹安排园内各种景点、设施和地貌景观之间的关系,使地上设施和地下设施之间、山水之间、园内与园外之间在高程上有合理的关系所进行的综合设计。

竖向设计图包括竖向设计平面图、竖向设计立面图、竖向设计剖面图及竖向设计断面图等。图1-32所示为某场地竖向设计图。

(二)竖向设计图的内容

竖向设计图应包括以下内容。

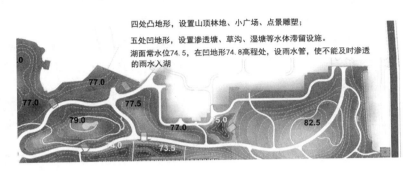

四处凸地形,设置山顶林地、小广场、点景雕塑;

五处凹地形,设置渗透塘、草沟、湿塘等水体滞留设施。

湖面常水位74.5,在凹地形74.8高程处,设雨水管,使不能及时渗透的雨水入湖

图 1-32　某场地竖向设计图

①线型:设计等高线用细实线绘制,原有等高线和设计等高线在同一张图里,原有等高线用细虚线绘制。等高线上应标注高程,高程数字处等高线应断开,高程数字的字头应朝向山头,数字要排列整齐。假设周围平整地面高程为 0.00 m,高于地面处的高程为正,数字前的"+"号省略;低于地面处的高程为负,数字前应注写"-"号。高程单位为 m,高程保留两位小数。

②园林建筑及小品:按比例采用中实线绘制其外轮廓线,并标注出室内首层地面标高。

③水体:标注出水体驳岸岸顶高程、常水水位及池底高程;湖底为缓坡时,用细实线绘出湖底等高线并标注高程。

④场地内道路(含主路及园林小路):竖向应标出道路控制点(转折点、交叉点、起点、终点)标高、控制点之间的距离、道路纵坡及坡向。

⑤广场:广场按其性质、使用要求、空间组织和地形特点,可设计成多种竖向形式。一个平面的广场,竖向设计形式有单坡、双坡、多坡等多种。广场竖向设计应标出控制点标高,广场排水分水岭线位置、排水坡度、排水方向,绘制广场等高线。

⑥地形:竖向设计一般应绘制出地形等高线,并在等高线上表示出高程数值,等高距一般为 2.0 m、1.0 m、0.5 m、0.25 m、0.10 m,等高距设计的大小依据图纸比例确定。

⑦地表排水方向和排水坡度:利用箭头表示排水方向,并在箭头上方标注排水坡度,排水坡度一般应标注在坡度线的上方。

⑧指北针、绘图比例。

在竖向设计图中,标高可采用绝对标高或相对标高表示。

五、种植设计图

(一)种植设计图的规定

种植设计图应符合以下规定:
①标明保留的现状植物的位置、种类和规格;
②标明种植分区和主要特色植物及意向图;
③标明乔木、灌木及地被的布局关系,可选用剖面图、立面图及意向图进行说明。

种植设计图是根据总体设计图的布局,设计的原则,以及苗木的情况,确定全园种植设计的总构思。种植设计图的内容主要包括不同种植类型的安排,如密林、草坪、疏林、树群、树丛、孤立树、花坛、花境、园界树、园路树、湖岸树、园林种植小品等内容;以植物造景为主的专类园,如月季园、牡丹园、香花园、盆景园、观赏或生产温室、爬蔓植物观赏园、水景园,园林中的花圃、小型苗圃等,确定全园的基调树种、骨干造景树种。种植设计图要用相应的平面图例在图纸上表示设计植物的种类、数量、规格以及园林植物的种植位置,还要在图面上适当的位置,用列表的方式绘制苗木统计表,具体统计并详细说明设计植物的编号、图例、种类、规格(包括树干的直径、高度或冠幅)和数量等。

(二)种植设计图的绘制要求

种植设计图应将各种植物按其在平面图中的图例,绘制在所设计的种植位置上,并应以圆点表示出树干的位置,树冠大小按成龄后效果最好时的冠幅绘制,一般乔木以 5～6 m 高的树冠图为标准,灌木、花草以相应尺度来表示。为了便于区别树种,计算株数,应将不同树种统一编号,标注在树冠图例内,或是在图面上的空白处用引线和箭头符号标明树木的种类。同一种树木群植或丛植时可用细线将其中心连接起来统一标注。很多低矮的植物常常成丛栽植,因此,种植设计图中应明确标出灌木、二年生花卉或多年生花卉的位置和形状,不同种类宜用不同的线条轮廓加以区分。图 1-33 和图 1-34 所示为某场地种植设计图。

图 1-33　某场地种植设计图 1

(三)苗木表的要求

苗木表应满足以下要求。

①苗木表配合图面的植物编号标注,标明植物名称。

②写出植物的拉丁学名,避免同名异物造成误解。

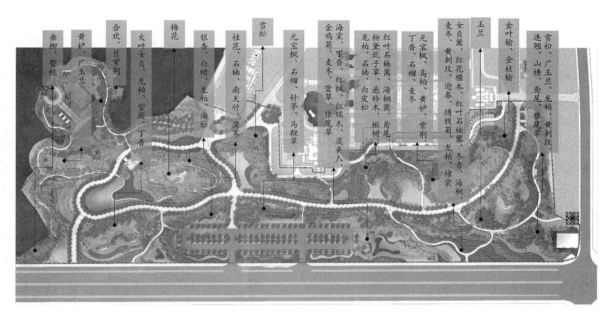

图 1-34　某场地种植设计图 2

③规定种植采用的苗木规格、造型要求、种植数量（面积）、密度等。

比较普遍采用的苗木表包括编号、树种、规格、数量（草本植物为面积）、密度和备注等内容，少数图纸的苗木表还包括植物的拉丁学名，植物种植时和后续管理时的形态、姿态，植物整形修剪及特殊造型要求等。图 1-35 所示为苗木表参考图。

图 1-35　苗木表参考图

六、分析图

在设计的不同阶段，分析图的作用和目的也不同。设计师可以通过图示分析更清楚地了解各种因素的空间关系，将繁多的现状条件梳理清楚并找出重点。分析图可以推进设计服务，可以使读图者深入了解设计意图和思路，迅速领会方案构思。所以分析图要非常清晰、概括地展示方案的优点和特征，并注意以下

事项。

①简明扼要,以最简练的图示语言表达出方案的框架结构,突出特点、优点,并彰显方案的合理性。

②图形工整,图例恰当并有明确的图例说明。

③色彩鲜明,能明显区分不同的元素,可以加绘阴影或采用三维画法,增加视觉吸引力。

④分项说明,每张分析图以一项或两项内容为主,背景应适当减弱和简化。底图的繁简应得当,太繁无法突出主要因素且比较耗时,太简单则交代不清,不能表达主要的内容。

从形式上来说,分析图不仅可以通过平面图表达,还可以通过剖面图或三维形式(如轴测图和透视图)表达,甚至根据元素不同分层表达。

从组织上来说,分析图之间不仅可以是常见的平面并列关系,而且可以是工作历程和思考轨迹的连续性、叙事性表达。

常见的分析图包括功能分区图、景观结构分析图、景区景点分析图、道路交通分析图、视线分析图、植物分区分析图等。

(一)功能分区图

功能分区就是将具有相同或相似性质的活动区域设置到一起,从而满足基地的基本功能定位以及不同人群的使用需求,比如公园设计中要有儿童活动区、老年人活动区、体育活动区,便于使用者进行活动,从而形成互动和交流。在景观设计中,设计师不仅要考虑功能如何进行分区,也要考虑功能区之间如何进行叠加。图1-36所示为某公园功能分区图。

图1-36　某公园功能分区图

功能分区规划主要是根据基地的自然条件,如地形、土壤状况、水体、原有植物、已经存在并要保留的建筑物或历史遗迹、文物情况等,尽可能"因地、因时、因物"而"制宜",结合各功能分区本身的特殊要求以及各区之间的相互关系、场地与周围环境之间的关系进行分区规划;还要根据该用地的性质和内容,游人在园内设施上的多种多样的游乐活动、活动内容,使项目与设施的设置满足各种不同的功能、不同年龄人群的爱好和需要。

　　基地的周边环境决定着周边人群活动的需求,人群活动的需求很大程度决定着景观功能的定位,如中心商业区服务的人群主要是过街的路人、公司的白领、购物的人群,从而功能定位要考虑人群的集散与休息;居住区和生活区的景观设计,则应考虑居住区、生活区里的老人、儿童,以及邻里之间的生活需求。

　　功能分区的原则如下:

　　①动静原则;

　　②公共和私密原则;

　　③开放与封闭原则。

　　功能分区的类型:综合服务区、休闲游憩区、集会表演区、娱乐活动区、儿童活动区、老年人活动区、体育健身区、亲子活动区、水上活动区、安静游览区、文娱教育区、中心活动区、生态休闲区、室外展示区、文化体验区、休闲度假区等。

　　功能分区图属于示意说明的性质,可以用抽象图形或圆圈等图案表示,如图 1-37 至图 1-39 所示。

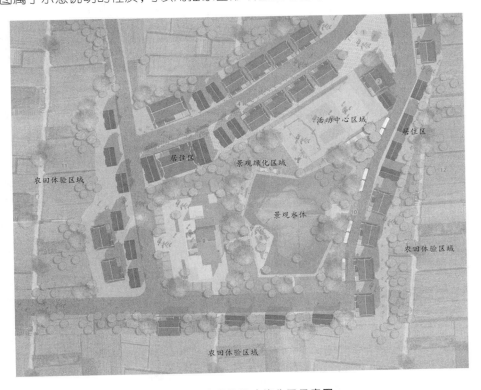

图 1-37　某居住区功能分区示意图

(二)景观结构分析图

　　景观结构是景观的组成和要素在空间上的排列和组合形式,表达设计中景观节点之间的构成关系,以及局部与整体的关系,景观结构是设计的骨架。

　　景观结构通常由“入口＋道路＋节点”构成。三个要素之间是动态调整的过程:入口的位置决定了道路的位置,所以说入口对景观结构起着至关重要的作用,道路通常会构成景观轴线,景观轴线又通常会连接重要的节点,如果设计中有水系存在,则水系、道路、节点之间又会产生密切的联系,这些都是在确定景观结构前需要仔细考虑的内容。

　　景观结构的构思原则包括以下几点:

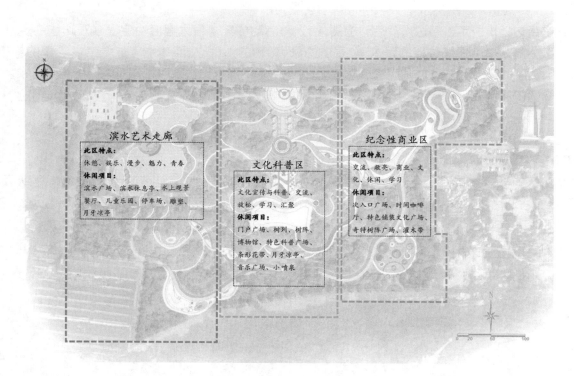

滨水艺术走廊

此区特点：
休憩、娱乐、漫步、魅力、青春

休闲项目：
滨水广场、滨栈休息亭、水上观景餐厅、儿童乐园、停车场、雕塑、月牙凉亭

文化科普区

此区特点：
文化宣传与科普、交流、放松、学习、汇聚

休闲项目：
门户广场、树列、树阵、博物馆、特色科普广场、条形花带、月牙凉亭、音乐广场、小喷泉

纪念性商业区

此区特点：
交流、敞亮、商业、文化、休闲、学习

休闲项目：
火入口广场、时间咖啡厅、特色铺装文化广场、奇特树阵广场、灌木带

图 1-38　功能分区示意图 1

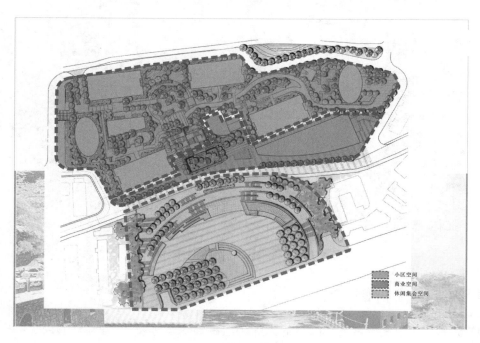

小区空间
商业空间
休闲集会空间

图 1-39　功能分区示意图 2

①主入口通常设置在人流量比较大的地方，便于人群进入；

②绿地内部的道路参照基地周边的道路系统，与周边的道路平行或垂直，符合城市的肌理；

③善用对景，利用对景的方法形成虚轴；

④节点有主次，通常主节点与景观的主轴具有密切的联系；

⑤景观结构要有一定的秩序感（轴线控制）；

⑥景观轴线对于空间的整体性和秩序性起到关键的作用,可以统领全局,控制空间结构。

图 1-40 至图 1-42 所示为景观结构分析图。

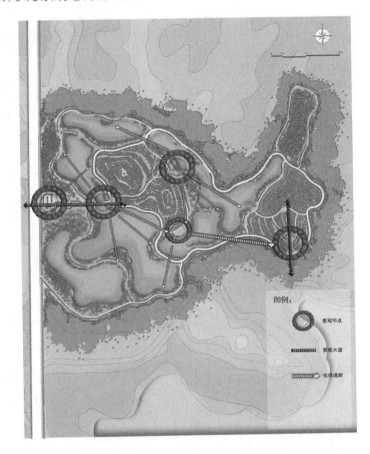

图 1-40　景观结构分析图 1

(三)景区景点分析图

　　按规划设计意图,根据游览需要,组成一定范围的景观区域,形成各种风景环境和艺术范围,以此划分成不同的景区,称为景区划分。

　　景区划分要使基地内的风景与功能使用要求配合,增强功能要求的效果;景区不一定与功能分区的范围完全一致,有时需要交错布置,常常是一个功能区中包括一个或多个景区,使一个功能区中有不同的景色,使景观有变化、有节奏,生动有趣,以不同的景色给游人以不同情趣的艺术感受。景区划分的形式一般有以下几类。

1. 按景区环境的感受效果划分景区

　　①开朗的景区:宽广的水面、大面积的草坪、宽阔的铺装广场,往往能形成开朗的气氛,给人以心胸开阔、畅快怡情的感觉,是游人较为集中的区域。

　　②雄伟的景区:利用挺拔的植物、陡峭的山形、耸立的建筑等形成雄伟庄严的气氛。

　　③清静的景区:利用四周封闭而中间空旷的地段,形成安静的休息环境,如林间隙地、山林空谷等,使游人能够安静地欣赏景观或进行较为安静的活动。

　　④幽深的景区:利用地形的变化、植物的隐蔽、道路的曲折、山石建筑的障隔和联系,形成曲折多变的空

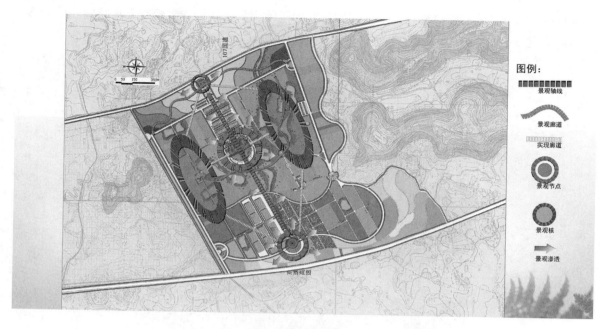

图1-41　景观结构分析图2

一轴·一核·两翼

景观结构图

一轴：是由遗址保护展示区和古村风情区串联而成的文化轴线。

一核：是指一个核心，位于码头潭湾西部的一个高台丘垄之上，此地是新石器时期遗址，文化层堆积较厚，是规划场地内的核心保护区。

两翼：基址内地形变化丰，仁者乐山，智者乐水，亦动静结合依地势划分两个片区，尽收眼底的湖光水色以及蜿蜒迂回的探索乐趣。

武汉市码头潭文化遗址公园概念性规划

图1-42　景观结构分析图3

间，达到幽静深邃的境界。

2. 按不同季节季相组织景区

景区主要以植物的季相变化为特色进行布局规划,一般根据春花、夏荫、秋叶、冬干的四季特色分为春景区、夏景区、秋景区、冬景区,每个景区都选取有代表特色的植物作为主景观,综合其他植物种类进行规划布局,四季景观特色明显。按不同季节季相组织景区是常用的一种方法。

3. 以不同景观特征进行划分

以不同景观特征进行划分,景区可以分为山林景区、滨水景区、溪谷景区、疏林草地景区、田园景区等。

4. 以不同的造园材料和地形为主构成景区

以不同的造园材料构成的景区,往往以园中园的形式出现。

①假山园。假山园以人工叠石为主,突出假山造型艺术,配以植物、建筑、水体,在我国古典园林中较多见。

②水景园。水景园是利用自然的或模仿自然的河、湖、溪、瀑,人工构筑的各种形式的水池、喷泉、跌水等水体构成的风景。

③岩石园。岩石园以岩石及岩生植物为主,结合地形选择适当的沼泽、水生植物,展示高山草甸、牧场、碎石陡坡、峰峦溪流、岩石等自然景观。

另外,其他有特色的景区,如山水园、沼泽园、花卉园、树木园等,都可结合整体布局立意进行设置。我国传统园林常常利用意境的处理方法来形成景区特色,一个景区围绕一定的中心思想展开,包括景区内的地形布置、建筑布局、建筑造型、水体规划、山石点缀、植物配置、匾额对联的处理等,如圆明园的 40 景、避暑山庄的 72 景都是成功的范例。现代园林设计同样可以借鉴其中的一些手法,结合较强的实用功能进行景区的规划布局,如图 1-43 至图 1-45 所示。

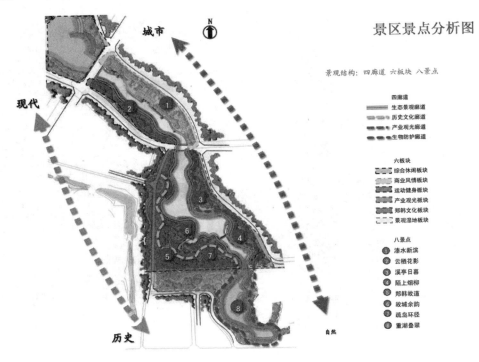

图 1-43　景区景点分析图 1

景区景点分析图

水形态改造措施：

1、增加岛屿、景观堤、内湖、溪流等多样的
水体形式，丰富水域空间层次；

2、将小雁河打造为生态景观河流，河流形态曲折自
然，局部拓宽水面；

3、调整运粮河等距的绿带模式；

4、融合文化元素，如命名月牙岛、小雁河、弯月堤等。

运粮河形态改造

岛　　　塘　　　堤　溪　湖

河

小雁河形态设计

图 1-44　景区景点分析图 2

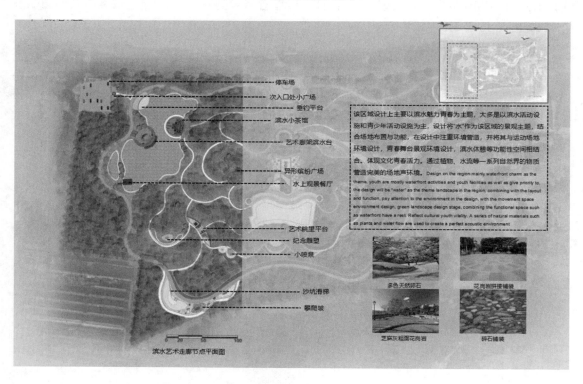

停车场
次入口处小广场
垂钓平台
滨水小茶馆
艺术廊架滨水台
异形缤纷广场
水上观景餐厅
艺术跳望平台
纪念雕塑
小喷泉
沙坑滑梯
攀爬坡

该区域设计上主要以滨水魅力青春为主题，大多是以滨水活动设
施和青少年活动设施为主，设计将"水"作为该区域的景观主题，结
合场地布置与功能，在设计中注重环境营造，并将其与运动场地
环境设计，青春舞台景观环境设计，滨水休憩等功能性空间相结
合、体现文化青春活力。通过植物、水流等一系列自然界的物质
营造完美的场造声环境。Design on the region mainly waterfront charm as the
theme, youth are mostly waterfront activities and youth facilities as well as give priority to,
the design will be "water" as the theme landscape in the region, combining with the layout
and function, pay attention to the environment in the design, with the movement space
environment design, green landscape design stage, combining the functional space such
as waterfront have a rest. Reflect cultural youth vitality. A series of natural materials such
as plants and water flow are used to create a perfect acoustic environment.

多色天然碎石　花岗岩拼接铺装

芝麻灰粗面花岗岩　碎石铺装

滨水艺术走廊节点平面图

图 1-45　景区景点分析图 3

(四)道路交通分析图

道路交通分析图应符合以下规定：
①标明外部的道路条件和出入口；
②标明用地内道路布局，包括入口分类，道路广场分级、分类，桥梁的位置及性质；
③标明内外交通组织分析、停车场的位置。
以公园设计为例，道路交通分析图的绘制应包括以下内容：
①在图上确定公园的主要出入口、次要入口与专用入口，主要广场的位置、主要环路的位置，以及作为消防的通道；
②确定主干道、次干道等的位置以及各种路面的宽度；
③初步确定主要道路的路面材料，铺装形式等；
④在图纸上用虚线画出等高线，再用不同的粗线、细线表示不同级别的道路及广场，并注明主要道路的控制标高。
公园的道路系统一般为 3 级（参考《公园设计规范》中的相关规定），通常包括以下几种类型。
①主干道：或称主路，是全园主要道路，联系着各大景区、功能区、活动设施集中点以及各景点。设计师可以通过主干道对园内外的景色进行分析安排，以引导游人欣赏景色。
②次干道：公园各区内的主要道路，联系着各个景点，引导游人进入各景点、专类园，对主干道起辅助作用。
③游步道：引导游人深入景点、寻胜探幽的道路。游步道一般设在山坳、峡谷、山崖、小岛、林地、水边、花间和草地上。
道路系统的布局应根据公园绿地内容和游人量确定，要主次分明、因地制宜，与地形及周边环境密切配合。图 1-46 至图 1-50 所示为道路交通分析图。

(五)视线分析图

视线分析图包括主要观景点的位置、观景方向、视域范围、开敞空间、半开敞空间、封闭空间、景观序列以及不同视觉界面的起始位置等。绘制视线分析图需要注意突出视线重点，有时需要和透视效果图结合绘制，图 1-51 和图 1-52 所示为视线分析图。

(六)植物分区分析图

作为风景园林的重要构成要素，植物种植设计是设计过程的重要组成部分。为了较为清晰地表达设计范围内不同区域的植物特征，设计师可以在绘制植物种植设计图之前用植物分区分析图来确定各个区域的植物特征、植物景观结构及主要植物构成。主要植物构成主要包括确定基调树种、骨干树种、一般树种，确定不同地点的密林、疏林、林间空地、林缘等种植方式；还包括确定以植物造景为主的专类园，如月季园、牡丹园、盆景园、观赏或生产温室、花圃等。图 1-53 至图 1-55 所示为植物分区分析图。

七、效果及鸟瞰图

效果图应能表达设计意图，包括人视效果图和鸟瞰图，如图 1-56 至图 1-60 所示。
意向图：根据项目需要，为进一步对设计意图做更直观的说明，设计师可选用参考图片作为补充说明。

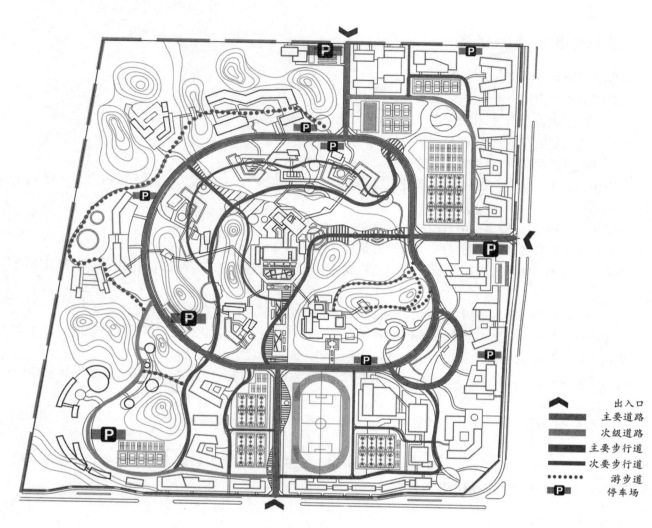

图 1-46　道路交通分析图 1

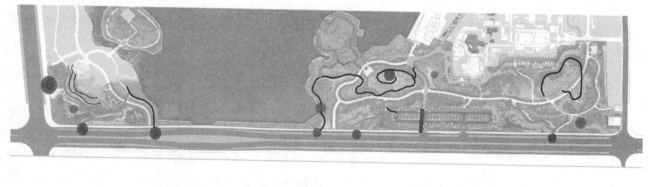

图 1-47　道路交通分析图 2

主道路公路
园路
栈道
田间小路

图 1-48　道路交通分析图 3

市政道路
木栈道
车行流线
人行流线
地面停车场
主要人行入口
次要人行入口

图 1-49　道路交通分析图 4

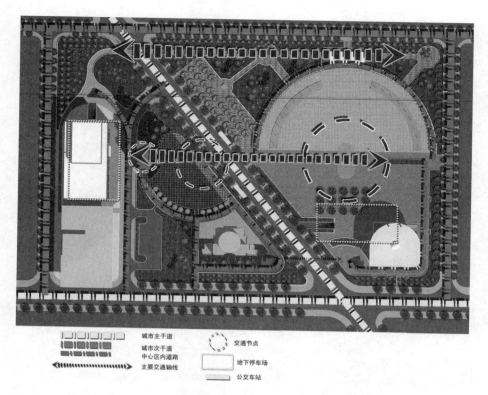

城市主干道
城市次干道
中心区内道路
主要交通轴线

交通节点
地下停车场
公交车站

图 1-50　道路交通分析图 5

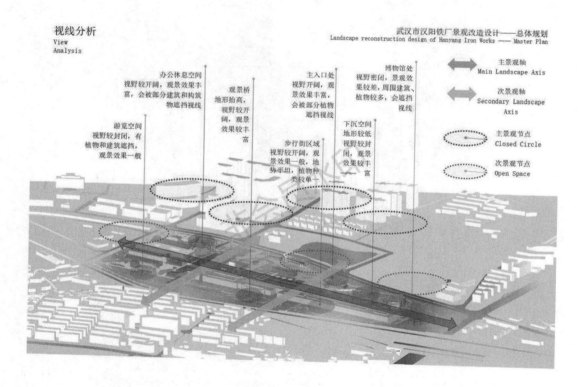

视线分析
View Analysis

武汉市汉阳铁厂景观改造设计——总体规划
Landscape reconstruction design of Hanyang Iron Works —— Master Plan

办公休息空间
视野较开阔,观景效果丰富,会被部分建筑物遮挡视线

观景桥地形抬高,视野较开阔,观景效果较丰富

主入口处视野开阔,观景效果丰富,会被部分植物遮挡视线

博物馆处视野密闭,景观效果较差,周围建筑、植物较多,会遮挡视线

游览空间视野较封闭,有植物和建筑遮挡,观景效果一般

步行街区域视野较开阔,观景效果一般,地势平坦,植物种类较单一

下沉空间地形较低视野较封闭,观景效果较丰富

主景观轴 Main Landscape Axis
次景观轴 Secondary Landscape Axis
主景观节点 Closed Circle
次景观节点 Open Space

图 1-51　视线分析图 1

视线分析图

该设计方案的景观结构为"一轴，两片，六区"，所以游览观赏节点主要分为两个大部分，景观主轴上地势较高，沿主轴分布的节点处于高程点上，视野开阔，拥有绝佳的观赏角度；其余外围的景观节点散布在景观主轴的两侧，南面拥有开阔的水域，六个亲水节点的视野也足够开阔。北面的节点分布在相对较为起伏的地形上，一般为半开敞空间，视野一般。

武汉市码头潭文化遗址公园概念性规划

图 1-52　视线分析图 2

植物分区分析图

——生态恢复区

基调树种：香樟
骨干树种：
　乔木：朴树　池杉
　灌木：含笑　金叶女贞　垂丝海棠

一般树种：
　乔木：紫玉兰　紫薇　山矾　金枝国槐　日本晚樱
　灌木：冬青卫矛　木芙蓉　鹅毛竹　金丝桃　结香　雀舌黄杨　红枫
　草本：马尼拉
　水生植物：黄菖蒲　芦苇　白芒　再力花　千屈菜　黄花鸢尾　荷花　睡莲　花叶芦竹

图 1-53　植物分区分析图 1

45

图 1-54　植物分区分析图 2

图 1-55　植物分区分析图 3

图 1-56　效果图 1

图 1-57　效果图 2

图 1-58　效果图 3

图 1-59　效果图 4

图 1-60　效果图 5

八、方案设计阶段要求

在方案设计阶段,不同类型的绿地要求的图纸可有所不同,如表 1-4 所示。

表 1-4　方案设计阶段不同类型的绿地要求

绿地大类名称	绿地中类名称	区位分析图	用地及周边土地利用规划图	现状分析图	总平面图	功能分区图	竖向设计图	道路交通分析图	种植设计图	建筑、构筑物及园林小品设计图	综合管网设施图	主要景点设计图	效果图或意向图
G1 公园绿地	G11 综合公园	▲	▲	▲	▲	▲	▲	▲	▲	▲	▲	▲	▲
	G12 社区公园	▲	▲	▲	▲	▲	▲	▲	▲	◇	◇	▲	▲
	G13 专类公园	▲	▲	▲	▲	▲	▲	▲	▲	▲	▲	▲	▲
	G14 游园	▲	◇	▲	▲	◇	◇	▲	▲	◇	◇	◇	▲
G2 防护绿地		▲	◇	▲	▲	◇	◇	▲	▲	◇	◇	◇	◇
G3 广场绿地		▲	▲	▲	▲	◇	▲	▲	▲	◇	◇	◇	▲
XG 附属绿地	RG 居住绿地附属绿地	▲	▲	▲	▲	◇	◇	▲	▲	◇	◇	◇	▲

续表

绿地大类名称	绿地中类名称	区位分析图	用地及周边土地利用规划图	现状分析图	总平面图	功能分区图	竖向设计图	道路交通分析图	种植设计图	建筑、构筑物及园林小品设计图	综合管网设施图	主要景点设计图	效果图或意向图
XG 附属绿地	AG 公共管理与公共服务设施绿地附属绿地	▲	▲	▲	▲	◇	◇	◇	▲		◇		▲
	BG 商业服务业设施用地附属绿地	▲	▲	▲	▲	◇	◇	◇	▲		◇		▲
	MG 工业绿地附属绿地	▲	▲	▲	▲		◇		▲		◇		◇
	WG 物流仓储用地附属绿地	▲	▲	▲	▲	▲			▲		◇		◇
	SG 道路与交通设施用地附属绿地	▲	▲	▲	▲		◇		▲		◇		◇
	DG 公用设施用地附属绿地	▲	▲	▲	▲		◇		▲		◇		◇
EG 区域绿地	EG1 风景游憩绿地	▲	▲	▲	▲	▲	▲	▲	▲	▲	▲	▲	▲
	EG2 生态保育绿地	▲	◇	▲	▲		◇		▲		◇		◇
	EG3 区域设施防护绿地	▲	◇	▲	▲	◇	◇		▲		◇		◇
	EG4 生产绿地	▲	◇	▲	▲		◇		▲		◇		◇

注：▲应单独出图、◇可出图纸。

（一）一般要求

方案设计阶段主要分析自然现状和社会条件,确定项目的类型、定位、功能、风格特色、空间布局,对竖向、交通组织、种植设计、建筑小品、生物多样性、雨水控制与利用、综合管网设施等进行专项设计,可根据项目要求,增加消防、环保、卫生、节能、安全防护和无障碍设计等技术专业设计。

方案设计文件的编排顺序一般为封面、扉页、设计文件目录、设计说明书、设计图纸和投资估算。

设计图纸可根据项目规模以整比例表达。

各专业、专项总平面图应包括以下内容：

①用地边界、周边的市政道路及地名和重要地物名称的相关情况;

②比例或比例尺;

③指北针或风玫瑰图;

④图例及注释。

(二)设计说明

1. 工程概述

工程概述应简述工程范围和工程规模、功能、内容、要求等。

2. 设计依据及相关基础资料

设计依据及相关基础资料可参考以下内容。
①设计采用的主要法规和标准。
②与工程设计有关的依据性文件的名称和文号,包括选址及环境评价报告、地形图、项目的可行性研究报告、规划及有关行政管理部门批准的有关文件、政府有关主管部门对立项报告的批文、设计任务书或协议书等。
③自然与社会经济等相关基础资料,包括气象、水文地质、地形地貌、土壤及植被;风景资源及文化史料;能源、公共设施、交通;区位描述及分析;能源供应及三废处理等。

3. 概述及分析

概述及分析应对项目的上位规划、区位、自然、历史文化条件,项目服务人群及其使用需求进行分析。

4. 设计指导思想和设计原则

设计指导思想和设计原则应概述设计指导思想和设计遵循的各项原则。

5. 总体构思和布局

总体构思和布局应说明设计理念、设计构思、功能分区,概述空间组织和园林景观特色。

6. 专项设计

专项设计指对竖向、交通组织、种植设计、建筑小品、生物多样性、雨水控制与利用、综合管网设施等进行专项设计。

7. 主要技术经济指标

主要技术经济指标应包括下列文件:
①用地平衡表;
②投资估算。

(三)设计图纸

(1)区位分析图应标明用地在城市中的位置以及与周边地区的关系。
(2)用地及周边土地利用规划图应标明用地性质及周边的土地利用规划情况。
(3)现状分析图应标明用地内及周边的现状情况并对其进行分析。
(4)总平面图应符合以下规定:

①标明项目用地红线、蓝线、绿线、紫线、黄线、用地范围线的位置；

②标明保留的原有园路、植物和各类水体的岸线、各类建筑物和构筑物等；

③标明方案设计的园路、广场、停车场、建筑物、构筑物、园林小品、种植、山形水系的位置、轮廓或范围，景区、景点、建筑物、构筑物的名称；

④标明坡道、挡墙、台阶、围墙、排水沟、护坡、陡坎等的位置；

⑤满足用地平衡表的要求。

（5）功能分区图应标明各功能分区的位置、名称及大致范围。

（6）竖向设计图应符合以下规定：

①标明用地周边相关环境现状及规划的竖向标高；

②标明用地内的设计等高线和主要控制点高程、水体的最高水位、常水位、池底标高；

③应有必要的地形剖面，应有现状剖面及设计地形剖面及标高。

（7）道路交通分析图应符合以下规定：

①标明外部的道路条件和出入口；

②标明用地内道路布局，包括入口分类，道路广场分级、分类，桥梁的位置及性质；

③标明内外交通组织分析、停车场的位置。

（8）种植设计图应符合以下规定：

①标明保留的现状植物的位置、种类和规格；

②标明种植分区和主要特色植物及意向图片；

③标明乔木、灌木及地被的布局关系，可选用剖面图、立面图及意向图进行说明。

（9）主要景点设计图应提供项目主要景点铺装场地、绿化、园林小品和其他设施的局部景点设计图。

（10）建筑、构筑物及园林小品设计图应包括位置、性质、平面形式、尺度、风格的说明、效果图或意向图。

（11）综合管网设施图：设计师应根据工程要求，绘制给水、排水、电气等相关工程设备管网的主管线示意图。

（12）方案阶段图纸深度：方案阶段不同类型的绿地要求的图纸可有所不同。

第三节
初步设计阶段

初步设计文件包括设计说明及图纸，其内容达到以下要求：

①满足编制施工图设计文件的要求；

②解决各专业的技术要求，协调与相关专业之间的关系；

③满足编制工程概算的需要；

④提供申报有关部门审批的必要文件。

一、初步设计文件

初步设计阶段主要确定平面，明确园路广场铺装形状、材质，山形水系、竖向，明确植物分区、类型，确定建筑内部功能、位置、体量、形式、结构类型，确定园林小品的形式、体量、材料、色彩等，应满足工程概算的需要。初步设计文件主要包括以下文件：

①设计说明书，包括设计总说明、各专业设计说明，涉及建筑节能、环保、绿色建筑、人防、装配式建筑等的设计说明书还应有相应的专项内容；

②有关专业的设计图纸；

③主要设备或材料表；

④工程概算书；

⑤有关专业计算书（计算书不属于必须交付的设计文件，但应按规定相关条款的要求编制）。

二、初步设计文件的编排顺序

初步设计文件的编排顺序如下：

①封面：写明项目名称、编制单位、编制时间；

②扉页：写明编制单位法定代表人、技术总负责人、项目总负责人和各专业负责人的姓名，并经上述人员签字或授权盖章；

③设计文件目录；

④设计说明书；

⑤设计图纸（可单独成册）；

⑥概算书（应单独成册）。

初步设计文件的编排顺序一般为封面、扉页、设计文件目录、设计说明书、设计图纸和概算书。

设计图纸按专业顺序编排，一般为总图、园林图、建筑图、给水排水图、电气图等。

图号的编排顺序：总平面图在前，分区放大图、详图在后。

各专业、专项总平面图应包括以下内容：

①用地边界线、道路红线；

②用地周边原有及规划道路的位置，以及主要建筑物、构筑物的位置、名称；

③用地内建筑物和构筑物的位置、名称（包括地下建筑、构筑物的表示）；

④园路广场的位置；

⑤构筑物及园林小品的位置；

⑥挡土墙、陡坡、水体、台阶、蹬道的位置；

⑦比例尺；

⑧指北针；

⑨图例及注释。

根据项目大小，图纸可以选择不同的比例尺，如表1-5所示。

表 1-5　设计方案图纸的内容和比例尺

图纸内容	常用比例尺	可选用比例尺
总平面图	1：200、1：500、1：1000	1：300、1：2000
定位图/放线图	1：200、1：500、1：1000	1：300
竖向、水体、种植设计图	1：200、1：500、1：1000	1：300
园林及铺装场地设计图	1：50、1：100、1：200、1：500	1：300
重点部位详图	1：5、1：10、1：20	1：30

续表

图纸内容	常用比例尺	可选用比例尺
建筑、构筑物及园林小品设计图	1:50、1:100、1:200	1:30
给水排水、电气设计图	1:500、1:1000	1:300

三、主要分区放大平面设计

分区放大平面图应符合以下规定：

①标明项目用地红线、蓝线、绿线、紫线、黄线、用地范围线的位置；

②标明保留的原有园路、植物和各类水体的岸线、各类建筑物和构筑物等；

③标明用地内各组成要素的位置、名称、平面形态或范围，包括建筑、构筑物、道路、铺装场地、绿地、园林小品、水体等；

④标明设计地形等高线；

⑤标明坡道、挡墙、台阶、围墙、排水沟、护坡、陡坎等的位置。

在总体设计方案确定以后，设计师要进行局部详细设计工作。局部详细设计工作的主要内容如下。

（一）平面图

设计师应根据设计区域的不同进行分区，划分若干局部，每个局部根据总体设计的要求，进行局部详细设计。图1-61和图1-62所示为某详细设计平面图。

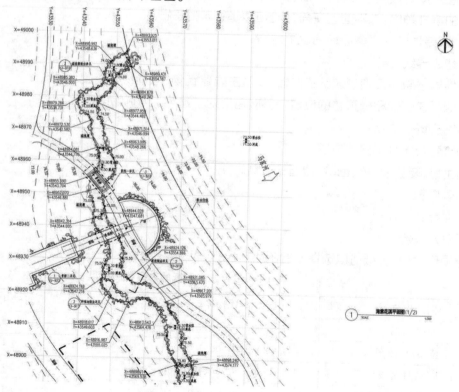

图1-61 某详细设计平面图1

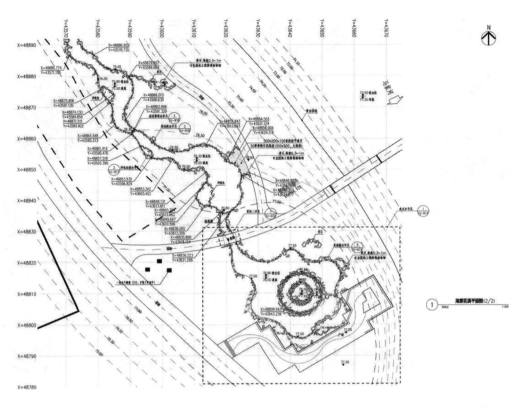

图 1-62 某详细设计平面图 2

平面图应包括以下内容：

①用不同粗细和形式的线条绘制的等高线、园路、广场、建筑、水池、湖面、驳岸、树林、草地、灌木丛、花坛、花卉、山石、雕塑等；

②详细设计平面图要标明建筑平面、标高及与周围环境的关系；

③道路的宽度、形式、标高；

④主要广场、地坪的形式、标高；

⑤花坛、水池的面积和标高；

⑥驳岸的形式、宽度、标高；

⑦雕塑、园林小品的造型。

(二)横、纵剖面图

为更好地表达设计意图,设计师应绘制局部艺术布局最重要的区域或局部地形变化的区域的横、纵剖面图。横、纵剖面图的比例尺为(1∶200)～(1∶500)。图 1-63 至图 1-65 所示为某详细设计剖面图。

(三)定位图/放线图

定位图/放线图应符合以下规定：

①标注用地边界坐标；

②在总平面图上标注各工程的关键点的定位坐标和控制尺寸；

③在总平面图上无法表示清楚的定位应在详图中标注。

④放线图应在本图说明中写明放线系统、原点、网格间距及单位。

景点名来源

平面图 1：800

A-A′ 剖面图1：200

图 1-63　某详细设计剖面图 1

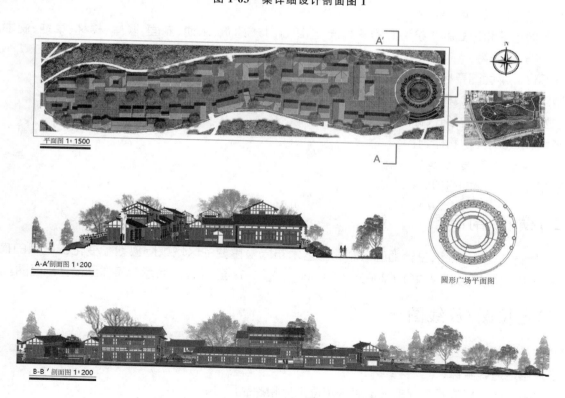

平面图 1：1500

A-A′剖面图 1：200

圆形广场平面图

B-B′ 剖面图1：200

图 1-64　某详细设计剖面图 2

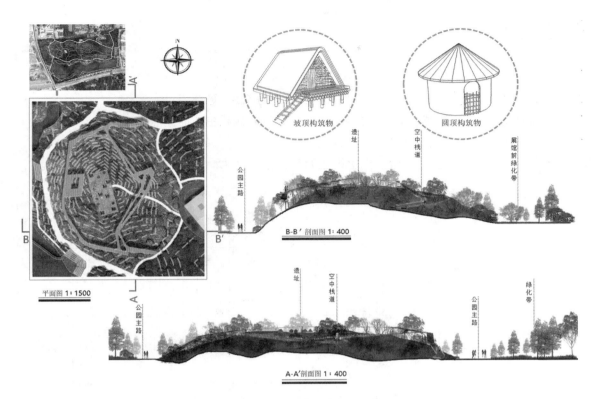

图 1-65　某详细设计剖面图 3

图 1-66 所示为某详细设计定位图。

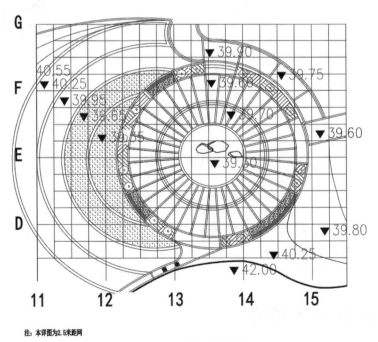

注：本详图为 2.5 米距网

广场详细设计定位图　1:100

图 1-66　某详细设计定位图

四、竖向设计

竖向设计图应符合以下规定：
①标注用地周边的现状、规划道路，水体，地面的关键性标高点、等高线；
②在总平面图上标注道路、铺装场地、绿地的设计地形等高线和主要控制点标高；
③在总平面图上无法表示清楚的竖向应在详图中标注。
根据需要，设计师应绘制土石方平衡图，标明土方量。图1-67所示为某详细设计竖向设计图。

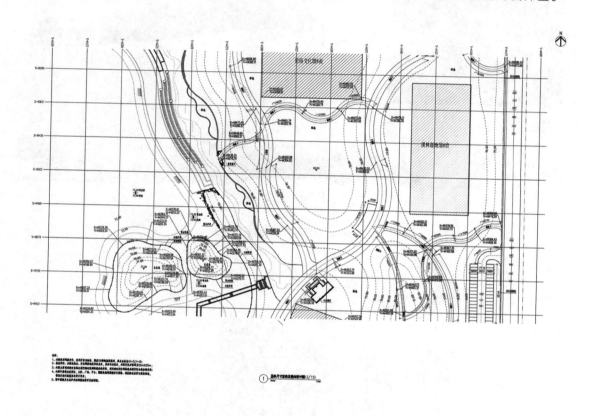

图1-67　某详细设计竖向设计图

水体设计图应符合以下规定：
①标注水体平面；
②标注水体的最高水位、常水位、池底、驳岸标高；
③标注驳岸形式，剖面做法节点。
图1-68所示为某详细设计水体设计图。

五、种植设计及苗木清单

设计师在总体设计方案确定后，着手进行局部景区、景点的详细设计的同时，要进行种植设计工作。种植设计图需要准确地反映乔木的种植点、栽植数量、树种。图1-69至图1-71所示为某详细设计种植设计图。
树种主要包括密林、疏林、树群、树丛、园路树、湖岸树等，以及花坛、花境、水生植物、灌木丛、草坪等，一般比例尺为（1：200）～（1：300）。

图 1-68　某详细设计水体设计图

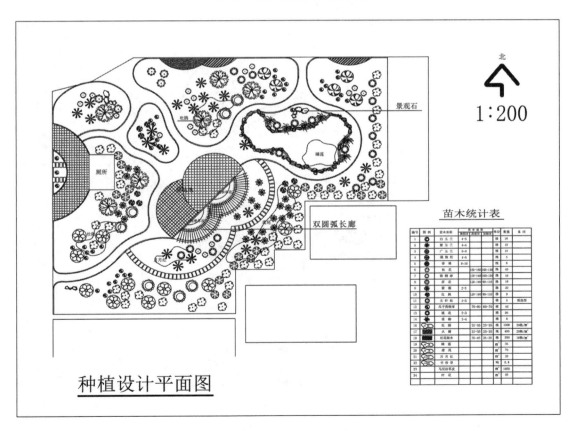

图 1-69　某详细设计种植设计图 1

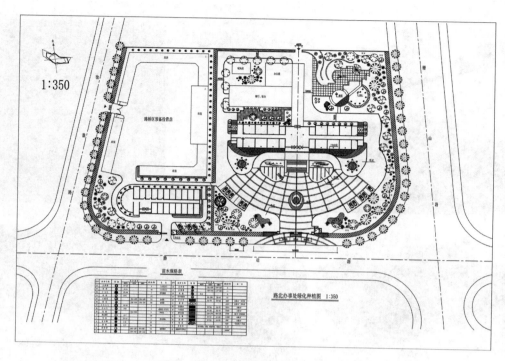

图 1-70　某详细设计种植设计图 2

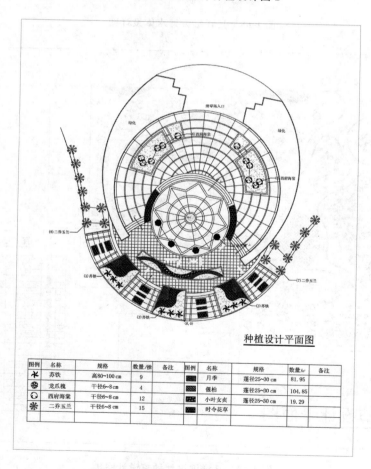

种植设计平面图

图例	名称	规格	数量/株	备注	图例	名称	规格	数量/m²	备注
	苏铁	高80~100 cm	9			月季	蓬径25~30 cm	81.95	
	龙爪槐	干径6~8 cm	4			偃柏	蓬径25~30 cm	104.85	
	西府海棠	干径6~8 cm	12			小叶女贞	蓬径25~30 cm	19.29	
	二乔玉兰	干径6~8 cm	15			时令花草			

图 1-71　某详细设计种植设计图 3

种植设计图应符合以下规定:

①设计说明包括概述设计任务书、批准文件和其他设计依据中与种植有关的内容,种植设计的设计原则,种植设计的分区、分类及景观和生态要求,对栽植土壤的规定,主要乔木、灌木、藤本、竹类、水生植物、地被植物、草坪配置的要求;

②种植设计图应标明设计地形等高线、现状保留植物名称、位置,尺寸按实际冠幅绘制;

③种植设计图应标明设计的植物种类、名称、位置、数量,片植可标注株行距;

④种植设计图无法表示清楚种植时,应绘制种植分区图或详图;

⑤苗木表应分类列出种类、规格、数量。

六、园路及铺装

园路及铺装设计图应符合以下规定:

①在总平面上绘制和标注园路和场地的材料、颜色、规格、铺装纹样;

②在总平面上无法表示清楚的园路及铺装应绘制铺装详图;

③标注园路铺装主要构造做法。

图 1-72 至图 1-75 所示为园路及铺装设计图。

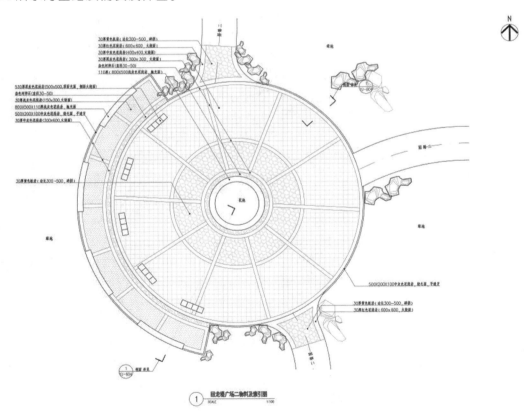

图 1-72　园路及铺装设计图 1

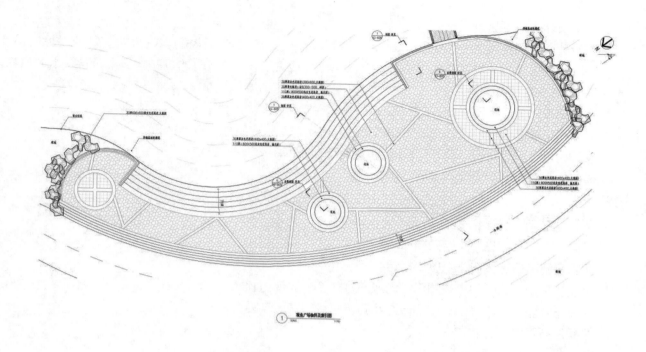

图 1-73　园路及铺装设计图 2

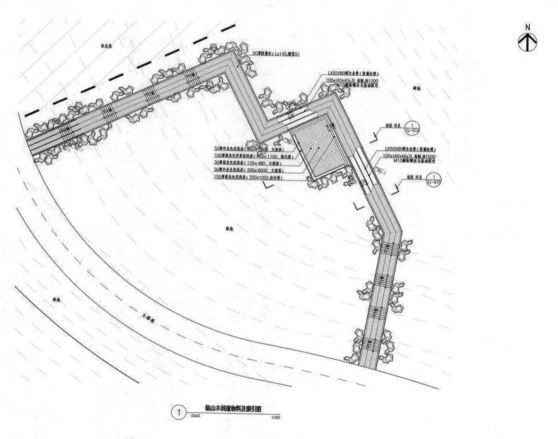

图 1-74　园路及铺装设计图 3

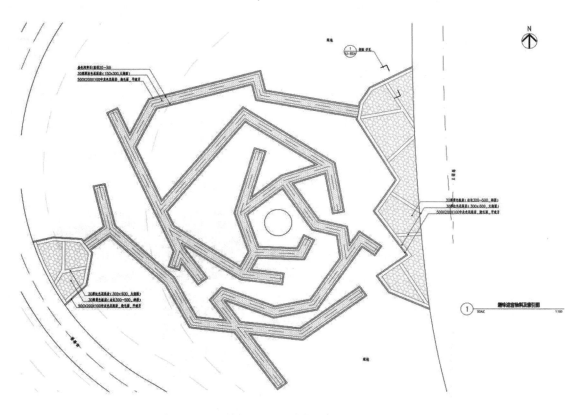

图 1-75　园路及铺装设计图 4

七、挡土墙、景观墙、台阶、种植池等初步设计

　　挡土墙、景观墙：这是对高差的一种快速、有效的处理方法，适用于微高差的场地，有防止突破坍塌、承受侧向压力的功能，形式多样。挡土墙、景观墙可以为混凝土墙、石墙或者其他材质的墙，根据风格和作用不同来选择应用。挡土墙、景观墙结合缓坡可以做成文化廊道的样式，利用高差断面，作为展示文化、展示城市风貌，或者其他景观的墙面；也可结合娱乐活动，设置为攀岩墙等。合理、美观、功能丰富的景观墙，能有效地成为景观中的亮点。图 1-76 所示为挡土墙示意图。

　　台阶设计是高差处理的常见形式。台阶就是踏步，与蹬道的作用基本一致，都是为了解决地势高低差的问题。不过两者之间有些差异：台阶大多与扶手结合，而扶手的形式多样，具有装饰意义；台阶本身具有一定的韵律感，尤其是螺旋形的楼梯相当于音乐中的旋律。故台阶在园林中，除本身基本功能的通过功能外，还具有装饰景物的作用。台阶可以增加场地活动交流的空间，结合休憩的坐凳、旁边的花草树木，浅浅流过的水流，一个独享、不错的休憩、交流空间就产生了。

　　台阶造型十分丰富，基本上可分为规则式与拟自然式两类。

　　台阶按取材不同，可分为石阶、混凝土阶、钢筋混凝土阶、竹阶、木阶、草皮阶等。台阶可与假山、挡土墙、花台、树池、池岸、石壁等结合，以代替栏杆，能给游人带来安全感，又能掩蔽裸露的台阶侧面。

　　大面积的台阶应用，利用高差可以很好地体现庄重、恢宏的气势，也能凸显建筑主体（不过得充分考虑人体工程学，避免带来疲累感）。这也是纪念性场地常用的处理方式。在处理高差时，梯田式处理比较多见。梯田式的台阶堆叠，再配少量的植物，既能通过，也能入座。图 1-77 所示为台阶示意图。

　　种植池的设计可以从多方面考虑，比如功能、材质、造型、植物配置等。种植池按材质，可分为涂料、混

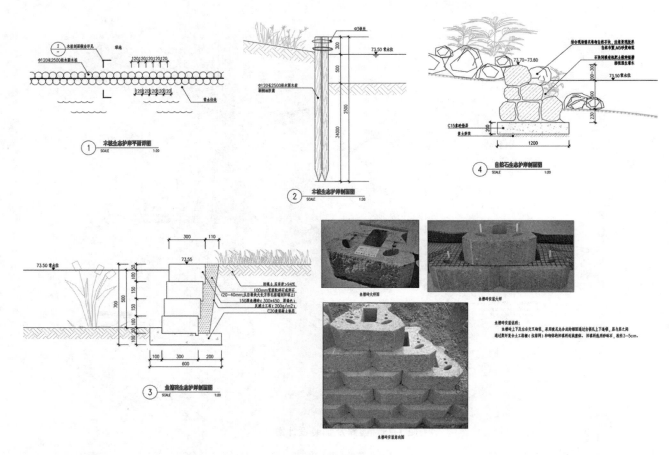

图 1-76　挡土墙示意图

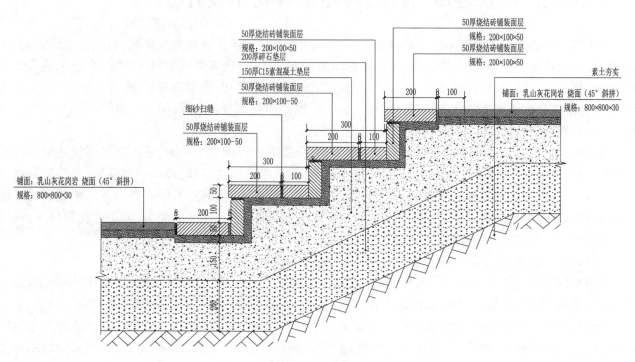

图 1-77　台阶示意图

凝土、花岗岩、红砖、马赛克、pc砖、不锈钢板、耐候钢板、整石、杉木桩种植池等。种植池按形状,可分为方形、三角形、多边形、圆形、卵形种植池。图1-78所示为种植池示意图。

图 1-78　种植池示意图

八、给水排水设计图

给水排水设计图应包含以下内容。

(1)设计说明及主要设备明细表。

①灌溉工程:水源、灌溉方式、灌溉用水量、管材、连接方式。

②室外给水排水工程:给水、排水(雨水、污废水)系统概述,给排水量,管材,连接方式。

③水景工程:水源、用水量、管材、连接方式。

(2)灌溉平面图应标明水源点接入水表井位置、主管道平面位置、管径及埋深。

(3)室外给水排水平面图应标明水源点接入水表井位置,雨污水接出点位置,给水排水主管道平面位置、管径及闸门井、水表井、检查井、化粪池等与本工程相关的给排水构筑物位置,水景的进水位置、泵坑位置。

图1-79所示为给水排水设计图。

九、园林小品及设施初步设计

(一)园林小品的类型及其特征

1. 园桌、园椅、园凳

园桌、园椅、园凳的作用是供人休息、赏景,其艺术造型可装点园林。园椅主要设置在路旁、嵌镶在绿篱

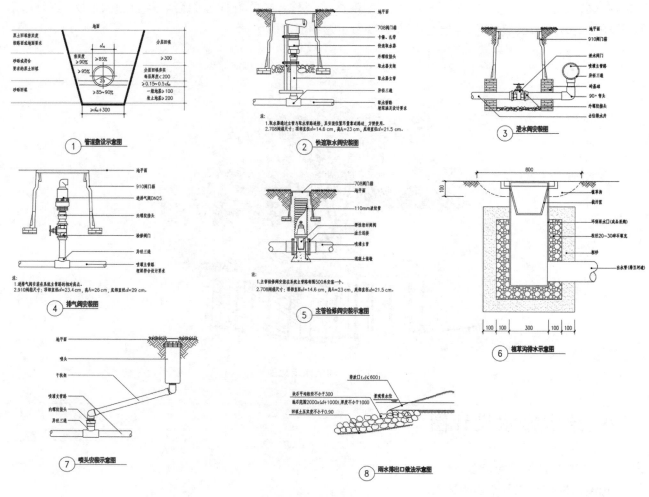

图 1-79　给水排水设计图

的凹入处;绕林荫大树的树干设置园椅,既保护了大树,又提供了纳荫乘凉之所;园椅可以设置在大灌木丛的前面或背面,为游人提供隔离隐蔽和相对安静的休息谈心场所。

园凳可以分散在树林里,有的与石桌配套安放在树荫下,为人们休息、玩扑克、下棋或就餐提供方便。园凳在设计时应尽量做到造型简单朴实、舒适美观、制作方便以及坚固耐久。园凳的高度宜为 30~45 cm。制作园椅的材料有钢筋混凝土、石、陶瓷、木、铁等,其中最宜于四季应用的是铁铸架、木板面靠背长椅。园凳的形式丰富而灵活,除常见的正规园凳外,还有仿树桩的园凳、园桌和石凳、石桌,结合砌筑假山石蹬道和假山石驳岸放置的平石块。在桥的两边或一边和花台的边缘,用砖砌成高、宽各为 30 cm 的边,既起到护栏的作用,又为游人提供休息赏景之所,一举两得。图 1-80 和图 1-81 所示为园桌、园椅、园凳示意图。

2. 花架

花架是攀缘植物的棚架,又是人们消夏,庇荫之所。

花架在造园设计中往往具有亭、廊的作用,做长线布置时,就像游廊一样能发挥建筑空间的脉络作用,形成导游路线;也可以用来划分空间,增加风景的深度。做点状布置时,花架就像亭子一样,形成观赏点,并可以在此组织对环境景色的观赏。

在花架设计的过程中,设计师应注意环境与土壤条件,使其适应植物的生长要求。设计师要考虑到没有植物的情况下,花架也具有良好的景观效果。图 1-82 所示为花架示意图。

图 1-80　园桌、园椅、园凳示意图 1

图 1-81　园桌、园椅、园凳示意图 2

3. 园门、园窗、园墙

　　园门有指示导游和点缀装饰作用,一个好的园门往往给人"引人入胜""别有洞天"的感觉。园门形态各异,有圆、六角、八角、横长、直长、桃、瓶等形状。在分隔景区的院墙上设置的园门常为简洁而直径较大的圆洞门或八角形洞门,便于人流通行;在廊及小庭院等小空间处设置的园门,多采用较小的秋叶瓶直长等轻巧玲珑的形式,同时门后常置峰石、芭蕉、翠竹等构成优美的园林框景。图 1-83 所示为月洞门示意图。

　　园窗一般有空窗和漏窗两种形式。空窗是指不装窗扇的窗洞,它除能采光外,常作为框景,其后常设置石峰、竹丛、芭蕉等,形成一幅幅绝妙的图画,使游人在游赏中不断获得新的画面感受。空窗还有使空间相互渗透,增加景深的作用,它的形式有很多,如长方形、六角形、瓶形、圆形、扇形等。漏窗可用来分隔景区空间,使空间似隔非隔,使景物若隐若现,起到虚中有实、实中有虚、隔而不断的艺术效果,且漏窗自身有景。

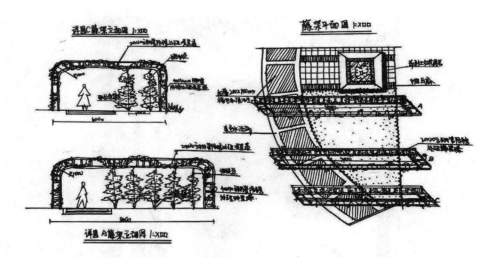

图 1-82　花架示意图

图 1-83　月洞门示意图

漏窗窗框形式繁多,有长方形、圆形、六角形、八角形、扇形等。窗框内花式繁简不同,灵活多样,各有妙趣。图 1-84 所示为漏窗示意图。

园墙一般指园林建筑中的围墙和屏壁(照壁)。园墙主要用于分隔空间,丰富景致层次,控制、引导游览路线等,是空间构图的一个重要手段。园墙的形式很多,如云墙、梯形墙、白粉墙、水花墙、虎皮石墙等。图 1-85 所示为园墙示意图。

4. 雕塑

雕塑主要是指具有观赏性的小品雕塑,不包括烈士陵园、名人纪念公园中的纪念碑雕塑,因为这类雕塑已不属小品,而是属另一种具有纪念性或其他性质的主体。

雕塑是一种具有强烈感染力的造型艺术。园林小品雕塑大多是人物和动物的形象,也有植物或山石、冰雕雪塑,以及几何体形状(垃圾箱、饮水池、盛水钵、花钵、花瓶、花篮等),它们来源于生活,却往往予人以

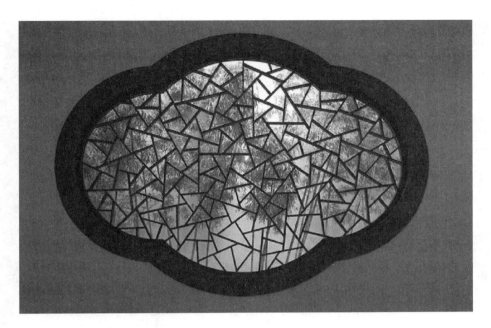

图 1-84　漏窗示意图

图 1-85　园墙示意图

比生活本身更完美的欣赏和玩味,美化人们的心灵,陶冶人们的情操,有助于表现园林主题。为了使雕塑本身不至于成为一个孤立的建筑要素,设计师要设计前景的铺垫和背景的衬托。图 1-86 所示为雕塑示意图。

　　同雕塑直接结合在一起的建筑要素(如基座)的处理应根据雕塑的题材和它们所存在的环境,可高可低,可有可无,甚至可以直接放在草丛和水中。雕塑小品还可与水池、喷泉、植物、山石等组合成景。图 1-87 所示为雕塑与水景、植物组合示意图。

图 1-86　雕塑示意图

图 1-87　雕塑与水景、植物组合示意图

（二）园林建筑与小品布局的一般原则

布局是园林建筑设计方法和技巧的中心问题。园林建筑的艺术布局内容广泛,从总体规划到局部建筑的处理都会涉及。

1. 满足使用功能的需要

园林建筑布局首先要满足功能要求,包括使用、交通及景观要求等,必须因地制宜,综合考虑。

露天剧场、展览馆等人流较集中的主要园林建筑,应靠近园内主要道路,且出入方便,并适当布置集散广场;体育建筑可吸引大量观众,若布置在大型公园内应自成一区并应单独设置出入口,以免与其他游览区混杂;餐厅、茶室、照相馆等服务性建筑一般布局在交通方便,易于发现之处,但不能占据园中主要景观的位置;园务管理类建筑不为游人直接使用,一般布置在园内僻静处,设有单独出入口,不与游览路线相混杂,同时考虑管理方便;亭、廊、榭、舫等景点游憩建筑,需选择环境优美、有景可赏,并能控制和装点风景的地方。

2. 满足造景需要

园林建筑有使用和造景的二重性,在具体布局时应有所侧重。

对于有明显游览观赏要求的建筑,如亭、榭、舫等,它们的功能要求应从满足造景需要;对于有明显使用功能要求的建筑,如园务管理类建筑,其游赏需要应从满足功能要求;对于既有使用功能要求,又有游赏要求的,如茶室、餐厅、展览室等,它们应在满足功能要求的前提下,尽可能创造优美的游览观赏环境。

总之,园林建筑的布局安排,应在符合使用功能的前提下,考虑园林艺术意境的营造,以丰富园景。

3. 讲究空间渗透与层次

园林建筑布局有时为了获得空间的变化,使之不至一览无余而失之单调,常利用门、窗、洞口、空廊等"景框"手段作为相邻空间的联系媒介,使空间彼此渗透,增添空间层次。

此外,室内外空间也可互相渗透,可以把室外空间引入室内,或者把室内空间扩大到室外,使园林与建筑交相穿插,融合成为有机的整体。

4. 讲究空间序列

某些大型园林可能拥有众多建筑而形成一个建筑群,需从总体上推敲空间环境的次序组织,使之在功能和艺术上均能获得良好的效果。

园林建筑空间序列通常分为规则对称和自由不对称两种空间形式。前者多用于功能和艺术思想意境要求庄重严肃的建筑和建筑组群的空间布局;后者多用在要求轻松愉快的建筑组群的空间布局。规则与自由、对称与不对称的应用在设计中不是绝对的,由于建筑功能和艺术意境的多样性,这两种建筑组群空间布局形式往往混合使用,或在整体上采取规则对称的形式,而在局部细节改用自由不对称的形式,或者与之相反。如佛香阁建筑群位于北京颐和园万寿山中轴线上,建筑群背山面水,兼有东西两侧长廊和其他建筑组群与之烘托,气势极其壮丽,建筑群在构图上高低、大小、收放对比适宜,空间富有节奏感。

十、景观照明灯具选型

（一）电气设计图规定

（1）设计说明及主要电气设备表。设计说明包括设计范围及依据，供配电系统，低压配电系统，照明系统，电缆敷设及设备安装，电气节能与环保，电气抗震，防雷、接地及安全措施。

（2）主要电气设备表中灯具部分包括灯具的种类（如路灯、庭院灯、草坪灯、地灯、泛光灯、水下照明等）、电压等级、光源的选择、数量，以及其他参数等。

（3）配电箱、照明灯具、弱电箱、广播、安防设备等设施的平面位置图，包括设备专业提供的动力设备位置及容量，动力配电箱的位置。

（二）室外园林灯具选型及布置原则

1.灯具选型

设计师应根据项目风格、业主喜好选择灯具的外观，根据地被植物高度选择灯具高度。灯具可采用 18 W 节能管光源，适用于各花园庭园、人行道及小径照明，提供行人夜间照明，灯具越矮，间距越密，常用灯具间距为 6～8 m。灯具也可采用节能灯光源，适用于架空层内的走道、回廊、活动区等功能性照明，连续排列灯具的间距通常为 8～10 m，针对活动区、装饰性等场合则按照明对象而定。园林灯具的布置在进行景观设计之前，设计师先要与园林专业的设计人员充分配合，了解他们对园区内的个体建筑、建筑小品的照明设计的种种特殊要求。灯具一般有照石头灯、照墙灯、照树灯、地埋装饰灯、水下灯、座椅灯、台阶灯、装饰灯柱和照亭射灯等。在设计中，设计师要根据被照物的特殊情况、实际要求选择不同功率的灯具，并进行安全可靠的安装。

2.灯具布置及功率

1）围墙柱顶灯

灯具布置：小区围墙，每柱一灯；别墅围墙，根据别墅围墙建筑大样图布置灯具，别墅围墙 450×450 柱配中号灯，别墅围墙 600×600 柱配大号灯，小区围墙柱配大号灯。

光源：1×18 W 节能灯，自然黄光，额定电压 220 V 不低于 IP55，纳入小区道路照明控制。

2）护栏柱顶灯、P 线引桥柱顶灯

灯具布置：每柱一灯，个别柱需布置特种灯另行通知。

光源：5×22 w 节能灯，5 表示灯头数，黄光，额定电压 220 V 不低于 IP55。

3）小区路灯

①非别墅区 10 m、7 m、5 m 路，路灯中心间距 15 m，道路双侧布置。

②别墅区外围道路（一侧为别墅区，别墅围墙有柱顶灯），无别墅一侧布置。

③别墅区内道路（两侧皆为别墅区，别墅围墙有柱顶灯），不另设路灯。

④灯中心距路边线 800 mm。

⑤路灯布置正对别墅大门时，应根据现场情况调整位置，错开大门。

⑥光源：5×18 W 节能灯，5 表示灯头数，黄光，额定电压 220 V 不低于 IP55。

4)规划路、引桥前路灯

①灯具布置:同小区道路布置原则。

②光源:5×45 W节能灯,5表示灯头数,黄光,额定电压220 V不低于IP55。

5)运动场、泳池专用灯

①灯具布置、安装高度、功率均在具体工程中进行照明设计后确定。

②光源:额定电压220 V不低于IP65。

6)草坪灯、插地灯、壁灯、吊灯

①灯具布置:由园林专业具体设计定位,灯中心距路边不少于500 mm。

②光源:13 W节能灯,自然黄光,额定电压220 V不低于IP55。

7)台阶灯

①灯具布置:由园林专业根据需要设计定位。

②光源:5 W节能灯,黄光,额定电压220 V不低于IP66。

8)泛光灯

①灯具布置:树干直径500 mm及以上需配置;景观雕塑及喷水钵需配置,其他由园林专业根据需要设计。

②光源:70～150 W金属卤化物灯,光色由园林定,额定电压220 V不低于IP66。

9)射灯

①灯具布置:别墅小花园内根据需要配置。

②光源:50 WP36光源,光色由园林定,额定电压220 V不低于IP66。

10)埋地灯

①灯具布置:只用于广场装饰照明,由园林专业根据需要设计。

②光源:光色由园林定,额定电压220 V不低于IP67。

11)水底灯

①灯具布置:由园林专业根据需要设计。

②光源:光色由园林定,额定电压12 V不低于IP68。

12)水下射灯

①灯具布置:由园林专业根据需要设计。

②光源:100 WP38光源,光色由园林定,额定电压12 V不低于IP68。

13)水池壁灯

①灯具布置:所有泳池均配置,由泳池配套的设备公司设计定位。

②光源:50 WP36光源,额定电压12 V不低于IP68。

十一、景观工程概算书

景观工程概算书依据《市政公用工程设计文件编制深度规定》中的"第十一篇　投资估算、经济评价和概预算文件编制深度"的内容编制。

投资估算、经济评价和概预算文件编制深度如下。

(一)投资估算

投资估算的文件组成、编制办法及深度应按《市政工程投资估算编制办法》的规定执行。

（二）经济评价

可行性研究经济评价文件组成及深度应按建设部颁发的《市政公用设施建设项目经济评价方法与参数》的规定执行（另发）。

（三）概算文件编制深度

1. 概算文件组成

概算文件由封面、扉页、概算编制说明，总概算书、综合概算书、单位工程概算书、主要材料用量及技术经济指标组成。

①封面和扉页：封面有项目名称、编制单位、编制日期及第几册共几册内容，扉页有项目名称、编制单位资格证书号，单位主管、审定、审核、专业负责人和主要编制人的署名。

②概算编制说明。

2. 概算编制说明应包括的内容

①工程概括包括建设规模、工程范围，应明确工程总概算中包括的和不包括的工程项目费用由几个单位共同设计和编制概算应说明的情况。

②编制依据：批准的可行性研究报告及其他有关文件，具体说明概算编制依据的设计图纸及有关文件、使用的定额、主要材料价格和各项费用取定的依据及编制方法。

③钢材、木材、水泥总用量，管道工程主要管道数量，道路工程沥青及其制品用量。

④工程总投资及各项费用的构成。

⑤资金筹措及分年度使用计划，如果使用外汇，应说明外汇的种类、折算汇率及外汇使用的条件。

⑥有关问题的说明：概算编制中存在的问题及其他需要说明的问题。

（四）工程总概算编制内容

1. 总概算书

总概算书由工程费用、工程建设其他费用、预备费用，固定资产投资方向调节税，建设期贷款利息及流动资金组成。图 1-88 所示为总概算书示意图。

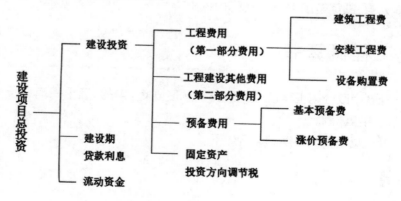

图 1-88　总概算书示意图

2. 综合概算书

综合概算书是单项工程建设费用的综合文件,由专业的单位工程概算书组成。工程内容简单的项目可以由一个或几个单项工程组成,综合概算书可以合编为一份综合概算书,也可将综合概算书的内容直接编入总编算,而不另单独编制综合概算书。

3. 单位工程概算书

单位工程概算书是指独立的建(构)筑物中按专业工程计算工程费用的概算文件。单位工程概算书由工程直接费、其他工程费和综合费用组成。

附属或小型房屋建筑工程可参照类似工程的造价指标编制单位工程概算书。主体工程配套的其他专业工程,条件不成熟时也可采用估算的方法编制总概算。

设备及管线安装工程可根据工程的具体情况及实际条件套用定额或参照工程预算测定的安装工程费用的指标编制概算。

4. 工程建设其他费用编制

工程建设其他费用系指工程费用外的建设项目必须支出的费用,工程建设其他费用应计列的项目及内容应结合工程项目实际确定。工程建设其他费用计算可参照《市政工程投资估算编制办法》第三章第二节。

5. 预备费

①基本预备费:以第一部分工程费用总值和第二部分工程建设其他费用总值的和为基数,乘以预备费率计算,预备费率可按5%～8%计取。

②涨价预备费:项目建设期价格可能发生上涨而预留的费用,以第一部分工程费用总值为基数,根据建设期分年度用款和计划人工、材料、设备价格年上涨系数,按建设期分年度用款和计划人工、材料、设备价格年上涨系数逐年递增计算;上涨系数按国家有关规定计取。

③建设贷款利息计算:假定借款发生当年均在年中支用,按当年计息,其他年份按全年计息。每年应计利息计算公式为每年应计利息=(年初借款本息累计+本年借款/2)×年利率。

6. 固定资产投资方向调节税

固定资产投资方向调节税应根据《中华人民共和国固定资产投资方向调节税暂行条例》及其实施细则、补充规定等文件计算。

7. 流动资金

流动资金指生产经营性项目投产后,购买原材料、燃料,支付工资及其他经营费用等所需的资金。

第四节
施工图设计阶段

园林施工图是园林设计从构想到实施的重要环节,需要设计师同时具备美学与技术双重能力,熟悉材

料构造、施工工艺,规范表达方法。

园林施工图是指在初步设计被批准后,深入细化设计图,用于指导园林工程施工的技术性图样。它详尽、准确、清晰地表示出工程区域范围内总体设计及各项工程(建筑小品、假山置石、水景、植物)设计内容、施工要求和施工做法等内容。它是依据正投影原理和国家有关建筑、园林制图标准以及园林行业的习惯表达方式绘制的,是园林施工时定位放线、现场制作、安装、种植的主要依据,也是编制园林工程概预算、施工组织设计和工程验收等的重要技术依据。

施工图设计文件包括设计说明及图纸,其内容达到以下要求:

①满足施工安装及植物种植要求;

②满足设备材料采购、非标准设备制作和施工需要;

③满足编制工程预算的需要。

园林施工图制图相关标准包括以下内容。

(1)参照中华人民共和国建设部关于城市规划和建筑设计的制图标准如下:

①《房屋建筑制图统一标准》(GB/T 50001—2010);

②《总图制图标准》(GB/T 50103—2010);

③《建筑制图标准》(GB/T 50104—2010);

④《城市规划制图标准》(CJJ/T 97—2003);

⑤《风景园林制图标准》(CJJ/T 67—2015)。

(2)园林施工图设计相关规范如下:

①《民用建筑设计统一标准》(GB 50352—2019);

②《建筑地面设计规范》(GB 50037—2013);

③《住宅设计规范》(GB 50096—2011);

④《无障碍设计规范》(GB 50763—2012);

⑤《城市居住区规划设计标准》(GB 50180—2018);

⑥《城市道路工程设计规范》(CJJ 37—2012)(2016 年版);

⑦《城市道路交通设施设计规范》(GB 50688—2011)(2019 年版);

⑧《公园设计规范》(GB 51192—2016);

⑨《城乡建设用地竖向规划规范》(CJJ 83—2016);

⑩《风景名胜区总体规划标准》(GB/T 50298—2018);

⑪《城市综合交通体系规划标准》(GB/T 51328—2018);

⑫《城市绿地分类标准》(CJJ/T 85—2017)。

(3)园林施工图设计标准图集。目前,中国建筑标准设计研究院组织编制的有关园林景观设计的标准设计图集包括以下内容:

①《环境景观(室外工程细部构造)》(15J012-1);

②《环境景观(绿化种植设计)》(03J012-2);

③《环境景观(亭廊架之一)》(04J012-3);

④《环境景观(滨水工程)》(10J012-4);

⑤《建筑场地园林景观设计深度及图样》(06SJ805)。

一、一般要求

(一)施工图纸目录

编制施工图图纸目录是为了说明该工程由哪些专业图纸组成,其目的是方便图纸的查阅、归档及修改。图纸目录是一套施工图的明细和索引。

图纸目录应排列在一套图纸的最前面,且不编入图纸的序号中,通常以列表的形式表达。图纸目录的图幅的大小一般为 A4(297 mm×210 mm),根据实际情况,也可用 A3 或其他图幅。表 1-6 所示为空白图纸目录。

表 1-6　空白图纸目录

图纸目录		0		第××页
				共××页
序号	图纸名称	图纸编号		图纸规格
		新制	复用	
1				
2				
3				
4				
5				
6				
⋮				

职称	设计	校对	审核	工程负责	审定	
姓名						备注:
签名						
日期						

(二)图纸编排顺序和编号设计要点

施工图设计阶段主要确定平面位置尺寸,竖向,放线依据,工程做法,植物种类、规格、数量、位置,综合管线的路由、管径及设备选型,应能满足工程预算编制要求。

施工图设计文件的编排顺序一般为封面、图纸目录、设计说明书和设计图纸。设计图纸按专业顺序编排,一般为总图、园林图、建筑图、结构图、给水排水图、电气图等。

图号的编排顺序:总平面图在前,分区放大图、详图在后。

1)图纸编排顺序

图纸编排顺序如下:

①总图(L—ZT—XX);

②详图(L—YS—XX);

③绿化(L—LS—XX);

④水施(L—SS—XX);

⑤电气(L—DS—XX)。

2)图纸编号设计

园林设计内容庞杂,设计要素非常个性化,这就决定了图纸名称和设计要素的命名特别重要,含糊不清的名称易使图纸索引混乱、读图困难,给工程各方造成不良影响和后果。

图纸编号设计的规定如下:

①尽量用方案设计时取的名称;

②冠以所属区域;

③根据其功能、材料、几何特征等来命名;

④命名不要抽象,要尽量具体;

⑤全套图纸中不允许有同名图纸或同名设计元素出现。

表 1-7 所示为图纸目录范例。

表 1-7　图纸目录范例

序号	图纸名称		图纸编号	图幅	附注
01	总说明部分	设计总说明	L0·01	A2	
02		种植设计说明	L0·02	A2	
03		种植示意图	L0·03	A2	
04		乔木苗木表	L0·04	A2	
05		灌木苗木表	L0·05	A2	
06	总图部分	总平面图	L·01	A1	
07		分区索引总平面图	L·02	A1	
08		网络坐标定位总平面图	L·03	A1	
09		尺寸定位总平面图	L·04	A1	
10		竖向设计总平面图	L·05	A1	
11		铺装总平面图	L·06	A1	
12		灯具总平面图	L·07	A1	
13		通用做法大样	L·08	A1	
14		乔木种植图一	L·09a	A1	
15		乔木种植图二	L·09b	A1	
16		乔木种植图三	L·09c	A1	
17		乔木种植图四	L·09d	A1	
18		灌木种植图一	L·10a	A1	
19		灌木种植图二	L·10b	A1	
20		灌木种植图三	L·10c	A1	
21		灌木种植图四	L·10d	A1	

序号		图纸名称	图纸编号	图幅	附注
22	详图部分A区	A区索引平面图及尺寸定位平面图	LA·01	A2	
23		A区竖向平面及铺装平面图	LA·02	A2	
24		A区场地详图	LA·03	A2	
25		残坡详图	LA·04	A2	

深圳市××设计有限公司				园林专业图域目录	设计号	
					日期	
					图别	园施
设计总负责人		专业负责人		建设单位	图号	
审定		设计		工程名称	版本号	A
核对		剖面		子项名称	共2页	第1页

序号		图纸名称	图纸编号	图幅	附注
26	详图部分B区	B区商业街索引平面图	LB·01	A2	
27		B区商业街尺寸定位平面图	LB·02	A2	
28		B区商业街竖向平面图	LB·03	A2	
29		B区商业街铺装平面图	LB·04	A2	
30		B区入口台阶详图	LB·05	A2	
31		B区挡土墙一、二详图	LC1·01	A2	
32	详图部分C区	C1区国际沙龙索引平面图	LC1·02	A2	
33		C1区国际沙龙尺寸定位	LC1·03	A2	
34		C1区国际沙龙竖向平面图	LC1·04	A2	
35		C1区国际沙龙铺装平面图	LC1·05	A2	
36		C1区国际沙龙剖面图	LC1·06	A2	
37		C1区观赏平台图	LC1·07	A2	
38		C1区跌水详图	LC1·08	A2	
39		C1区观赏、特色景墙及树穴详图	LC1·09	A2	
40		艺术家景墙详图	LC1·10	A2	
41		沙龙景墙详图	LC1·11	A2	
42		特色景墙详图	LC1·12	A2	
43		C1区铺装详图	LC1·13	A2	
44		C2区平面图	LC2·01	A2	

序号	图纸名称		图纸编号	图幅	附注
45	详图部分D区	D区竖向平面图	LD·01	A2	
46		D区尺寸定位平面图	LD·02	A2	
47		D区竖向平面图	LD·03	A2	
48		亲水平台、驳岸详图	LD·04	A2	
49		特色金属桥详图	LD·05	A2	
50		护栏、休闲椅详图	LD·06	A2	

深圳市××设计有限公司				园林专业图域目录		设计号	
						日期	
						图别	园施
设计总负责人		专业负责人		建设单位		图号	
审定		设计		工程名称		版本号	A
核对		剖面		子项名称		共2页	第2页

3)各专业、专项总平面图的内容

各专业、专项总平面图应包括以下内容:

①用地边界线、道路红线;用地周边原有及规划道路的位置,以及主要建筑物、构筑物的位置、名称;

②用地内建筑物和构筑物的位置、名称(包括地下建筑、构筑物的表示);

③园路广场的位置;

④建筑物、构筑物及园林小品的位置;

⑤山石、挡土墙、陡坡、水体、台阶、蹬道的位置;

⑥比例尺;

⑦指北针;

⑧图例及注释。

4)比例尺

根据项目大小,图纸可选择不同的比例尺,如表1-8所示。

表1-8 施工图纸的内容和比例尺

图纸内容	常用比例尺	可选用比例尺
分幅图	可无比例尺	
总平面图	1:200、1:500、1:1000	1:300
索引图	1:200、1:500、1:1000	
定位图/放线图、竖向设计图、水体设计图	1:100、1:200、1:500	1:300
园路及铺装场地设计图	1:50、1:100、1:200、1:500	1:300
种植设计图	1:50、1:100、1:200、1:500	1:300
做法详图	1:5、1:10、1:20	1:30
建筑、构筑物及园林小品详图	1:20、1:50、1:100	1:30
给水排水、电气设计图	1:200、1:500	1:300

5）设计文件交付

经设计单位审核和加盖出图章的设计文件才能作为正式设计文件交付使用。

6）设计文件编制

建筑的施工图设计文件应按《建筑工程设计文件编制深度规定》的要求编制。

二、园林设计总平面索引图（标明分区）

（一）分幅图

若总图较大，不能用常用比例尺在一张最大的图中表示，可分幅绘制，但应有总图索引，标明分幅线。每张分幅图上也应有分幅线，同时应有分幅示意图。图 1-89 所示为某工程分幅图。

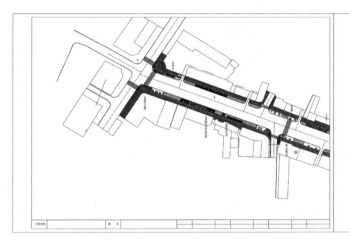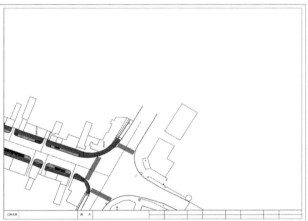

图 1-89　某工程分幅图

（二）索引图

索引图最重要的目的是标示总图中各设计单元、设计元素的设计详图在本套施工图文本中的位置。图 1-90 所示为某工程索引平面图。

索引图应符合以下规定：

①图中应包含所有要说明的子项、水体、建筑物、构筑物、园林小品等的索引；

②若工程内容简单，可与总平面图合并。

三、总平面布置图

总平面布置图是表达新建园林景观的位置、平面形状、名称、标高以及周围环境的基本情况的水平投影图。总平面布置图是园林施工图重要的组成部分，主要表达定性、定位等宏观设计方面的问题，是反映园林工程总体设计意图的主要图纸，也是绘制其他专业图纸和园林详图的重要依据。图 1-91 至图 1-100 所示为总平面布置图。

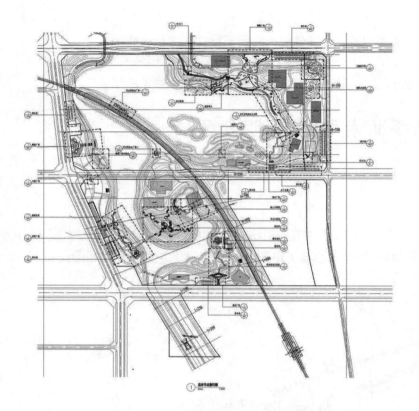

图 1-90　某工程索引平面图

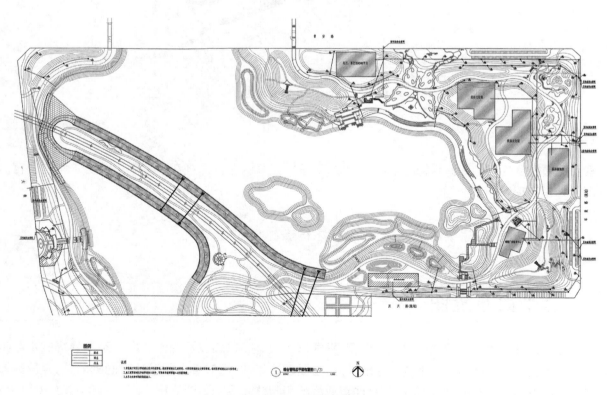

图 1-91　总平面布置图 1

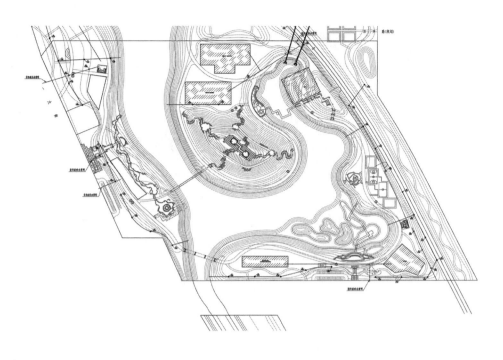

图 1-92　总平面布置图 2

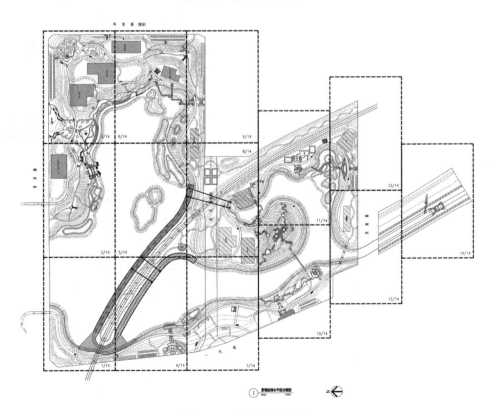

图 1-93　总平面布置图 3

图 1-94　总平面布置图 4

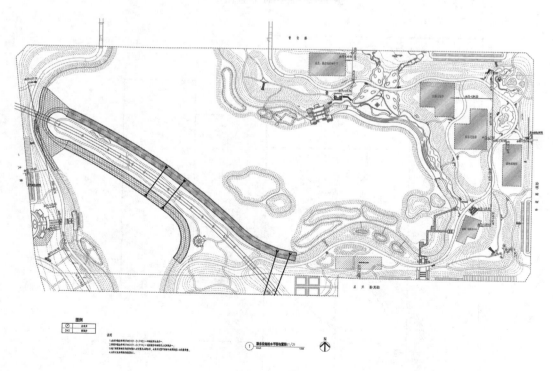

图 1-95　总平面布置图 5

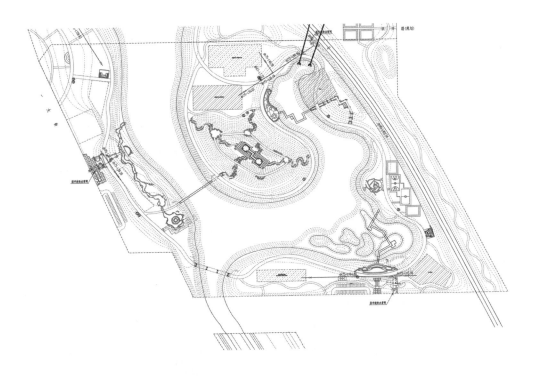

图 1-96　总平面布置图 6

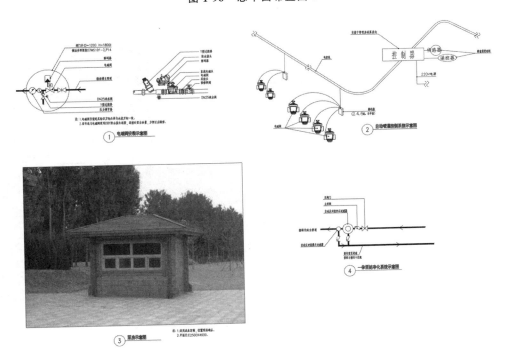

图 1-97　总平面布置图 7

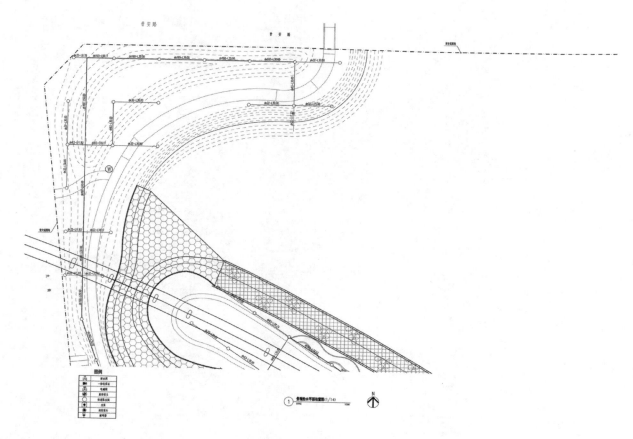

图 1-98 总平面布置图 8

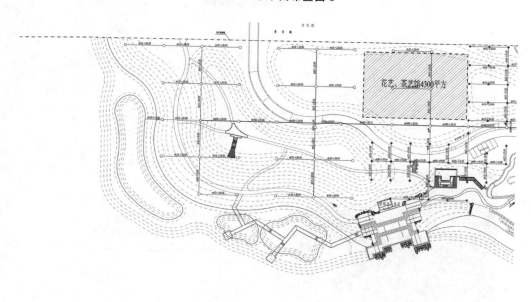

花艺、茶艺馆4300平方

图 1-99 总平面布置图 9

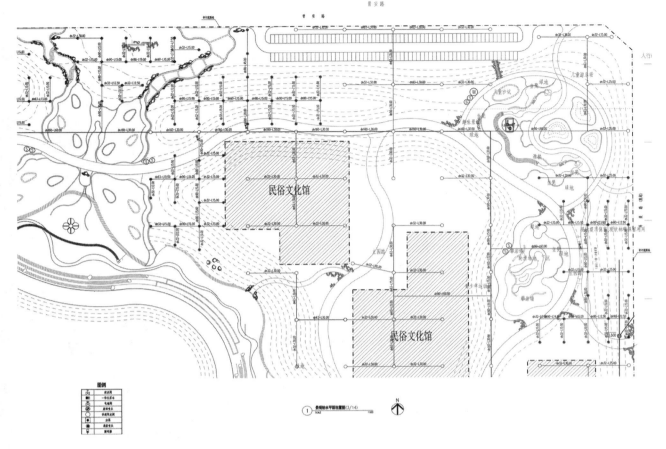

图 1-100   总平面布置图 10

(一)总平面图的基本内容及表达方式

1)边界线

边界线包括以下内容:

①建设用地红线;

②建筑红线;

③地下车库边界投影线;

④围墙线。

2)园林设计背景

园林设计背景包括以下内容:

①设计开始前的地形、地物;

②建筑设计底图;

③设计图线:园林建筑、水景轮廓线,小品轮廓线,道路中心线,场地边线、微地形等高线。

3)标注

标注包括以下内容:

①风玫瑰图、指北针;

②图名、比例尺;

③文字标注；

④文字说明；

⑤图例。

（二）总平面图应符合的规定

总平面图应符合以下规定：

①符合用地内各组成要素的位置、名称、平面形态或范围的规定，包括建筑物、构筑物、道路、铺装场地、绿地、园林小品、水体等；

②符合设计地形等高线的规定；

③符合用地平衡表的规定。

四、总平面定位图

总平面定位图主要标注各设计单元、设计元素的定位尺寸和外轮廓总体尺寸，定形尺寸和细部尺寸在其放大平面图或详图中表达，没有分区只有总平面定位图时，或者有分区平面定位图但容易因为分区被割裂的贯穿全园的道路、溪流、围墙等线型元素，则尽量在总平面定位图中定位标注和定形标注。图1-101所示为总平面定位图。

放线图/定位图除初步设计所标注的内容外，还应标注以下内容：

①放线坐标网格；

②道路中心线交点、转折点、控制点的定位坐标；道路宽度；道路交汇处的转弯半径；

③广场定位坐标及尺寸线；不同形式的铺装的分界线；

④水池驳岸定位坐标及总尺寸，详细尺寸见详图，包括驳岸顶线、池底线、所有转折点的坐标，水位线，驳岸形式有变化时变化点的坐标，驳岸形式的编号，驳岸为假山时其平面形式；

⑤假山定位坐标及控制尺寸，详细尺寸见详图；

⑥建筑物、构筑物、园林小品的定位坐标及总尺寸，详细尺寸见详图，包括准确的平面位置，放线的控制尺寸；

⑦放线图应在本图说明中写明放线系统、原点、网格间距及单位；

⑧国家规范有规定要求的内容应标示出尺寸距离，如停车场距建筑物的距离，规范要求不小于6 m，应在图中明确标出。

五、总平面竖向设计

图1-102所示为总平面竖向设计图。

总平面竖向设计图除初步设计所标注的内容外，还应标注以下内容：

①场地设计前的原地形图；

②场地周边的道路、铁路、河渠和地面的关键性标高，道路、排水沟的起点、变坡点、转折点、终点的设计标高（路面中心和排水沟顶、沟底），两控制点间的纵坡度、纵坡距，道路的双坡面、单坡面、立道牙或平道牙，道路平曲线和竖曲线要素；

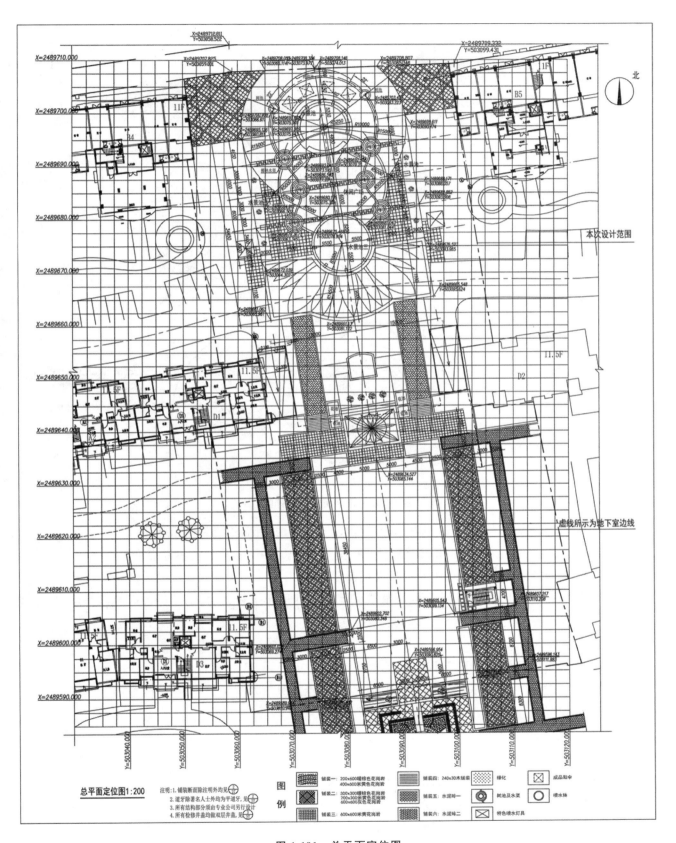

图 1-101　总平面定位图

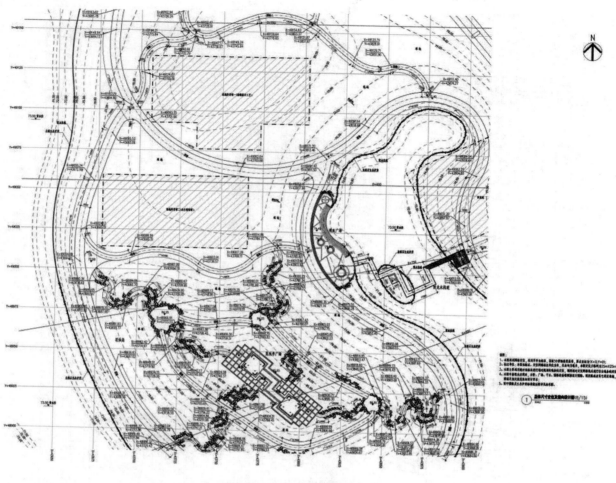

图 1-102　总平面竖向设计图

③广场、停车场、运动场地的设计标高，以及水景、地形、台地、院落的控制性标高；

④建筑一层±0.000地面标高相应的绝对标高、室外地面设计标高，构筑物控制点标高；

⑤挡土墙、护坡土坎顶部和底部的设计标高和坡度；

⑥用坡向箭头标明地面坡向，当场地平整要求严格或地形起伏较大时，可用设计等高线表示，人工地形，如山体和水体等标明等高线、等深线或控制点标高；

⑦工程坐标网格。

根据需要，设计师应绘制土石方平衡图，标明土方量。

总平面水体设计图除初步设计所标注的内容外，还应标注以下内容：

①平面放线位置；

②驳岸不同做法的长度标注；

③水体驳岸标高、等深线标高；

④水体的常水位、最高水位与最低水位、水底标高等；

⑤各种驳岸及流水形式的剖面及做法；

⑥泵坑、上水、泄水、溢水、变形缝的位置、索引及做法。

六、总平面种植设计及苗木表

(一)种植说明

种植说明应包括以下内容：

①总种植要点；

②苗木的土球与树穴的要求说明；

③做法说明。

图 1-103 所示为种植说明。

种植施工设计说明一

1、本绿化工程是依据甲方批准的方案设计和初步设计，并结合当地的绿化植物材料情况进行施工图设计。

2、园林植物的种植工作，应在种植季节进行，非种植季节的特殊种植必须有相应的技术措施保证方可进行。另外园林植物的种植工作还应在主体工程、地下管线及道路、水体等工程完成后进行。

3、规格注释：
树高：指苗木自地面至最高生长点之间的距离。冠径：指苗木自地面1.3m处树干的直径。地径：指苗木自地面到0.3m处树干的直径。
分枝点：指苗木自地面至第一分枝点之间的高度。蓬径：指苗木冠丛的最大幅度和最小幅度之间的平均值。

4、本工程中绿化植物种植的具体技术规定，应满足园林绿化工程施工及质量验收规范（CJJ/82-2012）和当地城市绿化的相应规范要求。

5、土壤要求：
(1) 种植和播种前应根据种植地的实际情况，采取相应的换土、改良土壤等措施。
(2) 移植前大的应切断并修剪，切段修剪应分一至二年进行。
(3) 种植地若易积水、积土、重黏土等导致通气或排水不良的地段，应拒种植和钻洞，并尽可能清除积土。
(4) 施工方可对现场使用的种植土进行土壤检测，并支付相应费用，施工前应将检测结果及改良方案建议交业主和景观设计师认可，得到书面确认后方可施工。
(5) 业主有权对土壤进行取样和复测，测试结果有异，由施工方承担全部费用，并返工至达标为止。
(6) 土壤应施底肥，排水良好，PH5-7，含有机质的肥沃土壤，疏松透气、黏土、壤土、重黏土、沙土等。
(7) 对于草坪、花卉种植地应施底肥，翻耕25-30cm，耙平耙细，平整度和坡度符合设计要求。
(8) 园林植物种植所需的最低土层厚度（地路深面层）：

植被类型	草本花卉	草坪地被	小灌木	大灌木	浅根乔木	深根乔木
土层厚度(cm)	30	15~30	45	60	80	120

6、植物材料的质量要求：
(1) 生长茁壮，树形端正，冠形丰满。　　(2) 具有发达的根系，带土球材料符合有关要求。
(3) 无一般性病虫危害、草害，严禁出现检疫性病虫害及杂草。　　(4) 花卉生命旺盛，发育良好，根系良好，无机械损伤。

7、乔灌木的种植要求：
(1) 苗木的挖掘及运要求：
　　—起挖乔灌木的土球或根盘应符合相应的规范要求。
　　—苗木起运应搬运轻，保证土球不破碎，根盘完整，根系根系不损伤。
(2) 苗木种植前苗木修剪要求：
　　—用于行道树的乔木，定干高度要大于3m，第一分枝以下割除全部侧枝，分枝点以上枝条酌情疏剪短截。
　　—高大裸干乔木应选择有树冠的时期应保持，对保留的主侧枝在定枝处短截1/5~1/3冠本。
　　—常绿针叶树不宜重剪，只整剪病枝、枯枝、生长过密枝、徒长枝和下垂枝。
　　—常绿阔叶树的修剪基本从树形，枝繁树冠，疏剪树冠延后剪1/3~3/5，保留主干干，截去外围枝，疏剪树冠内膛枝，多留强壮新枝，正常季节种植可疏剪树冠枝杈，非正常季节种植时厚。
　　—花灌木修剪，应重剪疏枝，交错枝、徒向枝，促进新枝繁健康继续上架。
　　—藤蔓和墓本地材可剪去过长枝，交错枝、枝向枝，促进发新枝繁健康继续上架。
(3) 苗木种植的保护应符合下列规定：
　　—种植设计应按设计图要求的种植品种、规格及种植位置。
　　—复杂式种植应保持所种节奏，行道树及行列式种植树木点在一线上，相邻株株规格应合理搭配，高度、胸径、树形近似，种植的树木应保持直立，不得偏斜，应注意覆面的合理布局。
　　—自然式种植要求避开整齐、高低错落。高的保持外大小量不要在一直线上，平面上采用不等边三角形为母题进行组合，种植树木应注意高低、错落、疏密，以此造出自然的空间。
　　—珍贵树种应注意树冠整齐，种下保温应有护冠及根基覆盖等措施。
　　—种植后表系必须填实，填土应分层踏实，种植深度与原种植线一致，针类可比原种植线深5~10cm。

8、大树移植：
(1) 移植胸径20cm以上的落叶树及胸径15cm以上乔木称为大树移植。
(2) 不利于植物生长的土壤，应局部或全部换土，种植土应符合相应的质量要求。
(3) 大树移植应在土球直径的6~8倍作为起苗土球直径。
(4) 移植时对树木应标明朝主要观赏面和树阴面，种植时应严格按原生长方位移植。
(5) 大树移植后，必须设立支撑，防止树身摇动。
(6) 提高大树移植成活率的措施一、二建议：
　　—ABT生根粉的使用采用软材包裹养护大树根，可选用ABT-1、3号生根粉处理树体根系，可有利于树木在零植保养护过程中损伤根系的快速发生复，促进种植株的水分平衡，使移植成活率达90.8%以上。操树时对直径大于3cm的短原伤口可喷涂150mg/L ABT-1生根粉，以促进伤口愈合；修剪时，亦用土球棍土均匀，可用种液根粉的剪泥涂涂刷。
　　—输液促活技术：(a)液体配制 种植后注射署外头疗入施置苏口，把肥料直接细挂于高处，拉直接过液管，打开开关，液体即可输入。
　　(b)输液方法 输液完结束，关闭开关，用胶布封住口。

9、草坪、花卉地被植物种植：
(1) 草坪建植宜种子种像植或整播植，可仅具保像选通用。
(2) 草坪建植要求有完善的排水设备，保证草坪生长良好。
(3) 地被要求同一品种高、花色、花型、花期及株高差异，根系发育好，生长旺盛，无病虫害及机械损伤。
(4) 地被的株行距（除无标注的外）应按植株高低，分嵌多少、冠丛大小决定，以此造出后均出地面方正。

10、绿化地的平整，有低之清理：
凡10cm以上和30cm以下的平整绿化地面到种植面设坡度要求，平面绿化地平整坡度控制2.5~3%坡度。
根据实际的线得与标高和地基底建坡，0.02<i<0.1，确保水分最善排到地的雨水池，同时清除场地杂物及杂物。

11、树穴要求：
树穴应符合设计要求，位置要准确，土层干燥地区应在种植前浇树穴。树穴应根据苗木根系、土球直径和土壤情况而定。树穴应垂直下挖，上口下底，规格应符合设计要求及相关的规范。

12、基肥：
(1) 要求施工前必须施足基肥，资料地施度对植物的生长的不良影响，以使绿化尽快见效。必须依据当地施工要求确定基肥，建议依选用如下基肥通用。
(2) 垃圾堆填肥：利用垃圾变废生产有机堆肥即过筛，且无沉淀及后施用。
(3) 培基肥是有机：用畜养生产厂所用的废腐敷体积掺入3%~5%的磷镁钙后培基，充分离混后施用。
(4) 其它基肥或有机基：处须经该工程施工主管单位同意后施用，用量使实而定。

13、除虫杀虫剂：如需用，则必须符合所在国家和地方规定要求。

14、其它：
树木与架空线、地下管线及建筑等距离不得低于规范要求。　　树木成活率和保存率不得低于规范要求。
种植穴应回填营养土，营养土配比—泥炭土：中粗砂：泥浆土=1:2:7。
草坪种植前应对每地整平地面，垫20cm营养土。
大树穴应做好排水措施，树穴底垫30cm碎石／Ø50透水管渗透排水至干树。
所有没有着硬坡地的地方拒绝压施，在培放种植土时诸按5%的坡度，建筑周边的灌木丛从高向低。

图 1-103　种植说明

种植施工设计说明二

注：种植施工时要按绿化施工图施工，如有改变，需征得设计单位同意。

1、严格按苗木表规格要求，应选择枝干挺拔，形体完美，无病虫害的苗木。大苗移植，尽量减少截枝量。严禁出现没枝的单干苗木，乔木主枝不少于3个，至少保留到一级分叉，主要种植的苗木选择应获得甲方及设计单位的认同。

2、种植地设计时，应按品字形排列，确保覆盖地表，种植物等边缘种植密度大于规定密度，以形成流畅的边缘，同时轮廓连在立面上应成弧形，使相临两种植物的过渡自然。

3、种植草坪苗应确保地表已无低洼地，排水通畅，表土无大于1mm的土块或碎石，草皮修整平整度误差小于1cm，统一低于路沿或路基石3cm左右。

4、苗木规格具体要求：
高度(H)：指苗木载植前经过常规处理后的自然高度，干高为明显主干树种之干高(如棕榈植物)。修剪乔木要求尽量保留顶端生长点。苗木选择时应满足清单列的规格范围，苗木有上和下属苗木的区分，以便植物载时进行高低错落的搭配。
胸径(∅)：指乔木距离地面1.3m处的平均直径。
冠幅(P)：指苗木载植经过常规后的枝叶正投影的正交直径平均值。在保证苗木移植成活和满足交通运输要求的前提下，应尽量保留苗木的原有冠幅，以利于绿化效果及快体现。

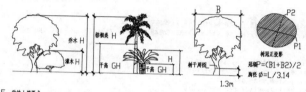

5、种植土壤要求：
种植土以排水良好、肥沃的壤土为宜，当种植土不符要求时，施工单位应根据实际情况对其进行改良，以利植物的正常生长。

6、土球大小要求：
土球：指苗木移栽过程中为保证成活和迅速复壮，而在原载植地围绕苗木根系取的土球。
确定土球直径的方法(起坨)

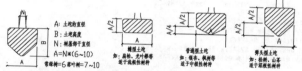

A：土坨的直径　B：土坨高度　：树基部干直径
常规：A=N*(6~10)　如：N为干径　适于浅根性树种

普通型土坨：　如：雪松、枫杨等　适于浅根性树种
弹型土坨：　如：松柏、山茶等　适于深根性树种

土坨的大小应依据上图视种种树具体生长状况及种植季节而定，以确保成活为标准。若市场上有容器苗(即假植苗)，要求尽量采用容器苗。

7、种植树穴要求：
在载植苗木之前应以所定的灰点为中心沿四周向下挖穴，种植穴的大小依土球规格及根系情况而定。
零土球的应比土球大16cm~20cm，载根据面的穴应保证根系充分舒展，穴的深度一般比土球高度预留10cm~20cm，穴的形状一般为圆形，但必须保证上下口径大小一致。

所挖土坑的直径要比土坨稍大，其垂直高度要略超过土坨垂直高度，并将成部松软。
基肥使用堆肥或饼肥。基肥上面垫一层土，不得让树根直接接触基肥，造成烧根。

8、种植要求：
种植乔木时，应根据人的最佳观赏点及乔木本身的阴阳向来调整乔木的种植面。将乔木的最佳观赏面正对人的最佳观赏点，同时尽使乔木种植的阴阳面与乔木本身的阴阳面保持吻合，以利植物能较好生长。

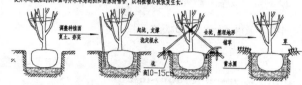

调整种植面→覆土、夯实→起挖、支撑、浇灌水→去坑、整理地形、留草

注：在干旱少雨地区，应给植物保留一个低于草坪面3cm左右的蓄水圈，以利植物吸收水分。

9、支撑要求：
为了使种植好的苗木不因土壤沉降及风力的影响而发生歪斜，我们需对刚完成种植并浇足根水的苗木进行支撑处理，不同类型的苗木可采用不同的支撑手法，如下图：

小乔木单干支撑　中乔木横干支撑　大乔木三角支撑　大乔木三角拉线支撑　列植乔木骨架式支撑

三角支撑高度=1/2~2/3H

10、后期养护管理要求：
(1) 园林绿化保养工作的好坏直接影响了苗木的生长，进而影响了日后的园林绿化效果，故我司建议工程完工后移交给保养方苗，由有关技术人员合保养方进行数度图景观景交流，以确保日后园林景观的效果得以长久维持。
(2) 所有大乔木载植后必须打吊瓶及喷雾。

续图 1-103

(二)总平面种植设计图

总平面种植设计图有时也称为植物配置总平面图，它除了平面图外还应有种植设计说明和植物材料表。图 1-104 所示为总平面种植设计图。

总平面种植设计图除初步设计所标注的内容外，还应符合以下规定：

①应分别绘制乔木、灌木、地被种植设计图；

②种植设计图应明确乔木的种植点，标明植物品种、规格，同一植物品种之间用细实线连接，灌木可根据设计品种以种植点或种植范围线表示，地被植物应明确种植范围；

③在总平面上无法表示清楚的种植应绘制种植分区图或详图，包括用于表达驳岸、旱溪、假山、挡墙、岩石园、花境、屋顶花园、别墅的住宅小庭院等的非常规绿化；

④特别需要说明的植物剖面，植物剖面指种植形式的剖面及绿篱等不同修剪形式的剖面；

⑤屋顶绿化设计应配合工程条件增加构造剖面图，标明种植基质的厚度、标高、饱和水容重，滤水层、排水层、防水层的材料及树木固定装置；

⑥种植放线图应标注工程坐标网格或放线尺寸；

总平面种植设计图 1:800

图 1-104　总平面种植设计图

⑦苗木表应包括序号、中文名称、拉丁学名、苗木详细规格、数量、特殊要求等。

(三)苗木表

苗木表也称为植物材料表,该表应列出乔木名称、图例、规格(胸径、冠幅、高度等)、数量;灌木应列出名称、图例、规格(苗高)和数量(面积)等。图 1-105 所示为某项目苗木表。

苗木表

乔灌数量统计表

分类	序号	图例	名称	胸(地)径	高度	冠幅	数量	单位	备注
常绿乔木	1		雪松(A)	—	≥600	≥500	779	株	全冠移植、造型优美
	2		雪松(B)	—	≥400	≥350	957	株	全冠移植、造型优美
	3		油松	≥10	—	≥300	332	株	全冠移植、造型优美
	4		墨松	≥10	≥300	≥350	158	株	全冠移植、造型优美
	5		大叶女贞	≥12	枝下高2.5m	≥350	1387	株	全冠移植、造型优美
	6		龙柏		≥250	≥200	265	株	全冠移植、造型优美
	7		圆柏		≥350	≥200	552	株	全冠移植、造型优美
	8		刺柏		≥250	≥180	494	株	全冠移植、造型优美
	9		蜀桧		≥400	≥150	129	株	全冠移植、造型优美
	10		广玉兰	≥15	枝下高2.5m	≥300	870	株	全冠移植、造型优美
	11		白皮松		≥500		124	株	全冠移植、树形丰满
	12		金桂(A)	≥20	≥300	≥250	168	株	全冠移植、造型优美
	13		金桂(B)	≥12	≥250	≥200	396	株	全冠移植、造型优美
落叶乔木	14		榉树	≥12	枝下高2.5m	≥300	462	株	全冠移植、树形丰满
	15		黄山栾	≥15	枝下高3m	≥450	470	株	留三级分枝、树形丰满
	16		榉树	≥12	枝下高2.5m	≥350	111	株	全冠移植
	17		枫杨	≥12	枝下高2.5m	≥350	239	株	全冠移植、树形丰满
	18		垂柳(A)	≥15	枝下高3m	≥500	313	株	留三级分枝、树形丰满
	19		垂柳(B)	≥10	枝下高2.5m	≥350	346	株	全冠移植、树形丰满
	20		旱柳(A)	≥20	枝下高3.5m	≥500	383	株	留三级分枝、树形丰满
	21		旱柳(B)	≥10	枝下高2.5m	≥400	252	株	留三级分枝、树形丰满
	22		圆柏(A)	≥10	枝下高3m	≥300	180	株	全冠移植、树形丰满
	23		圆柏(B)	≥10	枝下高2.5m	≥400	366	株	留三级分枝、树形丰满
	24		水杉	≥10	—	≥350	583	株	全冠移植、树形丰满
	25		丝棉木	≥10	≥300	≥350	231	株	全冠移植、树形丰满
	26		嫁接银杏	≥10	≥350	≥350	838	株	全冠移植、树形丰满
	27		香樟	≥8	枝下高2.5m	≥350	179	株	全冠移植、树形丰满
	28		五角枫	≥8	≥300	≥350	315	株	全冠移植、树形丰满
	29		三角枫	≥8	≥300	≥350	110	株	全冠移植、树形丰满
	30		七叶树	≥8	≥400	≥350	269	株	全冠移植、树形丰满
	31		杂交马褂木	≥12	枝下高3m	≥400	176	株	全冠移植、树形丰满
	32		法桐	≥12	枝下高3m	≥500	151	株	留三级分枝、树形丰满
	33		合欢	≥10	枝下高2.5m	≥300	296	株	全冠移植
	34		栾树	≥10	≥400	≥350	243	株	全冠移植、树形丰满
	35		构皮树	≥10	≥400	≥350	368	株	全冠移植
	36		金叶榆	≥8	≥350	≥350	469	株	全冠移植
	37		白玉兰	≥10	≥300	≥300	136	株	全冠移植、树形丰满
	38		紫玉兰	≥10	≥300	≥300	162	株	全冠移植、树形丰满
	39		青桐	≥12	枝下高3m	≥400	81	株	全冠移植、树形丰满
	40		栾树	≥12	≥400	≥400	144	株	全冠移植、树形丰满
	41		金枝槐	≥12	枝下高2.5m	≥300	176	株	全冠移植、树形丰满
	42		金叶复叶槭	≥8	≥350	≥300	265	株	全冠移植、树形丰满
	43		乌桕	≥10	枝下高2.5m	≥300	119	株	全冠移植、树形丰满
	44		栾树	≥12	≥400	≥300	1026	株	全冠移植、树形丰满
	45		早樱	≥10	≥350	≥300	791	株	全冠移植、树形丰满
	46		杜梨	≥10	≥350	≥300	403	株	全冠移植、树形丰满
	47		白蜡	≥12	枝下高3m	≥400	138	株	留三级分枝、树形丰满
	48		美国红枫	≥8	≥250	≥200	612	株	全冠移植、树形丰满
	49		鸡爪槭	地径≥10	≥250	≥200	640	株	全冠移植、树形丰满
	50		巨紫荆	≥10	≥350	≥300	385	株	留三级分枝、树形丰满
常绿灌木	51		丹桂	地径≥6	≥200	≥180	896	株	全冠移植、树形丰满
	52		银桂	地径≥6	≥250	≥180	384	株	全冠移植、树形丰满
	53		红叶石楠	地径≥8	≥200	≥180	1225	株	全冠移植、树形丰满

乔灌数量统计表

分类	序号	图例	名称	胸(地)径	高度	冠幅	数量	单位	备注
常绿灌木	54		凤尾兰	—	≥60	≥60	240	株	冠形饱满
	55		红叶石楠球	—	≥150	≥120	617	株	全冠移植、造型优美
	56		火棘球		≥120	≥120	821	株	全冠移植、造型优美
	57		大叶黄杨球		≥120	≥120	273	株	全冠移植、造型优美
	58		金森女贞球		≥120	≥120	177	株	全冠移植、造型优美
	59		构骨球		≥120	≥120	295	株	全冠移植、造型优美
落叶花灌木	60		紫薇	地径≥6	≥180	≥200	373	株	全冠移植、树形丰满
	61		西府海棠	地径≥8	≥200	≥200	333	株	全冠移植、树形丰满
	62		垂丝海棠	地径≥8	≥200	≥200	468	株	全冠移植、树形丰满
	63		贴梗海棠	地径≥8	≥200	≥200	188	株	全冠移植、树形丰满
	64		红宝石海棠	地径≥8	≥200	≥200	319	株	全冠移植、树形丰满
	65		木瓜	地径≥6	≥200	≥200	197	株	全冠移植、树形丰满
	66		花石榴		≥200	≥180	210	株	丛生,每丛不小于3分支
	67		木槿		≥200	≥150	329	株	丛生,每丛不小于3分支
	68		黄叶李	地径≥10	≥250	≥250	1125	株	全冠移植、树形丰满
	69		红梅	地径≥5	≥250	≥200	105	株	全冠移植、树形丰满
	70		碧桃	地径≥5	≥250	≥200	100	株	全冠移植、树形丰满
	71		腊梅	地径≥5	≥250	≥200	73	株	全冠移植、树形丰满
	72		榆叶梅	地径≥5	≥250	≥200	310	株	全冠移植、树形丰满
	73		美人梅	地径≥5	≥250	≥200	385	株	全冠移植、树形丰满
	74		紫荆		≥250	≥180	710	株	丛生,全冠移植
	75		黄栌	地径≥8	≥250	≥180	536	株	全冠移植、树形丰满

注：苗木的统计数量如有误差，请以图纸中所示的苗木数量为准。

图 1-105　某项目苗木表

七、做法详图

做法详图可参考以下内容。

（1）局部放大平面图：总图中不能完全明示的细节及子项以局部放大平面图表示，包括放线、竖向、道路及种植。图 1-106 至图 1-110 所示为各种做法详图。

（2）做法详图包括以下内容：

①道路、广场做法详图；

②水体平、立、剖面图及做法详图；

③建筑物、构筑物平、立、剖面图及做法详图；

④假山、园林小品平、立、剖面图及做法详图；

⑤特别需要的种植详图；

⑥节点详图。

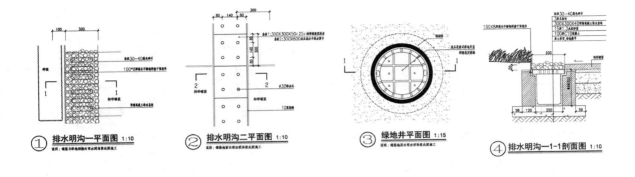

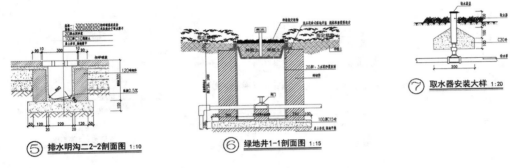

图 1-106　排水明沟做法详图

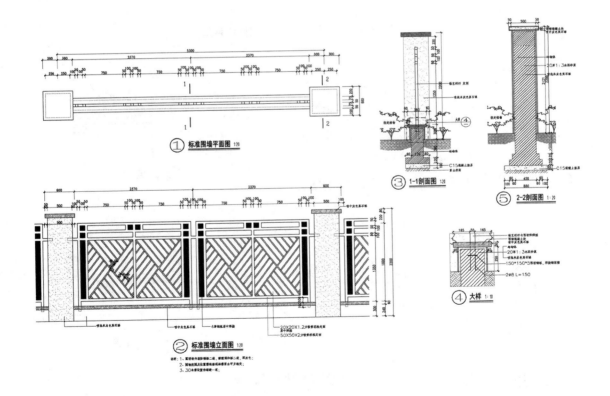

图 1-107　标准围墙详图

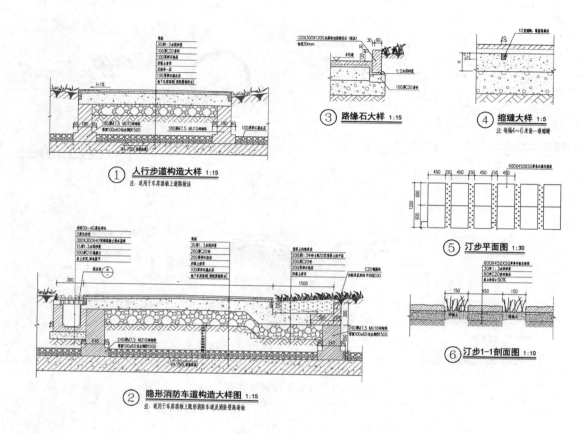

图 1-108　人行道、消防车道做法详图

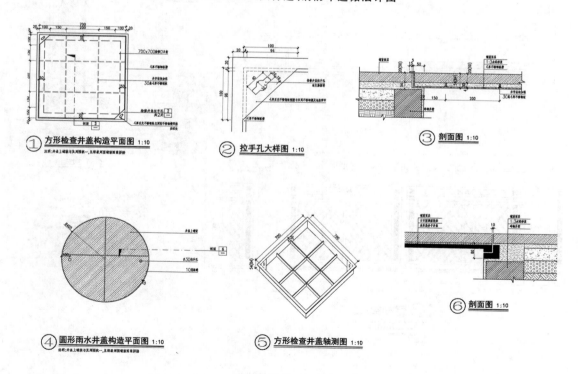

图 1-109　标准详图(检查井盖)

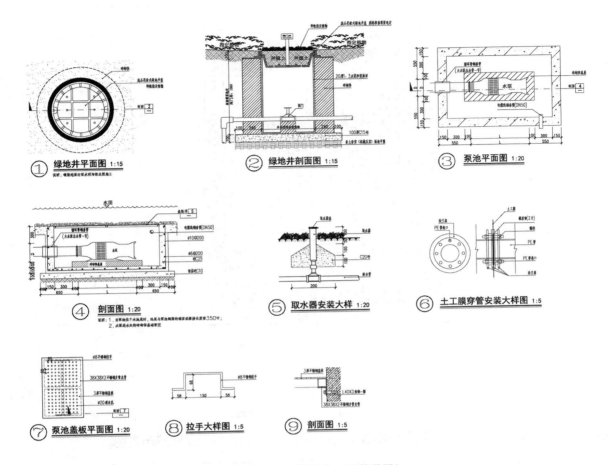

图 1-110　标准详图(给水排水安装详图)

八、总平面景观照明图、给水排水设计图、灌溉布置图

(一)总平面景观照明图

灯具定位图为电气设计提供依据,并为景观设计作品的亮化提供介质。图 1-111 所示为灯具定位图。

电气设计图除初步设计所标注的内容外,还应标注以下内容。

(1)系统图,包括照明配电系统图、动力配电系统图、弱电系统图。

系统图应标注配电箱的编号、型号;各开关的型号、规格、整定值;配电回路的编号,导线的型号、规格(单相负荷表明相别),各回路的用户名称。

(2)电气平面图应标明配电箱、用电点、线路等的平面位置;配电箱的编号,干线和分支线回路的编号、型号、规格、敷设方式、控制形式。

(二)给水排水设计图

给水排水设计图除初步设计所标注的内容外,还应标注以下内容。

(1)灌溉布置图应标明以下内容:管道布置平面中的管径、埋设深度或敷设标高,阀门井位置、尺寸及引

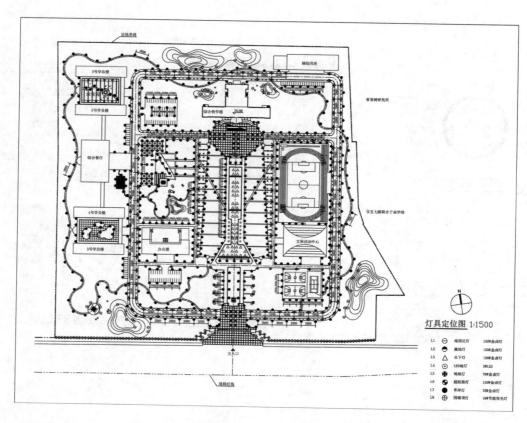

图 1-111　灯具定位图

用详图中的管道长度及景观的种植位置(宜淡显表示)。图 1-112 所示为灌溉布置图。

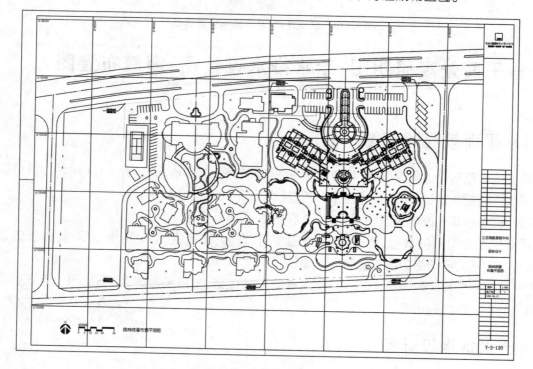

图 1-112　灌溉布置图

（2）建筑室外给水排水平面图应标明下列内容：

①全部给水排水管网及构筑物的位置，检查井、化粪池的型号及详图索引号；

②给水管的管径、埋设深度或敷设标高，雨污水管的检查井编号、地面及井底高程、管道长度、水流坡向，管道接口处市政管网的位置、标高等；

③各建筑物的外形、名称、位置、标高、指北针等，管道长度、节点图及景观的地面竖向高程（宜淡显表示）、海绵设施、有给水排水要求的景观小品等；

④海绵城市设计内容。

（3）水景详图包括水景循环管道平面布置图、管径及进出水节点剖面示意图（或轴测图）。

（4）局部给水排水详图可以根据工程需要绘制但不限于水景循环泵坑、泵房，景观用水水质处理设备间，雨水收集利用设施（不包括植草沟等景观设施）等与本工程相关的给水排水构筑物节点详图或引用图集。

九、分区平面布置图

分区平面布置图是在总平面图的比例尺小于 1∶300 的情况下，为了清楚表达图纸内容，将总平面图划分成的若干个便于清楚标注的平面图，通常表示为 A 区、B 区、C 区……分区平面布置图的比例尺一般为 1∶300、1∶250、1∶200。

分区平面布置图要表达的内容与顺序：景观分区索引平面图、景观分区竖向设计平面图、景观分区坐标尺寸定位平面图、景观分区网格定位平面图、景观分区铺装平面图。在图纸内容不复杂的情况下，设计师可以将景观分区索引平面图与景观分区铺装平面图合为一张图。

景观木平台填充、平面水面线，铺装分割和分隔线等必须在各分区平面图中表达，其他铺装填充只需在景观分区铺装平面图上表达。各景观分区平面图上都要标注台阶的上下级数与台阶上下方向符号。

分区平面布置图应显示景观分区界线。

分区部分的图纸是在总平面图的基础上，把总图切成几部分，将每个部分进行放大再具体绘制得到的，一般有尺寸放样、竖向设计和铺装物料图，是将已由总平面索引图划分好的各个分区进行详细绘制，包括详细的定位及尺寸标注、分区铺装图，以及在分区平面图基础上的局部平面图及节点等。图 1-113 所示为分区平面布置图。

十、分区平面定位图

（1）尺寸标注定位应以毫米为单位，精确到个位数。

（2）坐标应以城市坐标定位，X 轴与 Y 轴的数值应保留三位小数。

（3）道路、围墙应以中心线定位。

（4）自由曲线需采用网格控制点坐标定位。规则的几何形、圆形、弧线宜以尺寸标注为主，以控制点坐标为辅，且尺寸标注应有连续性。

（5）定位内容包括以下内容：

①景观分区界线的定位（景观分区界线的交点需标注坐标）；

②各级道路的定位（小区路、组团路、园路、消防车道）；

③景观构筑物的定位；

④水景、溪流的定位；

⑤广场的定位；

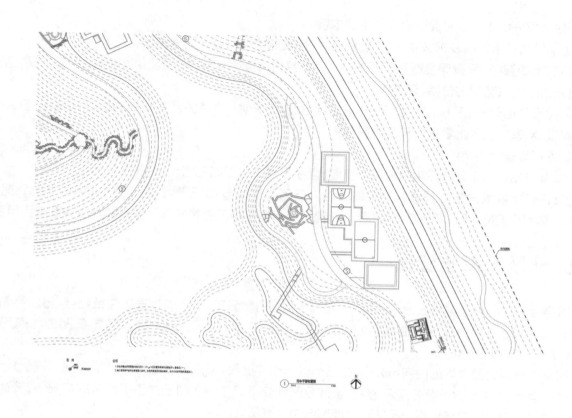

图 1-113　分区平面布置图

⑥围墙的定位；

⑦不同铺装材料设计分割线的定位，注意总图与节点放大平面图的层次与衔接关系。

图 1-114 所示为分区平面定位图。

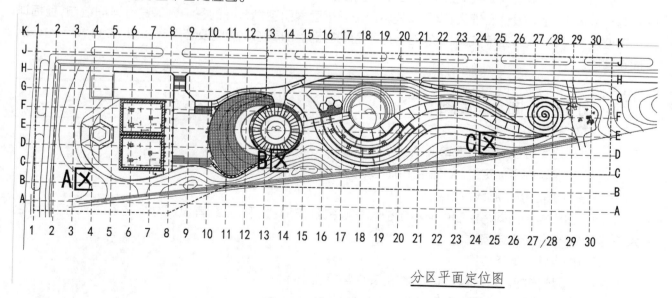

分区平面定位图

图 1-114　分区平面定位图

十一、分区放大平面铺装设计图

(一)铺装设计总平面图

铺装设计总平面图是表达设计场地内铺装平面纹样、肌理、色彩关系的总平面图,是景观设计的重要组成部分,是景观设计作品中面积较大的图,也是体现景观设计作品的主要元素。图 1-115 所示为铺装平面图。

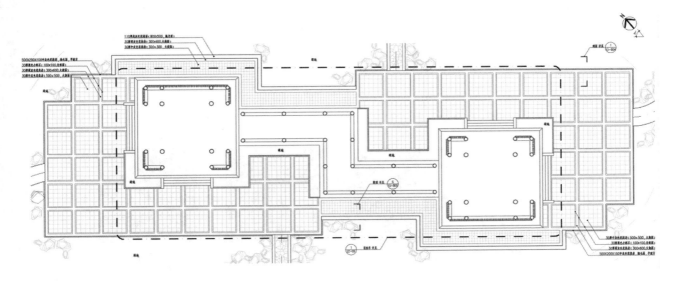

图 1-115　铺装平面图

(二)铺装平尺寸标注

设计师应根据设计构想进行地面铺贴设计。地面铺贴设计必须综合考虑设计形式、材料规格、施工工艺、投资的经济性等各方面因素,确定铺贴的定位线和尺寸,也就是确定一个铺贴空间里面,基准在哪里,哪一组是调节尺寸,哪些是固定尺寸,原则上每个铺贴空间都应该留有调节尺寸。当所有问题都清晰后,设计师要在图面上先绘制定位基准线,然后根据铺贴材料规格按比例绘出分格线。通常在方案扩初阶段,材料填充图案不一定会按材料规格填充,在施工图阶段首先要重新绘制铺装分格线。

铺装平面图表达铺装材料的肌理、色彩、规格等,以引出线配合文字来说明。

块状材料的文字说明的格式是"规格+色彩+肌理+材料名称+施工工艺",如"300×150×30 灰色烧面花岗岩人字铺"。规格是指"长度×宽度×厚度"。

粒状材料(如卵石)的文字说明的格式可以为"D20～35 白色鹅卵石横铺"。

整体路面的文字说明的格式为"颜色+材料+施工工艺",如"黄色仿古混凝土路面,图案如图"。

(三)园林常用的铺装材料

园林常用的铺装材料有以下几种：

①花岗岩材料；

②陶砖；

③文化石；

④石板、料石；

⑤木材；

⑥卵石；

⑦砖；

⑧塑料植草格；

⑨树脂地坪；

⑩橡胶垫。

图1-116所示为常用铺装材料的照片。

芝麻白花岗岩　　芝麻灰花岗岩　　芝麻黑花岗岩　　枫叶红花岗岩

罗源红花岗岩　　黄锈红花岗岩　　蝴蝶绿花岗岩　　黄木纹板岩

木纹砂岩　　红木纹砾岩　　深棕色文化石　　虎皮黄蘑菇石

图1-116　常用铺装材料的照片

(四)铺装的典型结构

铺装道路结构层包括以下内容：

①面层；

②结合层；

③基层；

④垫层；

⑤路基。

图 1-117 所示为铺装道路结构层。

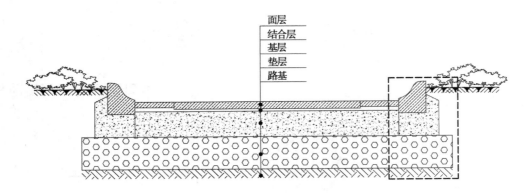

图 1-117　铺装道路结构层

(五)常见铺装断面大样

1)人行道路、广场

①常规做法。图 1-118 所示为广场铺地详图。

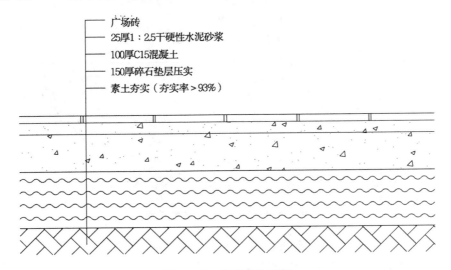

广场砖
25厚1:2.5干硬性水泥砂浆
100厚C15混凝土
150厚碎石垫层压实
素土夯实（夯实率＞93%）

图 1-118　广场铺地详图

②车库顶、架空层屋面。图 1-119 所示为车库、架空层层面铺地详图。

③花岗岩、板岩、文化石、水泥砖、陶砖面层。图 1-120 所示为陶砖(板岩)铺地详图。

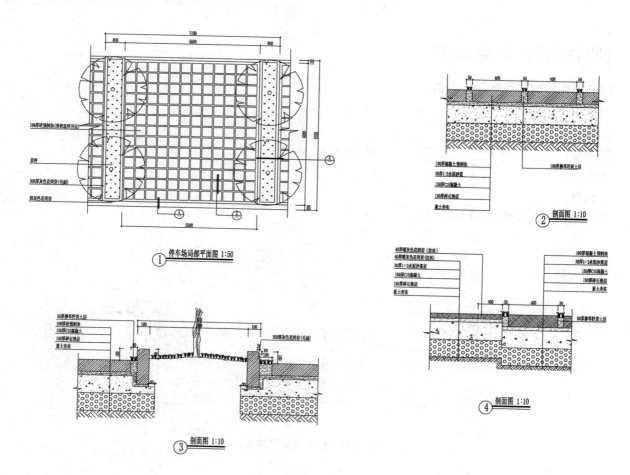

图 1-119　车库、架空层层面铺地详图

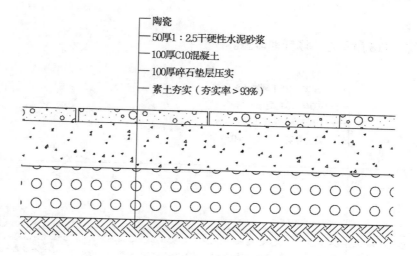

图 1-120　陶砖(板岩)铺地详图

④鹅卵石、瓷砖面层。图 1-121 所示为卵石铺地详图。

⑤植草砖面层。图 1-122 所示为植草砖铺地详图。

⑥橡胶垫面层。图 1-123 所示为橡胶铺地详图。

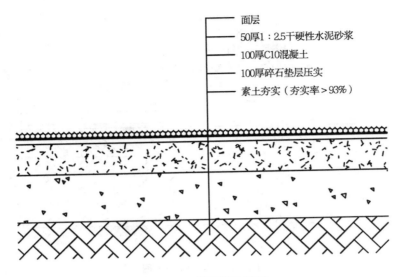

面层
50厚1：2.5干硬性水泥砂浆
100厚C10混凝土
100厚碎石垫层压实
素土夯实（夯实率>93%）

图 1-121　卵石铺地详图

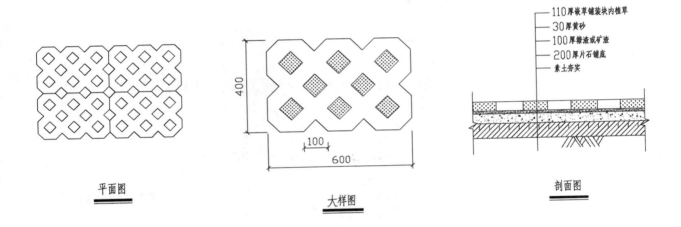

平面图

100
600
400

大样图

110厚嵌草铺装块内植草
30厚黄砂
100厚糖渣或矿渣
200厚片石铺底
素土夯实

剖面图

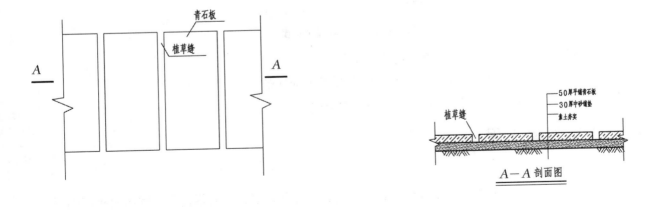

青石板
植草缝

A　A

50厚平铺青石板
30厚中砂铺垫
素土夯实

植草缝

A—A 剖面图

图 1-122　植草砖铺地详图

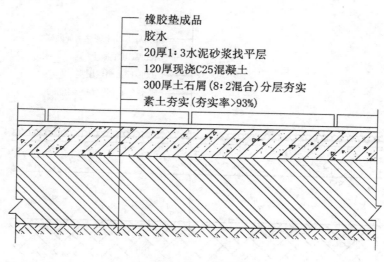

橡胶垫成品
胶水
20厚1:3水泥砂浆找平层
120厚现浇C25混凝土
300厚土石屑(8:2混合)分层夯实
素土夯实(夯实率>93%)

图 1-123 橡胶铺地详图

2)车行道路

①沥青路面。图 1-124 所示为沥青路铺地详图。

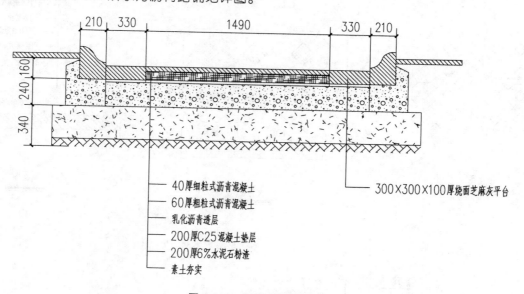

40厚细粒式沥青混凝土
60厚粗粒式沥青混凝土
乳化沥青透层
200厚C25混凝土垫层
200厚6%水泥石粉渣
素土夯实

300×300×100厚烧面芝麻灰平台

图 1-124 沥青路铺地详图

②混凝土路面。图 1-125 所示为混凝土路铺地详图。

③花岗岩、水泥砖路面。图 1-126 所示为花岗岩车行道铺地详图。

④隐形消防车道。图 1-127 所示为隐形消防车道铺地详图。

(六)铺装附属工程

1)道牙

道牙分为平道牙和立道牙,如图 1-128 所示,它们安置在路两侧,对路面与路肩在竖向起衔接作用,并能保护路面。道牙可用砖、石、混凝土等材料做成,也可用瓦等材料做成。

2)排水设施

排水沟和雨水井是为收集路面雨水设置的,常以砖块或混凝土砌成。

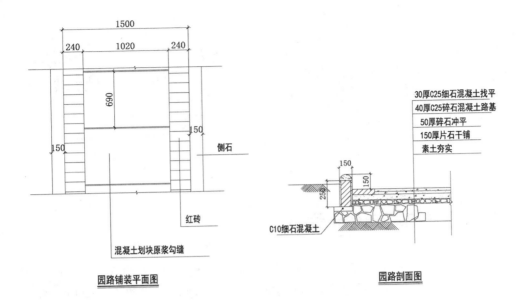

图 1-125　混凝土路铺地详图

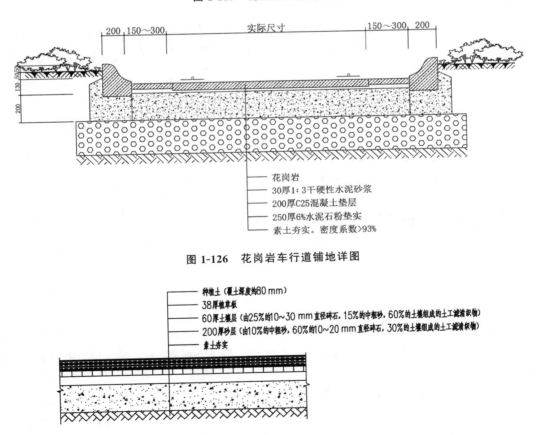

图 1-126　花岗岩车行道铺地详图

图 1-127　隐形消防车道铺地详图

3）台阶与坡道

当路面坡度超过 12% 时,人行道必须设台阶以方便行走,台阶的宽度与路面相同,每级踏步的宽度为 300～380 mm,踏步高度为 120～170 mm。台阶最多每 18 级必须增设一层平台,以便行人休息。

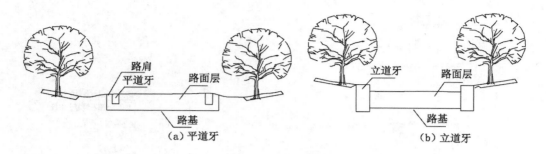

图 1-128　道牙

十二、各区重要节点设计详图

（1）各区重要节点设计详图的要求基本和总平面图（或景观分区平面图）的索引、竖向、定位、材料平面图的要求与制图要求，总平面图（或景观分区平面图）的设计说明相同（节点放大平面图可将索引与材料平面图合为一张图）。

（2）各区重要节点设计详图的内容如下：

①景观节点平面图应更清晰、详尽地表达出索引、竖向、坡度、定位、铺装材料等；

②节点平面图中，单体、小品表达的应是底层或一层的平面图（应有地面的铺装）与单体、小品顶层的外轮廓线（以虚线表示）。

（3）各区重要节点设计详图的注意事项如下：

①一般定位图宜独立表达，避免相互干扰；

②节点水景中应有泵坑、排水口、溢水口的定位及排水坡度；

③复杂的主要节点平面图宜有贯穿整个节点的剖面详图与立面图；

④除剖切索引和立面索引之外的索引应统一采用框线索引。

十三、施工图设计说明

（一）工程概况

工程概况包括项目概况、项目名称、项目地点、建设单位、项目规模。设计条件包括土壤情况及建筑场地的工程地质条件等基本情况；本工程地形图所采用的坐标系统与城市坐标系统的换算关系；高程系统及其与城市相应系统的换算关系。

①工程位置：不同的城市中心或各住宅小区，邻郊区域及开发地，有着不同的地理环境和技术条件要求，条件变化大，现场情况特殊，有着各种技术含量，物质文化要求，风格内含与体现。尽管如此，城市建设和宅地绿化在不同的地域变化中是有变化中见统一的技术指标和普遍性做法的，只是在风格形式上、经济物质上、环境变化上有一些适度的改变，增加合理的环境因素，变不利为有利的条件，从而营造因势有利的环境氛围。

②设计范围：景观施工图设计包含的所有施工类别，详略划分。设计范围包括用地红线以内的屋顶花园、公共住宅绿地、沿地沿街风景三部分。这三部分又包括每部分的所有道路、铺装、建筑物、台阶、绿化、小

品、人工水景、景观照明、给水排水、电气等。

(二)设计依据

设计依据包括以下内容：
①经甲方(建设单位)审查确认并提供的现场资料,技术条件,物资参数,景观初、扩初设计方案;
②相关的国家设计规范和标准图集;
③建筑设计单位提供的建筑施工图纸。

(三)设计范围和分工

景观设计涉及园林、土建、给水排水、电气等专业的施工图设计。

(四)通用说明

①本说明与施工图互为补充;有关施工质量操作规程、验收标准均以国家和地方颁发的相关规程、规范及规定为准。

②本工程的施工图总图所标注的高度以米为单位,其他标注以毫米为单位。

③本工程的竖向设计图中的标高采用绝对标高,在甲方提供的现状原地貌标高基础上进行设计;若与实际有差别,可结合现场实际标高略做调整。竖向设计图中,标高均为完成面标高。

④景观设计标高为土方沉降后的完成面标高,回填土应分层适度夯实,或自然沉降达到基本稳定,严禁用机械反复碾压。回填土及景观地形的范围、厚度、标高、造型及坡度均要符合设计要求,地形造型要自然顺畅,地形设计标高为沉降后的稳定标高。

⑤所有种植区与路面交接处,如无特殊要求,应比路面低 3 cm。

⑥除工程图纸已做详细表述外,其余各单项工程的建筑用料、规格、施工要求应符合现行的国家和地方各项设计和施工验收规范。

⑦图中的平、立、剖面图及节点详图在使用时应以所注尺寸为准,不能直接以图纸比例量度测算。

⑧施工图放样以坐标定位点和尺寸图为准,图中与小品等有关的尺寸,均需与大样详图核实,无误后方可施工。曲线放样需强调自然圆滑,除主要控制点外,现场放线可根据具体情况略做调整。雨水花园和花池内的微坡地形放线方格网见绿施中的方格网图纸。

⑨所有与设备有关的管线、预埋件等必须与相关的设备工种图纸密切配合,施工过程中应注意对地下管线的保护,不得野蛮施工。

⑩地基为一般黏土或经过处理的人工地基。各类地基均为素土夯实,垫层下填土的压实系数(土的控制干容重和最干容重的比值)不应小于 0.92。

⑪地面变形缝设置要求:(面层与垫层伸缝应对应设置)广场混凝土垫层按 4 m×4 m 分块做假缝;(透水)混凝土垫层纵向约 20 m 或不同构筑物衔接时做胀缝。

⑫砖砌体均为普通页岩砖,强度等级(标号)不低于 MU7.5;埋地部分用 M10 水泥砂浆砌筑,地上部分用 M5 砂浆砌筑。

⑬树池、花坛泄水孔,如没有特殊说明,单个树池、花坛应不少于 2 个,条形花坛每 2 m 设一个,钢板种植池使用穿孔钢板,墙体种植池穿管孔口低于地面,排水进入排水沟。具体孔径和管径详见种植池设计图纸。

⑭钢铁预制品均应防锈,刷防锈漆两道(安装前一道),面漆二道,如不注明,均和相接面层做法相同。

埋入铁件均刷防锈漆一道。露明焊缝均须锉平、磨光。

⑮所有小品木饰面除注明外均为塑木。

⑯所有铺装、贴面、压顶等石材除外露面以外,其余面均须做防腐、防污处理。

⑰图中所选的金属装配施工由承建单位提供产品规格图。

⑱所有铺面及和植区的排水施工参照相关规范执行,道路及广场排水坡度不低于 0.3％,绿化种植区若无特殊说明排水坡度为 1％。

⑲地面铺装:按照施工图纸施工,施工前铺装材料及颜色须经甲方及设计人员共同确认。

(五)土建说明

①景观建筑小品定位若与实际情况发生冲突,由设计单位协商解决。

②图中所选用的饰面材料根据市场供应确定。样品在施工前须由甲方及设计师共同商定。

③石材铺装、砖等材料在图中的标注尺寸为含缝尺寸。

④硬质景观铺地要根据规范要求设置伸缩缝,包括基层和面层。

⑤施工工艺要求精细,达到平、直、方、准。

(六)种植土要求

对于需要增加种植土的区域,回填种植土必须达到以下要求:

①土壤 pH 值应符合栽植土标准,按 pH 值为 6.5～7.5 进行选择。

②土壤的全盐含量应为 0.1％～0.3％。

③土壤的容重应为 1.0 g/cm³～1.35 g/cm³。

④土壤的有机质含量不小于 1.5％。

⑤土壤块径不应大于 3 cm。

⑥种植土应见证取样,经有资质的检测单位检测并在栽植前取得符合要求的测试结果。

⑦屋顶花园使用轻质土壤,具体配比详见种植说明。

⑧地库顶板和上人屋面在种植土下方时均须做排水处理。

(七)总体施工要求和说明

①施工方应严格按照设计图纸的要求施工。

②如确实难以找到种植设计要求的苗木品种与规格,施工人员应及时同设计人员协商,在征得设计方及建设方同意之后,可调整苗木品种及规格。

③绿化施工应参照《城市园林绿化工程施工及验收规范》及其他相关规程。

④施工过程中如有问题,施工人员应及时与设计方和有关人员协商解决。设计如有不详尽之处,施工方可参照现行建筑施工及验收规范的有关条文进行施工。

⑤工程施工时,施工人员必须注意保护地下管线及施工人员的人身安全,不得野蛮施工。

⑥本工程设计中的未尽之处,均应按照国家和地区现行的各类相关施工规范、规定及标准实施。

设计师应根据不同项目对设计说明进行符合项目要求的修改。

十四、施工图预算文件的编制深度

（一）施工图预算的编制依据

施工图预算的编制依据如下：

①国家有关工程建设和造价管理的法律、法规和方针政策；

②施工图设计项目一览表、各专业设计的施工图和文字说明、工程地质勘察资料；

③主管部门颁布的现行建筑工程和安装工程预算定额、费用定额和有关费用规定的文件；

④现行的材料、构配件预算价格，现行有关设备的原价及运杂费率；

⑤现行的有关其他费用的定额、指标或价格；

⑥建设场地的自然条件和施工条件；

⑦经批准的施工组织设计、施工方案和技术措施；

⑧合同中的有关条款。

（二）施工图预算文件的组成

施工图预算文件的组成内容包括封面、扉页、编制说明、总预算书和（或）综合预算书、单位工程预算书、主要材料表以及需要补充的单位估价表。

（三）单位工程施工图预算和总预算书的编制

建筑安装工程预算：根据主管部门颁发的现行建筑安装工程预算定额或综合预算定额、单位估价表及规定的各项费用标准，按各专业设计的施工图、工程地质资料、工程场地的自然条件和施工条件，计算工程数量，引用规定的定额和取费标准进行编制。

设备及安装工程预算：设备购置费按各专业设备表所列出的设备型号、规格数量和设备按非标准设备估价办法或设备加工订货价格计算。设备安装费按照规定的定额和取费标准编制。

工程建设其他费用、预备费、税费以及建设期借款利息：计算办法与概算相同。

Yuanlin Guihua Sheji Shixun

第二章
不同绿地类型园林规划
设计任务书

第一节
附属绿地设计

附属绿地是指附属于各类城市建设用地(除绿地与广场用地)的绿化用地,附属绿地不能单独参与城市建设用地平衡。

附属绿地的划定与命名是与城市建设用地的分类相对应的。附属绿地的大类代码是 XG,X 表示包含多种不同的城市用地。《城市用地分类与规划建设用地标准》(GB 50137—2011)对原有的城市建设用地分类进行了调整,如表 2-1 所示。

表 2-1 城市建设用地分类标准

用地代码	用地名称	内容
R	居住用地	住宅和相应服务设施的用地
A	公共管理与公共服务设施用地	行政、文化、教育、体育、卫生等机构和设施的用地
B	商业服务业设施用地	商业、商务、娱乐康体等设施用地
M	工业用地	工矿企业的生产车间、库房以及附属设施用地
W	物流仓储用地	物资储备、中转、配送等用地
S	道路与交通设施用地	城市道路、交通设施等用地
U	公用设施用地	供应、环境、安全等设施用地
G	绿地与广场用地	公园绿地、防护绿地、广场等公共开放空间用地

附属绿地因所附属的用地性质不同,在功能用途、规划设计与建设管理上有较大差异,应同时符合城市规划和相关规范规定的要求。

实训一　校园小游园设计

(一)基础理论

1. 校园绿化特点

学校一般分为幼儿园、中小学和大专院校。同类学校的建筑和绿化布局有共性,不同学校的建筑和绿化布局各有特点。一般大专院校的校园面积较大,对于较大规模的校园绿地,常采用点、线、面相结合的布局手法,将整个校园各功能分区绿地连成一个系统,以充分发挥其改善小气候、美化校园的综合功能。幼儿园和中小学校面积较小,对于较小规模的校园绿地,常采用点、线结合的布局手法,以充分发挥其美化校园的功能。

2. 校园绿化设计要求

(1)校园绿地规划应与校园总体规划同步进行,使校园绿地与建筑及各项设施用地比例分配恰当,营造最佳的校园环境。已编制总体规划而未进行绿地规划的校园,应及时在总体规划的基础上进行绿地规划。

(2)校园绿地规划必须贯彻执行国家及地方有关城市园林绿化的方针政策,各项指标应符合有关指标

定额的要求。

（3）因地制宜合理地利用地形地貌、河湖水系、植物资源及历史人文景观，使校园环境与社会融为一体，体现地方特色和时代精神。

（4）在保护自然植被资源和自然生态环境的基础上，创造丰富多彩的环境景观；在充分发挥生态功能的前提下，考虑校园环境空间的多功能要求，处理好生态造景与使用功能的关系。

（5）编制校园绿地规划应贯彻经济、实用、美观的总方针，合理规划，分步实施，也应注重实施的可操作性和易管理性，还应以生态造景为主，兼顾形式美。

（6）布局形式：校园绿地规划布局的形式与总体规划基本一致，分为规则式、自然式和混合式三种布局形式。

①规则式布局：规则式校园环境，是以校园建筑的形式及建筑空间布局作为校园环境表现的主体，植物造景围绕各种建筑户外空间进行规整布置。校园主体或大型建筑物周围的绿地布局采用规则对称式或规则不对称式，以几何图形为主要平面形状，种植设计多采用草坪、花坛、绿篱、列植树、对植树，以及各种花卉等装饰小品，整个校园环境以道路两侧对称布置的行道树林荫带划分校园大空间，以绿篱来划分和组织小型绿地空间。

②自然式布局：自然式的校园绿地没有明显的对称轴线或对称中心，各种园林要素自然布置，植物造景多模仿自然生态景观，具有灵活多变、自然优美的特点。自然式布局充分利用起伏多变的地形地势，创造丰富生动的绿色自然景观。

③混合式布局：在校园绿地中既有规则式绿地，也有自然式绿地，或者以一种形式为主，另一种形式为辅。事实上，绝对的自然式和规则式绿地布局很少存在，大多数采用的布局形式为混合式。

3. 校园局部环境绿地设计

1）大门和行政区绿地设计

学校大门往往与行政办公区连成一体，作为校园的门面，具有"窗口"作用，其环境绿地景观格外引人注目。因此，绿地设计应着重考虑景观色彩和形态的视觉效果，突出安静、庄重、大方、美观的校园环境特点，在满足人流和车辆集散、交通组织等使用功能的同时取得最佳的观赏效果。绿地布局多以规则式布局为主，在空间组织上多采用开阔空间，可在主要道路和广场的轴线位置上设置花坛、喷水池、雕塑，亦可设开阔的草坪，在草坪上栽植乔灌木和花卉。植物不能遮挡主建筑。

2）教学区绿地设计

教学区环境以教学楼为主体建筑环境绿地布局和种植设计的形式与大楼建筑艺术相协调。教学楼南侧宜种植高大落叶乔木，以取得夏日遮阳、降温，冬季树木落叶后采光、取暖的环境生态调节作用，使教室内有冬暖夏凉之感。教学楼北侧可选择具有一定耐阴性的常绿树木，近楼而植，既能使背阴的环境得到绿化、美化，又可在冬季欣赏到生机勃勃的绿色景观，还可减弱寒冷的北风吹袭。树木种植离墙面距离大于成龄树冠半径。最内侧的树木不要对窗而植，一般种植于两窗之间的墙段前，不影响室内自然采光。较大空间设活动广场，便于师生课间游憩。

3）生活居住区绿地设计

具有一定规模的学校常设有以师生生活居住为主要功能的生活区，通常规划设置小游园等较大面积的户外绿色空间，以满足师生课余学习、休息、交往和健身活动需要。园内口设置花台、假水池、花架、凉亭坐凳等园林小品，并且有一定面积的硬质或软质铺装场地。学生宿舍楼与楼之间，一般都留有较宽敞的空间作为晒场，地面多以硬质地砖、耐踏草坪或植草砖铺装，其间稀植树干分枝点较高的落叶大乔木。

4）体育活动区绿地设计

体育活动区外围常用隔离绿带，将之与其他功能区分开减少相互干扰。其绿地设计要充分考虑运动设施和周围环境的特点。运动场外侧栽植高大乔木，以供运动间隙休息蔽荫。篮球场、排球场周围主要栽植分枝点高的落叶大乔木，以利夏季遮阳，创造休息林荫空间，不宜种植易落浆果或绒毛的树种。树木的种植距离以成年树冠不伸入球场上空为准,树下铺耐踏草坪或植草砖,设置坐凳供运动员或观众休息、观看比赛。各种运动场之间可用绿篱进行空间分隔减少相互干扰。体育活动区在不影响体育活动的前提下,尽量多绿化。另外,设计师也要考虑体育活动对绿化植物的影响或伤害作用。

(二)案例展示

某高校校园小游园设计如图 2-1 所示。

图 2-1　某高校校园小游园设计

(三)设计任务书

1. 实训目的

①从熟悉的校园空间环境入手,初步建立户外空间尺度感并理解功能需求与空间设计的关系,理解如何以空间设计引导使用者行为。

②提升学生从对单体建筑的功能、空间、环境组合到群体建筑、空间、环境组合的控制能力。

③理解地形、水体、建筑、植物、小品等园林景观要素的应用方法。

2. 实训内容

基址位于某大学中心游园,北面为学生食堂,南面为校园足球场,西面为教学楼区,东面为大学生活动中心。场地总面积为 12 000 m²,基址呈不规则梯形,地形复杂,水源丰富,如图 2-2 所示。现对其环境景观进行设计,以充分发挥其生态功能并满足师生休闲活动的需要。

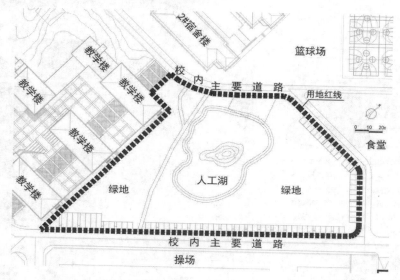

图 2-2　任务(校园小游园设计)平面底图

3. 实训要求

①从整体校园的视野认识和思考设计地块的定位、功能与内容。

②为了满足大学生的户外休闲、交往的需求,设置适量的场地、亭廊(或花架)、座椅等设施,作为休息、散步、观赏、午餐、聚会的场所。

③从校园的景观特色出发,充分利用自然地形、地貌和绿化环境,形成有利于人才培养的优美的自然和人文环境。

④注意充分利用现有的水景为职工考虑锻炼的场所和看书、下棋的场所,注意周围的环境、交通情况。

⑤绘制总平、剖面图,分析图,立面图,效果图。

⑥充分体现学校的历史和文脉,体现学校的办学特色,营造特色校园环境。

4. 成果要求

①现状分析图、概念构思图,比例尺不限。

②总平面图,彩色表现。

③横、纵剖面图各一张,彩色表现。

④局部鸟瞰图,彩色表现。

⑤设计说明书。

实训二　工业园绿地设计

(一)基础理论

1. 工矿企业绿地的特殊性

工矿企业有不同的类型,特殊的生产工艺等对环境有不同的影响与要求。工矿企业绿地与其他绿地形式相比有一定的特殊性。认识其特殊性,有助于进行更为合理的绿地规划设计。工矿企业绿地的特殊性可概括为环境恶劣、用地紧凑、需保证生产安全。工矿企业绿地绿化树种选择的原则如下:

①因地制宜,选择合适的树种;

②满足生产的要求;

③选择易于管理的树种。

2. 工矿企业绿地的设计要点

1)工矿企业绿地设计的面积指标

绿地在工矿企业中要充分发挥作用,必须达到一定的面积。一般来说,只要设计合理,绿地面积越大,减噪、防尘、吸毒、改善小气候的作用也越大。

2)工矿企业绿地的类型

①厂前区绿地。厂前区一般由主要出入口、门卫、收发室、行政办公楼、科学研究楼、中心实验楼、食堂、幼托、医疗所等组成。厂前区是全厂的行政、技术科研中心,是连接城市与工厂的纽带,也是连接职工居住区与厂区的纽带。厂前区的环境面貌在很大程度上体现了工矿企业的形象和特色,是工矿企业绿化的重点地段,景观要求较高。

②生产区绿地。生产区可分为主要生产车间、辅助车间和动力设施、运输设施及工程管线。生产区绿地比较零碎、分散,常呈带状和团片状分布在道路两侧或车间周围。生产区是企业的核心,是工人在生产过程中活动最频繁的地段。生产区绿地环境的好坏直接影响工人身心健康和产品的产量与质量。

③仓库、露天堆场区绿地。仓库、露天堆场区是原料、燃料和产品堆放的区域,绿化要求与生产区基本相同,但该区多为边角地带,绿化条件较差。

④道路绿地。工矿企业内部道路的绿化在植物选择上,要考虑企业的自身特点和需求,要满足企业内车辆、零部件运输的方便性。

⑤绿化美化地段。绿化美化地段包括工矿企业用地周围的防护林、全厂性的游园、企业内部水源地的绿化,以及苗圃、果园等。工矿企业应注意在生产区和生活区之间因地制宜地设置防护林带,这对改善区周围的生态条件、形成卫生安全的生活和劳动环境、促进职工健康等起着重要的作用。绿化要在普遍的基础上,逐步提高,以利用植物美化和保护环境的功能。在有条件时,设计师还可以利用屋顶进行绿化,增加绿地面积,减少热辐射。

3.工矿企业绿地设计

1)厂前区

①景观要求较高。厂前区是职工上下班集散的场所,也是宾客最先看到之处,在一定程度上代表着企业的形象,体现企业的面貌。厂前区往往与城市街道相邻,直接影响城市的面貌,因此景观要求较高。绿地设计需美观、大方、简洁明快,给人留下良好的"第一印象"。

②要满足交通使用功能。厂前区是职工上下班集散的场所,绿地设计要满足人流汇聚的需要,保证车辆通行和人流集散。

③绿地组成。厂前区绿化主要由厂门、围墙、建筑物周围的绿化、林荫道、广场、草坪、绿篱、花坛、花台、水池、喷泉、雕塑及其他有关设施(光荣榜、阅报栏、宣传栏等)组成。

④绿地布局形式。厂前区的绿地布置应考虑建筑的平面布局,主体建筑的立面、色彩、风格,与城市道路的关系等,多数采用规则式和混合式布局。植物配置和建筑立面、形体、色彩协调,与城市道路联系,多用对植和行列式种植。

⑤企业大门与围墙的绿化。企业大门与围墙的绿化,要注意与大门建筑造型及街道绿化相协调,并考虑满足交通功能的要求,方便出入。布置要富于装饰性与观赏性并注意入口的引导性和标志性,以起到强调作用。

⑥厂前区道路绿化。企业大门到办公综合大楼间的道路上,选用冠大荫浓、生长快、耐修剪的乔木作遮阴树或植以树姿雄伟的常绿乔木,再配以修剪整齐的常绿灌木,以及色彩鲜艳的花灌木、宿根花卉,给人以整齐、美观、明快、开朗的印象。

⑦建筑周围的绿化(办公区)。办公区一般处在工厂的上风区,管线较少,绿化条件较好。绿化应注意厂前区空间处理上的艺术效果,绿化的形式与建筑的形式要相协调,办公楼附近一般采用规则式布局,可设计花坛、雕塑等。远离大楼的地方则可根据地形变化采用自然式布局,设计草坪、树丛等。入口处的布置要富于装饰性和观赏性,建筑墙体和绿地之间不要忽视基础栽植的作用。花坛、草坪和建筑周围的基础绿带可用修剪整齐的常绿绿篱围边,点缀色彩鲜艳的花灌木、宿根花卉或植草坪,用低矮的色叶灌木作模纹图案。建筑的南侧栽植乔木时,要防止影响采光、通风,栽植灌木宜低于窗口,以免遮挡视线。东西两侧宜栽植落叶乔木,以防夏季西晒。

⑧小游园的设计。厂前区常常与小游园的布置相结合,小游园设计因地制宜,可栽植观赏花木,铺设草坪,辟水池,设小品小径、汀步环绕,使休息设施齐全,使环境更优美,使绿意更浓,既达到景观效果又提供给职工业余活动、休息的场所。

⑨树种。为使冬季仍不失去良好的绿化效果,常绿树一般占树种总数的50%左右。

2)生产区

①了解车间生产劳动的特点,满足生产、安全检修、运输等方面的要求。

②了解本车间职工对绿化布局和植物的喜好,满足职工的要求。

③不影响车间的采光、通风等要求,处理好植物与建筑及管线的关系。

④车间出入口可作为重点美化地段。

⑤根据车间生产特点合理选择植物,或抗污染,或具某种景观特质。

3)仓库、露天堆场区绿地

仓库、露天堆场区宜选择树干通直、分枝点高(4 m以上)的树种,以保证各种运输车辆行驶畅通。

(二)案例展示

某厂区环境设计如图2-3所示。

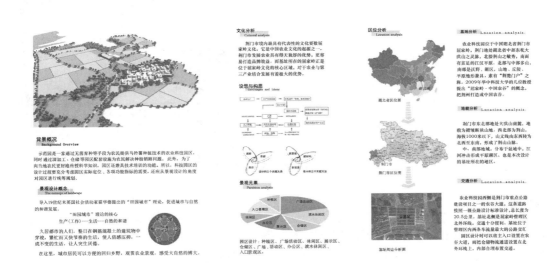

图 2-3　某厂区绿地设计

(三)设计任务书

1. 实训目的

①了解工矿企业绿地建设的重要意义。

②了解工矿企业的用地组成和各组成部分的一般特点。

③掌握工矿企业绿地的布局形式及工矿企业绿地区别于其他绿地的重要特征。

④掌握工矿企业各组成部分的绿地规划设计要求。

⑤掌握工矿企业绿化植物的选择原则及其在工矿企业绿化中的特殊作用。

⑥熟悉工矿企业绿地规划设计的相关标准及规范。

2. 实训内容

项目建设用地位于华中地区某城市经济技术开发区的新材料与装备制造业工厂,用地总面积为 17.2 hm²,其中建(构)筑物占地约 11.1 hm²,道路、广场等铺装占地约 1.5 hm²,绿化面积约 4.6 hm²。厂区四周为城市主干道,用地范围呈长方形,西部主要为制造车间,东部为研发中心、综合楼、宿舍楼以及待建绿地,厂区绿化区域包括厂房周围、净水池周围、厂区入口以及待建绿地,厂区四周要加围墙和植物形成隔挡,如图 2-4 所示。

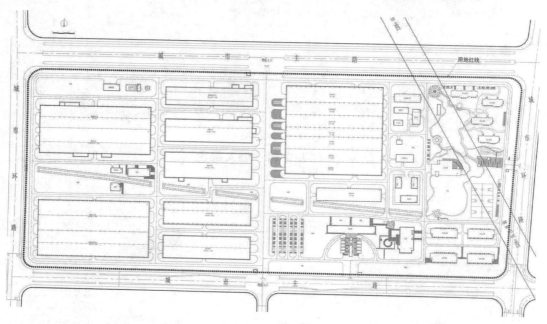

图 2-4　任务(工业园绿地设计)平面底图

3. 实训要求

(1)前期调研,查阅、收集场地基础资料包括以下内容:

①了解工厂所处区域的经济条件、发展状况、历史人文以及上位规划要求;

②研究工厂所处地域水文、人文、气候、地形以及历史典故资料;

③熟悉工厂周边情况,总结和完善相关文字和图纸资料。

(2)查找两个工厂绿地规划设计优秀案例,分析其设计依据、设计原则、设计理念、绿地布局和设计亮点。

(3)研究工厂企业文化特点及生产工艺流程,了解工厂职工的构成及工作特点,了解使用者的行为习惯及心理需求等。

(4)分析工厂各组成部分及配套服务设施的内容、规模、形式等,确定工厂绿地的布局形式,打造体现企业文化特色的景观节点。

(5)满足工厂生产工艺流程要求,确定工厂绿化植物种类,营造特色鲜明的植物景观。

4. 成果要求

1) 总平面图

总平面图应根据工厂规划布局和功能要求,进行功能分区、道路组织、植物种植及地形设计等;图纸应包括图例、比例尺、指北针及相关设计说明等。

2) 整体鸟瞰图

整体鸟瞰图应注意尺度、远近、光影关系。

3) 节点设计图

节点设计图不少于 2 张,含平面图、立面图、剖面图和效果图,比例尺为 1∶200 或 1∶300。

4) 分析图

分析图包括区位和周边环境分析、现状分析、功能布局分析、空间及景观视线分析、交通流线分析、竖向分析和植物设计分析等,比例尺自定。

5) 规划设计说明书

规划设计说明书应简明扼要地表达项目概况、设计原则、设计理念、功能分区及景点设计等,不少于800 字。

6) 苗木统计表

苗木统计表应含编号、中文名、拉丁名、规格、数量、备注等。

7) 技术经济指标表

技术经济指标表如表 2-2 所示,表中的数据精确到小数点后第 2 位。

表 2-2　技术经济指标

项目	面积/m²	占地比例/(%)	备注
绿地			
水体			
广场			
道路与停车场			
建筑			
总面积/ m²			

实训三　居住区绿地设计

(一)基础理论

1. 概念

1) 城市居住区

城市中住宅建筑相对集中布局的地区简称城市居住区。

2) 十五分钟生活圈居住区

十五分钟生活圈居住区是以居民步行十五分钟可满足其物质与生活文化需求为原则划分的居住区范

围,一般由城市干路或用地边界线围合,居住人口规模为 50 000～100 000 人(17 000～32 000 套住宅),是配套设施完善的地区。

3)十分钟生活圈居住区

十分钟生活圈居住区是以居民步行十分钟可满足其基本物质与生活文化需求为原则划分的居住区范围,一般由城市干路、支路或用地边界线围合,居住人口规模为 15 000～25 000 人(5000～8000 套住宅),是配套设施齐全的地区。

4)五分钟生活圈居住区

五分钟生活圈居住区是以居民步行五分钟可满足其基本生活需求为原则划分的居住区范围,一般由支路及上级城市道路或用地边界线围合,居住人口规模为 5000～12 000 人(1500～4000 套住宅),是配建社区服务设施的地区。

5)居住街坊

居住街坊是由支路等城市道路或用地边界线围合的住宅用地,是住宅建筑组合形成的居住基本单元,居住人口规模为 1 000～3 000 人(300～1000 套住宅,用地面积为 2～4 hm^2),并配建有便民服务设施。

2. 居住区道路系统布局

(1)居住区的路网系统应与城市道路交通系统有机衔接,并应符合下列规定:

①居住区应采取"小街区、密路网"的交通组织方式,路网密度不应小于 8 km/km^2,城市道路间距不应超过 300 m,宜为 150～250 m,并应与居住街坊的布局相结合;

②居住区内的步行系统应连续、安全、符合无障碍要求,并应便捷连接公共交通站点;

③适宜自行车骑行的地区应构建连续的非机动车道;

④旧区改建,应保留和利用有历史文化价值的街道,延续原有的城市肌理。

(2)居住区内各级城市道路应突出居住使用功能特征与要求,并应符合下列规定:

①两侧集中布局了配套设施的道路,应形成宜人的生活性街道,道路两侧建筑退线距离应与街道尺度相协调;

②支路的红线宽度宜为 14～20 m;

③道路断面形式应满足适宜步行及自行车骑行的要求,人行道宽度不应小于 2.5 m;

④支路应采取交通稳静化措施,适当控制机动车行驶速度。

(3)居住街坊内附属道路的规划设计应满足消防、救护、搬家等车辆的通达要求,并应符合下列规定:

①主要附属道路至少应有两个车行出入口连接城市道路,其路面宽度不应小于 4.0 m,其他附属道路的路面宽度不宜小于 2.5 m;

②人行出口的间距不宜超过 200 m;

③最小纵坡不应小于 0.3%,最大纵坡应符合表 2-3 所示的规定,机动车与非机动车混行的道路的纵坡宜按照或分段按照非机动车道要求进行设计。

表 2-3　附属道路最大纵坡控制指标

道路类别及其控制内容	一般地区	积雪或冰冻地区
机动车道	8.0	6.0
非机动车道	3.0	2.0
步行道	8.0	4.0

(4)居住区道路边缘至建筑物、构筑物的最小距离应符合规定,如表 2-4 所示。

表 2-4　居住区道路边缘至建筑物、构筑物最小距离　　　　　　　　　　单位:m

与建筑物、构筑物关系		城市道路	附属道路
建筑物面向道路	无出入口	3.0	2.0
	有出入口	5.0	2.5
建筑物山墙面向道路		2.0	1.5
围墙面向道路		1.5	1.5

　　道路边缘对于城市道路是指道路红线。附属道路分两种情况:道路断面设有人行道时,指人行道的外边线;道路断面未设人行道时,指路面边线。

3.居住区绿地的组成

　　(1)公共绿地。
　　①居住区公园。
　　②居住小区公园。
　　③组团绿地。
　　(2)公共服务设施所属绿地。
　　(3)道路绿地。
　　(4)宅旁绿地和居住庭院绿地。
　　各级绿地的设置要求如表 2-5 所示。

表 2-5　各级绿地的设置要求

名称	功能	一般设置要求	规模/万 m²	最大步行距离/m
居住区公园 (居住区级)	主要供小区居民就近使用	花木草坪、花坛水面、凉亭雕塑、小卖茶座、老幼设施、停车场等。园内布局应有明确的功能划分	≥1.0	≤800~1000
小游园 (小区级)	主要供小区内居民就近使用	花木草坪、花坛水面、雕塑、儿童设施等。园内布局应按一定的功能划分	0.6~0.8 ≥0.4	≤400~500
组团绿地 (组团级)	主要供组团内居民使用	花木草坪、桌椅、建议儿童设施等	≥0.5	≤150
住宅庭院绿化	供本幢或邻幢楼的居民使用	底层住宅小院、游憩活动场地	酌定	
道路绿化	遮阳、防噪声和尘土、美化街景	1.乔木、灌木、花卉、草坪、小品建筑等; 2.树池最小尺寸为 1.2 m×1.2 m,绿地分段长度为 30~50 m; 3.行道树株距 6~8 m:树干中心距侧石外缘 0.75 m		

4.居住区绿地规划原则

　　①总体布局,统一规划。
　　②以人为本,设计为人。

③以绿地为主,以小品点缀。

④利用为主,适当改造。

⑤突出特色,强调风格。

⑥功能实用,经济合理,大处着眼,细处着手。

5.细节处理

1)入口处理

为方便附近居民,入口常结合园内功能分区和地形条件,在不同方向设置,但要避开交通频繁的地方。

2)功能分区

功能分区的目的主要是让不同年龄、不同爱好的居民能各得其所、乐在其中、互不干扰、组织有序,使主题突出,便于管理。小游园因用地面积较小,主要表现在动、静的分区。

3)园路布局

园路是小游园的脉络,既可联系各休息活动场地和景点,又可分隔平面的空间,是小游园空间组织极其重要的要素和手段。

4)广场场地

小游园的小广场一般以游憩观赏、集散为主,中心部位多设花坛、雕塑、喷水池等装饰小品,四周多设座椅花架、柱廊等,供人休息、欣赏。

5)建筑小品

小游园以植物造景为主,在绿色植物的映衬下,适当布置园林建筑小品,能丰富绿地内容,增加游览趣味,起到点景作用,也能为居民提供停留、休息、观赏的地方。

(二)案例展示

某小区绿地设计如图 2-5 所示。

(三)设计任务书

1.实训目的

①了解居住区规划设计的基本知识。在实践中深入理解居住区的用地组成、居住区的规模、居住区的规划结构、居住建筑布置形式、居住区道路、居住区公共服务设施的分类与布局等基本知识,能运用所学知识进行具体居住区规划设计案例分析,并掌握居住区消防通道、消防登高面、消防登高作业区等术语、概念及规划设计要求。

②学习居住区绿地设计的基本知识。掌握居住区绿地的功能、居住区绿地的分类和组成结构、居住区绿地的规划要求、居住区绿地的定额指标及规模确定。

③掌握居住区绿地设计的特点。能独立完成居住区出入口、儿童活动场地、休闲活动场地、体育运动场地、停车场、住宅单元出入口等节点景观设计。

④掌握居住区各级道路景观规划设计的特殊要求。

⑤能结合居住区绿地规划布局,建筑布局、风格、功能特点,绿地规划设计特点,进行居住区绿地的植物配置和树种选择。

咸宁市月亮湾小区景观设计

项目背景

本项目位于湖北省咸宁市咸安区月亮湾路西侧，青贵巷以北，潜山路以南，鱼池巷以东，该项目总用地面积为54 866平方米。

设计说明

咸宁市月亮湾小区景观设计以"乐·生活"为主题，体现一种亲近自然、贴近生活本源、自然、健康的生活态度。该小区设计主导思想为简洁、大方、便民、美化环境；本着"以人为本、生态设计"的思想，使人与建筑、景观小品、水体、植物之间和谐共处，相辅相成，让环境成为当地文化的延续，使环境融于自然。咸宁市月亮湾小区以各类居民为服务对象，在小区景观设计中充分考虑建筑、环境、人文三者之间的联系，创造自然、舒适、亲近、宜人的景观空间，实现人与景观有机融合。小区景观设计充分利用小区内的有限空间，实施绿化、造景，力求营造"绿树成荫、花木扶疏、鸟语花香、阳光草坪、生机盎然"的居住环境。

基址分析

概念分析

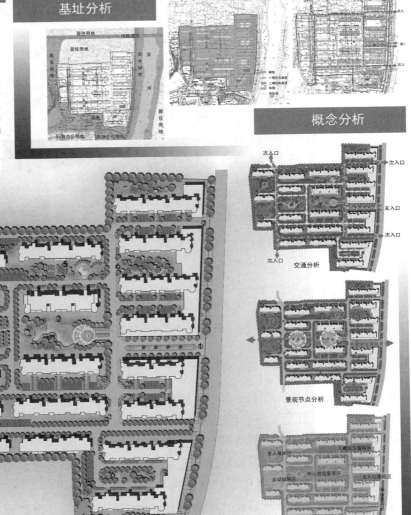

平面图

① 主入口
② 中心游园区
③ 运动设施区
④ 老人休闲区
⑤ 儿童游乐区
⑥ 安静休闲区
⑦ 次入口

图 2-5　某小区绿地设计

2. 实训内容

该居住区位于华中地区某经济技术开发区三角湖畔,由某汽车房地产有限公司投资建设,共七期,本项目为第七期紫竹苑。该区域为经济开发区的中心地带,交通便利,周边基础配套比较完善,现有小学、中学、超市,周边的银行、中国邮政、菜场、政所等配套设施均在 500 m 辐射圈内,如图 2-6 所示。该居住区临近开发区管委会,地处开发区中心,却可以享受自然绿意,生态环保。

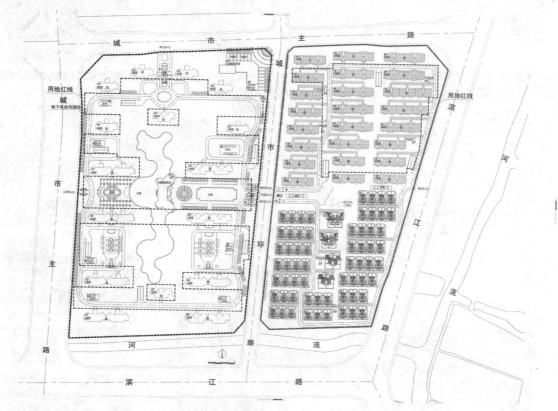

图 2-6　任务(居住区绿地设计)平面底图

3. 实训要求

结合居住区周边环境和规划现状、出入口、道路、建筑(含居住、商业、配套设施)等的分布,为组团内居民提供室外运动休闲、邻里交往、儿童游戏、老人聚会聊天等休闲活动场所,要求功能合理、构图美观、特色鲜明,为组团内居民提供高质量的户外生活环境。

①研究居住区所处区域的城市总体规划要求、经济发展情况、建设现状、气候条件、自然资源以及历史人文资源等,营造浓郁的文化氛围和地域特色。

②收集两个居住区景观规划设计优秀案例,分析其设计原则、设计理念、功能分区、树种选择及景观特色等,为本案例的设计创意奠定基础。

③分析、研究该居住区的周边环境和规划建设现状,包括规划结构、功能布局、交通组织及景观环境、出入口、道路、建筑(含居住、商业、配套设施)等的分布,提出该居住区景观规划设计的目标定位和设计主题。

④设计方案应功能合理、构图美观、特色鲜明,为居住区居民创造室外运动休闲、邻里交往、儿童游戏、老人聚会聊天、散步休闲等活动场所,营造健康积极的邻里环境和社区氛围,促进居民身心和谐发展。

⑤注重创造与现代户外休闲交往生活相适应的场所,并注意与周边自然环境有机结合形成"安全、清

洁、方便、舒适""宽敞、阳光、安静、文明"的居住区户外生活环境。

⑥设计应符合审美及艺术原则,在形态、尺度、比例、质感、色彩上要相互协调。

4. 成果要求

1)总平面图

总平面图应根据居住区规划布局和功能要求,进行功能分区、道路组织、植物种植及地形设计、水体设计等。图纸应包括图例、比例尺、指北针及相关设计说明等。

2)整体鸟瞰图

整体鸟瞰图应注意尺度、远近、光影关系。

3)节点设计图

节点设计图不少于 3 张,含平面图、立面图、剖面图和效果图,比例尺为 1∶200 或 1∶300,需含一张小区主、次入口放大详细设计图。

4)分析图

分析图包括区位和周边环境分析、现状分析、功能布局分析、空间及景观视线分析、交通流线分析、竖向分析和植物设计分析等,比例尺自定。

5)设计说明书

设计说明书不少于 600 字,应对设计思路、功能分区、道路体系、竖向设计、种植设计、空间体系、景观节点、园林建筑、小品及服务设施等内容进行详细说明。

6)编制必要的表格

表格包括用地平衡表(见表 2-6)、苗木统计表。

表 2-6　居住区用地平衡表

项目	面积/m²	占地比例/(%)	备注
绿地			
水体			
广场硬地			
道路与停车场地			
建筑			
总面积/m²			

实训四　商业服务业附属绿地设计

(一)基础理论

①商业、商务设施用地绿地设计应结合不同商业、商务用地特点,充分考虑人流、车流、休息停留场地,考虑与邻近道路分隔,宜统一规划布局,集中使用。

②商业用地室外广场应充分绿化,人流量较大的商业场地及大型游乐设施用地应考虑为行人提供林荫,应多种植冠大荫浓的优良乔木,树下可安排座椅和树池箅子;集中绿地应将乔、灌、草、花结合种植。

③宾馆、旅馆、度假村等用地内庭院的景观营造及植物选择应具有特色,自然舒适;康体用地按照其用

地特殊性安排好运动场地后应充分绿化,以隔离、防护、减噪为主,兼顾景观。

④零售加油、加气站营业网点考虑到安全需要,不应种植油性植物和采用易造成可燃气体积聚的种植形式,如绿篱及茂密灌木。

⑤殡仪设施用地内环境设计应根据用地条件,结合各功能区的特点,充分绿化;广场宜布置成林荫广场。

⑥火葬场的卫生防护林带宽度应按照 GB 18081 执行。植物选择参考规范附录。

设计师应以园林植物的滞尘作用为主要指标,结合植物的吸收 CO_2、降温增湿作用等测定指标,选择适于减尘型绿地的园林植物,如表 2-7 所示。

表 2-7　滞尘作用强的植物选择

植物类别	首选	可选
常绿乔木	桧柏、侧柏、洒金柏	油松、华山松、雪松、白皮松
落叶养木	槐树、元宝枫、银杏、缄毛口蜡、构树、毛泡桐	栾树、臭椿、合欢
常绿灌木		矮紫杉、沙地柏、大叶黄杨、小叶黄杨
落叶灌木	榆叶梅、紫丁香、天日琼花、锦带花	金银木、珍珠梅、紫薇、紫荆、丰花月季、海州常山、太平花、棣棠、博麻、迎春
草坪地被	早熟禾、崂峪苔草、麦冬	野牛草

⑦绿化种植宜以乔木为主,常绿、落叶相结合,殡仪馆周边种植宜简洁,应以松柏类常绿乔木为主。

(二)案例展示

商业服务附属绿地设计如图 2-7 所示。

(三)设计任务书

1. 实训目的

①了解商业服务业附属绿地设计的基本知识。在实践中深入理解商业服务业的用地组成、商业服务业的规模、商业服务业用地的规划结构、商业服务业建筑布置形式、商业服务业规划的道路、公共服务设施的分类与布局等基本知识,能运用所学知识进行具体商业服务业规划设计案例分析,并掌握商业服务业规划的消防通道、消防登高面、消防登高作业区等术语、概念及规划设计要求。

②学习商业服务业附属绿地设计的基本知识。掌握商业服务业附属绿地的功能、商业服务业附属绿地的分类和组成结构、商业服务业附属绿地的规划要求、商业服务业附属绿地的定额指标及规模确定。

③掌握商业服务业附属绿地规划设计的特点。能独立完成商业服务业附属绿地出入口、休闲活动场地、停车场等节点景观设计。

④掌握商业服务业附属绿地各级道路景观规划设计的特殊要求。

⑤能结合商业服务业附属绿地规划布局,建筑布局、风格、功能特点,绿地规划设计特点,进行商业服务业附属绿地的植物配置和树种选择。

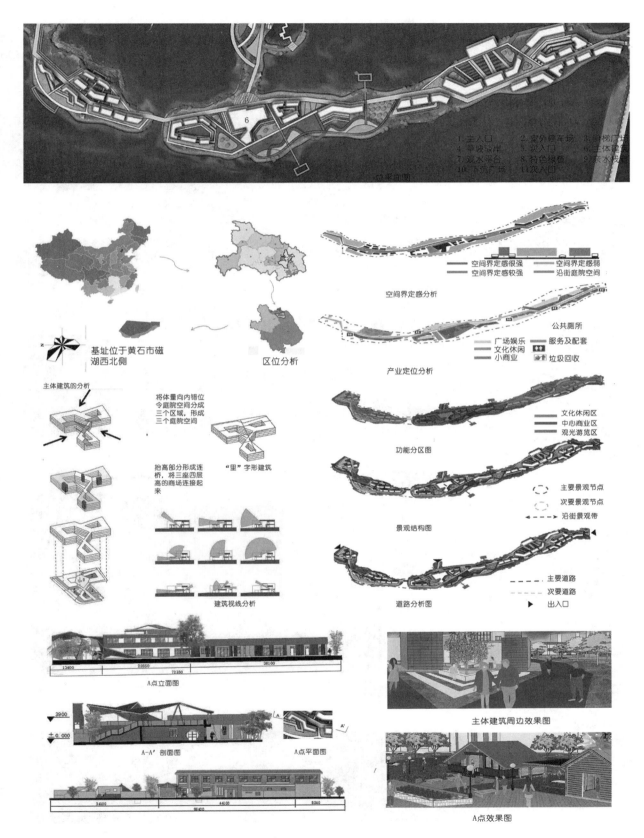

图 2-7　商业服务业附属绿地设计

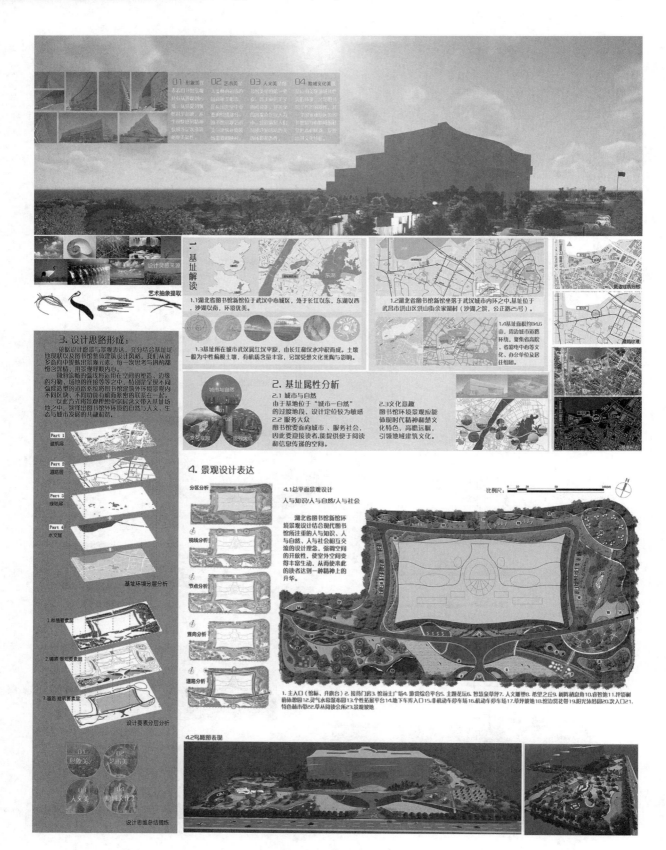

续图 2-7

2. 实训内容

本项目位于华中地区,项目为某温泉酒店的公共绿地,面积约为 4.9 hm²,项目西南侧为温泉谷,北侧为山体,东、南侧为城市道路。用地范围内需设置停车场。场地地势复杂、土质优良,用地情况较复杂,如图 2-8 所示。

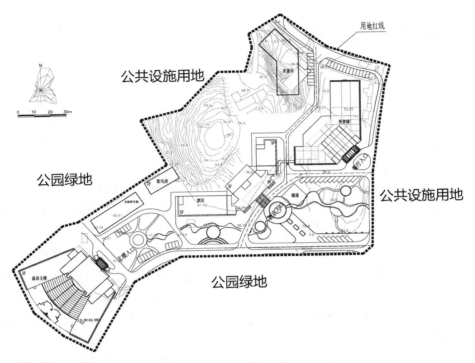

图 2-8　任务(商业服务业附属绿地设计)平面底图

3. 实训要求

设计应体现温泉酒店公共绿地特色,体现地方和时代特色,为园区提供展示空间及交往空间。

4. 成果要求

1)图纸要求

①现状分析图,比例尺不限。

②总平面图(包括图例),彩色表现。

③分析图四张(功能、景观、空间、植物或其他),彩色表现,比例尺自定。

④局部节点详细设计图 2 张(平面图、剖面图、效果图,其中一张为种植设计图,标注植物名录),彩色表现。

⑤说明书(可以附在平面图上)。所有图绘在白色不透明 A1 绘图纸上,表现形式为计算机绘图或手绘,风格不限。

2)总体要求

①现状分析图。踏勘设计对象基址,对基址的周围环境、原地形、原有植被、原有建(构)筑物进行准确记载。了解基址所在地的气候、土壤、水文环境。

②总平面图。根据设计绿地的功能要求,结合基址情况进行功能分区、地形、水体、道路系统、场地分

布、建筑小品类型及位置、植物配置等主要设计内容的确定,绘制总平面图。

③局部节点详细设计图。局部节点详细设计图包括局部节点的平面图、剖面图、效果图。其中,效果图视点选择恰当,成图效果好。

④说明书。说明书包括设计思路、设计原则、特色、设计内容等。说明书中应有必要的表格,如用地平衡表、苗木统计表等,不少于 1000 字。

实训五　城市道路绿地设计

(一)基础理论

1. 城市道路绿地的概念和功能

城市道路绿地主要是指街道绿地和穿过市区的公路、铁路、高速干道的防护绿带,它不仅可以给城市居民提供安全、舒适、优美的生活环境,而且在改善城市气候、保护环境卫生、丰富城市艺术形象、组织城市交通和产生社会经济效益方面有着积极的作用。

按《城市绿地分类标准》的分类,道路绿地属于附属绿地,是指道路和广场用地内的绿地,包括道路绿带、交通岛绿地、广场绿地和停车场绿地等。道路绿地对于城市道路而言有着不可或缺的功能。首先,道路绿地具备生态保护功能,具备遮阴、净化空气、降低噪声和调节改善道路环境小气候、保护路面、稳固路基的功能;其次,道路绿地具有交通辅助功能,具备防眩、美化环境、减轻视觉疲劳的作用,还具备标识和交通组织的作用,再次,道路绿地具备景观的组织功能,道路绿地植物和道路构成的景观能够衬托城市建筑,对周围环境进行空间分割和景观组织,以及遮蔽不良景观和进行临时装饰美化等;最后,道路绿地具备延续文脉的功能,尤其是表现城市地域文化特征、以乡土植物塑造个性城市的植物配置形象等。

2. 城市道路的分类及绿地组成

1)城市道路的分类

城市道路是城市的骨架,是交通的动脉,是城市结构布局的决定因素。城市规模、性质、发展状况不同,其道路也多种多样。根据道路在城市中的地位、交通特征和功能,城市道路可分为不同的类型。

(1)城市主干道。

城市主干道又叫全市性干道,或者叫城市主要交通要道,是城市道路网的骨架。城市主干道主要用来连接重要的交通枢纽,如国道、省道等;重要的生产区、重要的公共场所,如集会中心、政党委机关、商业中心等;其他重要地点。宽度并不是判断道路是否是城市主干道的标志,因为每个城市的容量不同,允许使用的面积也不同。但一般而言,城市主干道往往贯穿于整座城市,而且能作为一个城市的标志性道路。城市主干道要么是在城市的轴线上,要么就是城市环线,要么就是主商业区的道路或有明显特色的道路,如北京的长安街(见图 2-9)、深圳的深南大道、南京的中山路等。

(2)城市次干道。

城市次干道又叫区干道,是连接主要道路的辅助交通路线。城市次干道是城市的交通干路,以区域性交通功能为主,兼有服务功能,与城市主干道组成路网,广泛连接城市各区与集散城市主干道的交通。

(3)城市支干道。

城市支干道也称支路,又叫街坊道路,是各街坊之间的连接道路,一般线宽为 12～15 m。

图 2-9   北京的长安街

2)城市道路绿地的用地组成

城市道路绿地主要由道路绿带和交通岛绿地组成。道路绿带又可分为分车绿带、行道树绿带、路侧绿带等;交通岛绿地又可分为中心岛绿地、导流岛绿地、安全岛绿地等。

3)城市道路的断面布置形式

道路绿化的断面形式与城市道路的断面布置形式密切相关。完整的道路是由机动车道(快车道)、非机动车道(慢车道)、分隔带(分车带)、人行道及街旁绿地五部分组成的。常用的道路的断面布置形式有一板二带式、二板三带式、三板四带式、四板五带式及其他形式(见图 2-10),常包括机动车道(快车道)、非机动车道(慢车道)、分隔带(分车带)、人行道及街旁绿地五部分。

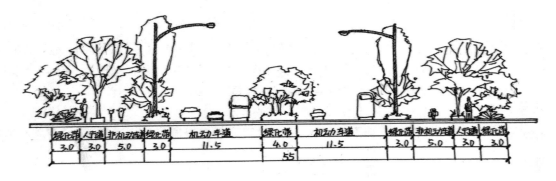

图 2-10   道路的断面布置形式

3. 城市道路绿地设计的设计原则

城市道路绿地设计应统筹考虑道路的外部、自身和人文等因素,应该考虑所属地域、自然及建筑环境、道路剖面、道路长度、行车速度以及道路在城市中的地位作用等因素并进行绿化布置和设计,并遵循以下设计原则,如图 2-11 所示。

1)明确功能

道路的功能是城市道路绿地设计的依据,可划分为交通功能和空间功能。交通功能指道路能让人安全、迅速、舒适地到达目的地;空间功能指为工程管线等公共设施提供空间的同时,保障道路两侧建筑良好的采光、通风,并为人们提供交流、休憩、散步的公共空间。

2)适地适树

道路植物生长的立地条件较严酷,土壤干旱、贫瘠、板结,环境污染相对严重(粉尘、有害气体、噪声),人为损害较频繁,生长受地上地下管线制约,车辆行驶频繁等都会影响植物生长,因此应选择适应性强、生长

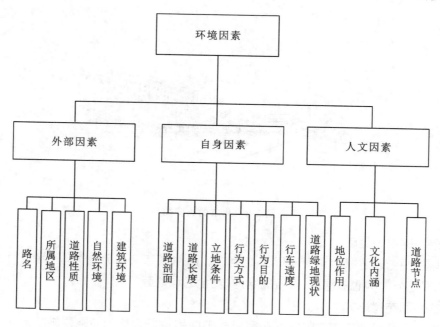

图 2-11　城市道路绿地设计原则

强健、管理粗放的植物。在进行植物配置时,要注意乔、灌、草,乔、灌、花的结合,分割竖向的空间,创造植物群落美。植物配置应讲究层次美、季相美,从而起到最佳的降温遮阴、滞尘减噪、净化空气、防风、防火、防沙、防雪、防灾、抗震、美化环境等城市其他硬质材料无法替代的作用。

　　3)营造特色

　　植物景观可以与街景相结合,形成优美的城市景观。绿地设计要讲究艺术性,要符合大众的审美趣味,要使街景园林化、艺术化。在植物配置上,绿地设计要选择适宜的植物,创造丰富多彩的植物景观特色,注意植物种类的搭配应用,使不同路段的植物种类和绿化形式有所变化。

　　4)保障安全

　　保障安全是指道路植物景观的营造不得妨碍交通、建筑及管线设施的安全运行,不得遮挡交通标志和行车视线。

　　5)协调关系

　　绿地设计要适应人的行为习惯与审美习惯,要充分考虑行车速度和视觉特点,将路线作为视觉线设计的对象,提高视觉质量,防止眩光。道路绿化带应采用大手笔、大色块手法,栽种观叶、观花、观果植物,并适应不同的车速。

4. 城市道路绿地种植设计

　　城市道路绿地种植设计是一门综合艺术,种植配置设计得当,不仅给人以愉快的美感,也能提升一个城市的文化品位。所以,在实际应用中,城市道路绿地种植设计要综合考虑城市道路的环境特点,立地条件,规划设计要求,植物的形态、色彩、风韵等多方面的因素,精心组织,合理配置,才能充分发挥植物的生态和观赏效果,创造多姿多彩、内容丰富的城市道路绿化景观。

　　1)城市道路绿地种植设计的原则

　　城市道路绿地种植设计有以下几个原则:

　　①适地适树、因地制宜;

　　②地带性植物与引进植物相结合;

③近期效果与长期效益相结合；

④生态效益与经济效益相结合。

2)城市道路绿地的植物选择

(1)乔木。

乔木在城市道路绿地中主要用作行道树。乔木的作用主要是夏季为行人遮阴、美化街景,因此选择品种主要从以下几方面着手:应选择株形整齐,观赏价值较高(或花型、叶型、果实奇特,或花色鲜艳、花期长)的乔木,最好是树叶秋季变色,冬季可观树形、赏枝干;应选择生命力强健,病虫害少,便于管理,管理费用低,花、果、枝叶无不良气味的乔木;应选择树木发芽早、落叶晚,适合在本地区正常生长,晚秋落叶期在短时间内树叶即能落光,便于集中清扫的乔木。

乔木的定干高度应视其功能要求,交通状况道路的性质、宽度,行道树距车行道的距离,树木分枝角度而定。胸径以 12~15 cm 为宜,快长树不得小于 5 cm,慢长树不宜小于 8 cm。树干分枝角度大的,定干高度不能小于 3.5 m;分枝角度小的,定干高度不能小于 2 m,否则影响交通。行道树绿带种植应以行道树为主,并宜与乔木、灌木、地被植物相结合,形成连续的绿带。行道树定植株距应以其树种壮年期冠幅为准,最小种植株距应为 4 m。行道树树干中心至路缘石外侧最小距离宜为 0.75 m。如果在道路交叉口视距三角形范围内,行道树绿带应采用通透式配置。

(2)灌木 。

灌木多应用于分车带或人行道绿带,可遮挡视线、减弱噪声等。灌木应注意以下问题:枝叶丰满,株形完美,花期长,花多而显露,防止过多地萌生蘖枝妨碍交通;植株无刺或少刺,叶色有变,耐修剪,在一定的年限内人工修剪可控制树形和高矮;繁殖容易,易于管理,能耐灰尘和路面辐射。

(3)地被植物。

根据气候、温度、湿度、土壤等条件选择适宜的地被植物至关重要。低矮花、灌木均可作为地被植物。

5. 城市道路人行道铺装设计

人行道是城市道路的步行者的通道,与人群关系密切,在美观与功能上都有更高的要求。人行道铺装的基本要求是能够提供有一定强度、耐磨、防滑、舒适、美观的路面,能够给行人制造方向感与方位感,有明确的边界,有合适的色彩、尺度与质感,色彩要考虑当地气候与周围环境。人行道设置于车行道两侧时,不同等级的道路还会对其功能、景观设计和铺装材料提出不同的要求。人行道可分为快速路与主干道等交通性道路的人行道和次干道与支路等生活性道路的人行道两类。

6. 城市环城快速路种植设计

城市环城快速路种植设计可以通过绿地连续性种植或树木高度位置的变化来预示或预告道路线形的变化,引导司机安全操作;可以根据树木的间距、高度与司机视线高度、前大灯照射角度的关系种植,使道路亮度逐渐变化,防止眩光;可以种植宽、厚的低矮树丛作为缓冲,以免车体和驾驶员受到重大的损伤,防止行人穿越。出入口有作为指示性的种植,转弯处种植成行的乔木,以指引行车方向,使司机有安全感。匝道和主次干道汇合的顺行交叉处,不宜种植遮挡视线的树木。

7. 城市道路立交桥绿化设计

道路立体交叉的形式有两种,即简单式立体交叉和复杂式立体交叉。简单式立体交叉又称分立式立体交叉,即纵横两条道路在交叉点相互不通,这种立体交叉不能形成专门的绿化地段,其绿化与街道绿化相似。复杂式立体交叉又称互通式立体交叉,即两个不同单面的车流可通过匝道连通。

立交桥头绿地的设计要点如下。

①绿化设计首先要满足交通功能的需要。

②绿地面积较大的绿岛宜种植较开阔的草皮,再点缀些常绿树、花灌木及宿根花卉。

③立体交叉绿岛因处于不同高度的主、干道之间,常常形成较大的坡度,应设挡土墙减缓绿地的坡度,坡度一般以不超过 5% 为宜,较大的绿岛还需考虑安装喷灌系统。

④立体交叉外围绿化树种的选择和种植方式,要和道路伸展方向的绿化结合起来考虑。

8. 高速公路绿化设计

良好的高速公路植物配置可以减轻驾驶员的疲劳,丰富的植物景观也可以为旅客带来轻松愉快的旅途经历。高速公路的绿化由中央隔离带绿化、互通绿化和边坡绿化组成。

中央隔离带一般不成行种植乔木,以避免投影到车道上的树影干扰司机的视线,也不宜选用树冠太大的树种。中央隔离带可种植修剪整齐、具有丰富视觉韵律感的大色块模纹绿带,绿带中的植物品种不宜过多,色彩搭配不宜过艳,重复频率不宜太高,节奏感也不宜太强,一般可以根据分隔带的宽度每隔 30～70 m 距离重复一段,色块灌木品种一般为 3～6 种,中间可以间植多种形态的开花植物或常绿植物使景观富于变化。

互通绿化位于高速公路的交叉口,最容易成为人们视觉上的焦点,其绿化形式主要有两种。一种是大型的模纹图案,花灌木根据不同的线条造型种植,形成大气、简洁的植物景观。另一种是苗圃景观模式,人工植物群落按乔、灌、草的形式种植,密度相对较高,在发挥生态和景观功能的同时,还可以兼顾经济功能,可以为城市绿化发展所需的苗木提供有力的保障。

边坡绿化的主要目的是固土护坡、防止冲刷,其植物配置应尽量不破坏自然地形、地貌和植被,应选择根系发达、易成活、便于管理、兼顾景观效果的树种。

(二)案例展示

城市道路绿地设计如图 2-12 所示。

(三)设计任务书

1. 实训目的

①通过城市道路绿地设计实践,理解城市道路绿地的功能、作用,掌握城市道路绿地的相关术语、概念,掌握道路的断面布置形式,掌握城市道路绿地设计原则等基本内容。

②掌握城市道路绿地设计主要组成内容:分车绿带、行道树绿带、路侧绿带,道路交叉口的一般特点和设计要求。

③掌握道路绿地率、绿化覆盖率的概念和计算方法。

④能结合具体道路规划设计状况,灵活运用基本知识进行各类道路绿地设计。

⑤将道路绿地的设计方法用于现实的道路绿地规划设计当中。

⑥掌握道路绿化植物的选择与配置原则。

2. 实训内容

道路红线宽 80 m,长 1000 m,道路两侧为学校、银行、居住区、酒店,需设出入口,道路的断面布置形式

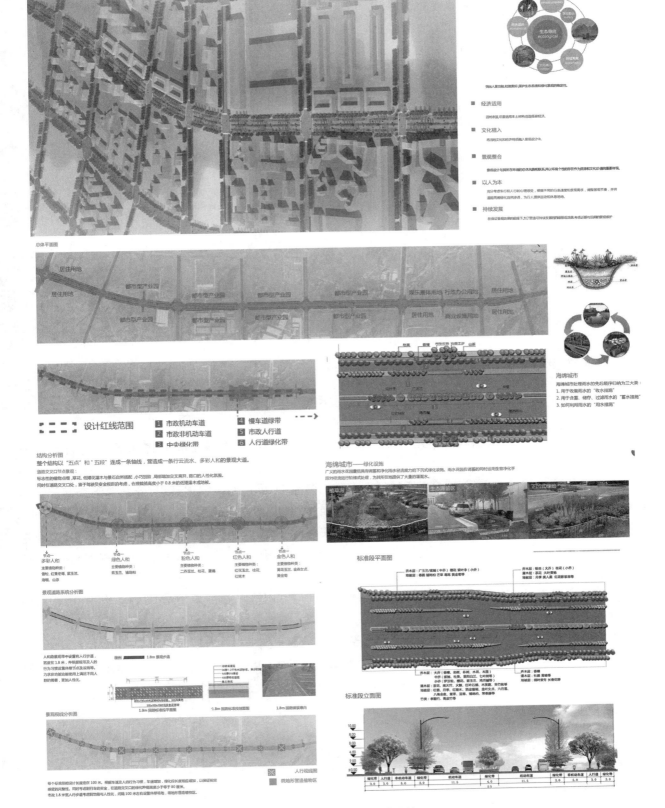

图 2-12　城市道路绿地设计

为四板五带的形式,如图 2-13 所示。

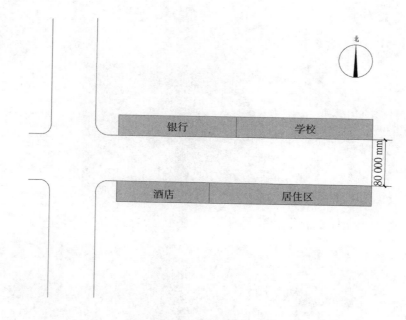

北

| 银行 | 学校 |
| 酒店 | 居住区 |

80 000 mm

图 2-13   道路绿地设计基址图

3. 实训要求

①研究道路所处区域的城市总体规划要求、经济发展情况、道路建设现状、气候条件、自然资源以及历史人文资源等。

②收集两个道路绿地设计优秀案例,分析其设计原则、设计理念、道路断面形式、树种选择及景观特色等。

③分析道路规划的基本情况,计算道路绿地率和绿化覆盖率,确定道路绿化等级,依据道路空间尺度和周边环境特点,构筑总体功能合理、特色突出、可识别性强、体现时代风格的道路景观。

④从整体着眼,考虑道路在所处区域道路体系中的关系,并考虑道路绿带、滨河绿地、导向岛绿地、道路交叉口等景观的统一与变化,既确立宏观基本构架,又着力丰富细部,变而不乱,取得整体上的和谐统一,形成变化有序和主次分明的景观序列,体现景观整体性。

⑤合理利用水体与道路并行的自然条件,加强道路景观与滨湖景观的联系,协调好道路绿带、滨湖绿地及星月湖的关系。

⑥因地制宜,在合理条件下可考虑对地形进行改造,以创造丰富多样的空间与景观。

⑦合理选择树种,在保证基调树种的基础上,大力丰富花灌木的品种,构筑层次丰富、景观优美、特色鲜明、独具魅力的绿色园林景观路,使其成为该区域的标志性景观。

4. 成果要求

成果主要包含以下内容:

①区位及周边环境分析图,比例尺自定;

②现状分析图,比例尺自定;

③功能景观分区图,比例尺自定;

④总平面图,比例尺自定;

⑤道路标准段平面图、立面图、断面结构图,比例尺自定;

⑥节点平面图、立面图、效果图;

⑦标准段效果图;

⑧苗木统计表,含编号、中文名、拉丁名、规格、数量、备注等;

⑨设计说明书,要求简明扼要,对项目概况、设计构思、设计原则、景观特色、植物配置、配套设施等内容进行详细说明,不少于 800 字。

第二节
城市广场设计

实训六　城市广场设计

(一)基础理论

1. 分类标准

《城市用地分类与规划建设用地标准》(GB 50137—2011)因“满足市民日常公共活动需求的广场与绿地功能相近”,将广场用地划归 G 类,命名为“绿地与广场用地”,并以强制性条文规定:“规划人均绿地与广场用地面积不应小于 $10.0\ m^2$/人,其中人均公园绿地面积不应小于 $8.0\ m^2$/人”。以上条文规定了人均公园绿地的规划指标要求,保证了公园绿地指标不会因广场用地的归入而降低,同时有利于将绿地与城市公共活动空间进一步整合。

《城市用地分类与规划建设用地标准》(GB 50137—2011)规定广场用地是指“以游憩、纪念、集会和避险等功能为主的城市公共活动场地”,不包括以交通集散为主的广场用地,该用地应划入“交通枢纽用地”。

将广场用地设为大类,有利于单独计算,保证原有绿地指标统计的延续性。同时,广场用地的绿化占地比例宜大于 35% 是根据全国 153 个城市的调查资料,并参考了 33 位专家的意见以及相关文献研究等制定的。85 % 以上的城市的广场用地的绿化占地比例高于 30% ,其中 2/3 以上的广场用地的绿化占地比例高于 40% ,标准将广场用地的适宜最低绿化占地比例定为 35% ,是符合实际情况并能够达到的。此外,基于对市民户外活动场所的环境质量水平的考量以及遮阴的要求,广场用地应具有较高的绿化覆盖率。

现代广场虽然不同于昔日的广场,但在环境和功能上仍然存在一些相似之处。不知道把公司的摩天大楼比作中世纪大教堂的现代翻版,把两者看作各自时代的权力象征是否有些牵强,但两种建筑在功能上都具有吸引力,这使与它们毗邻的公共开放空间在一天中的特定时间会人气旺盛。无论哪种情况,这两种人流发生器(大教堂和公司办公楼)在一定程度上都增加了空间形式和空间使用上的吸引力。不容置疑的一个区别在于,同中世纪的广场相比,现代办公区的广场的用途非常有限。根据对现代广场的用途的调查研究,坐、站、走动,以及用餐、读书、观看和倾听等活动的组合,占了所有利用方式的 90% 以上。

根据 J·B·杰克逊的观点,广场是将人群吸引到一起进行静态休闲活动的城市空间形式。凯文·林奇(Kevin Lynch)认为广场位于一些高度城市化区域的核心部位,被有意识地作为活动焦点。通常情况下,广

场经过铺装,被高密度的构筑物围合,有街道环绕或与其连通,应具有可以吸引人群和便于聚会的要素。

人们可以根据许多方式划分城区空间,如尺度、用途以及同街道的关系、风格、主导功能、建筑形式、位置等。

1)城市广场的类型

按广场的功能性质不同,城市广场可以分为市政广场、纪念广场、交通广场、休闲广场、文化广场、古迹广场、宗教广场、商业广场。

2)城市广场的基本特点

城市广场的基本特点为多功能复合,空间多层次,注重对地方特色、历史文脉的把握,注重广场文化内涵的重要性。

3)城市广场的设计原则

城市广场的设计原则如下:以人为本;系统性;继承与创新的文化原则;可持续发展的生态原则;突出个性特色创造的原则;重视公众参与的原则。

同我们的想象最为接近的大型公共场所就是欧洲旧大陆的城镇广场或市场。当毗邻多种用地类型(办公零售、仓储、交通)时,比起其他广场,大型公共场所能吸引更大范围之内和更为多样(年龄、性别、种族)的使用者。这样的区域一般较大、较灵活,能够容纳午间自带午餐的人群、露天咖啡屋、过往行人、临时性的音乐会、艺术表演、展览会和集会。它通常为公共所有,常被视为城市的心脏——每年,圣诞树会立在这里,游客会到此观光。

城市中心广场(the city plaza):一个以硬质地面为主、位于中心位置且易被看到的区域,通常会安排一些活动,如音乐会、表演会和政治集会等。

城市广场(the city square):位于中心位置,常常是由主要大道相交形成的历史地段。同许多其他类型的广场不同的是,城市广场不依附于任何一座建筑,相反,它常常覆盖一个或几个完整的城市街区,通常四边为街道。硬质景观和植被之间常有很好的平衡,所以这类空间可视为介于广场和公园之间。有时,它会包括一个大型纪念碑、雕塑或喷泉,会吸引各种各样的人和活动。由于位于市中心、地价较高,城市街头广场常经过改造与地下停车场结合。

很难给出关于规模大小的建议,因为广场的位置和环境各有不同。不过,凯文·林奇建议尺度为 12 m,该尺度是亲切的;24 m 仍然是宜人的尺度;以往大多数成功的围合广场的边长都不超过 135 m。格尔建议最大尺度可为 70～100 m,因为这是能够看清物体的最远距离。另外,最大尺度还可结合看清面部表情的最大距离确定,约 20～25 m。

广场应当是一种突出的空间,必须让行人看到,而且在功能上便于进入。事实上,广场向邻接人行道开放是很重要的;成功的广场都有一面,最好是有两面向公共道路用地开放。有越多的行人觉得广场是道路红线范围的拓延,他们就越会觉得自己受到了欢迎。因此,把广场绿化向人行道延展可以向行人暗示他们已经进入广场了。而在另一方面,很小的障碍或高程变化都能显著地减少进入和使用广场的行人数量。

人行道向广场的过渡是广场设计的最重要方面之一,因为它能够鼓励或者限制广场的使用。临街广场通常没有边界,相邻的人行道或多或少被延展,在其内侧(建筑前面)设置有可坐的矮墙、台阶或座椅岛。在这里,人们几乎坐在人行道上;使用者更可能是男性而不是女性,而且可能比其他类型的广场包括更多的蓝领工人(建筑工人、自行车邮递员)。临街广场与相邻的人行道有明显区别,很受大众欢迎,因为它便于进入,可观看人流来往以及产生一种监视感和安全感。

公司前厅类型的广场用到的过渡形式可分为以下四种。

①对于较窄的街区内部的广场,狭窄的入口和正前方气势宏伟的公司前门似乎就充分表明了它们之间的过渡,边界本身并无必要。

②与①相反的极端情形是"舞台"——一个宽阔的台,通常高度为指挥台的一半,装饰和摆设很少,以防止行人无故逗留。相应地,边界在这里也不需要,因为这种空间类型除了进出建筑物的人以外,不欢迎其他人进入。

③在街角位置的广场的过渡,经常借助于广场地面变化或借助于种植台或座位岛(或称为 ziggurat)作为广场外部边界,该边界上有多个出入口。这种空间欢迎人们从其中抄近路或在其中逗留。当人们身处其中时,会觉得自己处于"内部",而那些人行道的行人则处于"外部"。这种边界形式最能鼓励人们对广场进行使用。

④另一种边界类型是通过拱墙或拱廊来形成广场外边界,人进入广场的感觉有如进入一座建筑。这种边界形式,令人生畏、没有任何设施的内部空间以及严格的管理会产生排斥大多数使用者的后果。旧金山的蒂科尔普广场,在刚建成时就是如此,到处都是典雅且冷冰的大理石铺面,甚至连照相行为都会被身穿制服的保安禁止(见图 2-14)。

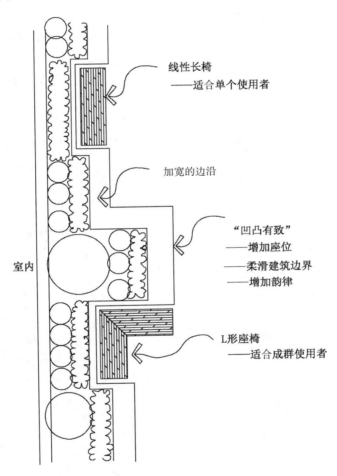

图 2-14 广场边界分析

2. 交通分析

许多广场主要由进出附近建筑的行人使用。撇去气候、广场美学或其他因素不谈,人们会在人行(公共汽车站、小汽车落客点、交叉路口)和附近建筑入口之间选择距离最短的直线路径。广场设计需要确定的基本问题是预测人们进出建筑的路径,从而为人们的步行活动设计出不受干扰的运动路线。例如,对西雅图某大型广场的研究表明,设计师错误判断了从南角进入的人流量,在高高的通风井和巨大的摩尔雕像之间

设置了一条狭窄的梯道,通风井和雕塑都遮挡视线,导致许多步行者在绕过拐角进出广场时撞到起。一项评价研究建议移走雕塑并拓宽梯道,但这是个代价昂贵的解决方法,事实上,设计师应当对此问题有预见。

除了高峰时期进出建筑的人流以外,多数广场还应满足以下三种交通形式。

①穿行:人们将广场视为一条近路或是一个赏心悦目的穿行空间。

②去往广场周边的咖啡馆、银行或其他零售商店。

③去往休息区或观光区:进入广场的人们是为了在那里沐浴阳光、吃方便午餐、看展览或欣赏音乐会。

进行前两类活动的人似乎喜欢开放的步行区域。德国的研究表明,进行前两类活动的人反对展示之类的活动打断自己的行动;对萨克拉门托商业街的研究表明,使用者对广场上占主导位置的大型水泥雕塑景观持反对态度(对于设计师来说,它们象征着附近的内华达山脉)。

就步道尺度而言,如果设计师想在高峰时刻仍能保持相对不受干扰的交通流,普西卡雷夫和朱潘建议,平均每分钟内,每英尺步行道宽度上至少应有两人通过。他们提出的这个标准和现在芝加哥、伦敦和纽约公交运营机构使用的标准有明显的不同。在这三个城市,每英尺的地铁通道宽度上每分钟分别通过 28 人、27 人和 25 人被视为最大承载容量。显而易见,在户外广场上闲逛同地铁交通高峰期的标准是明显不同的。

关于对步行交通流的引导,普西卡雷夫和朱潘从他们对曼哈顿的研究中观察到很有趣的现象,"行人完全不会注意步行通道上的任何色彩规律,虽然这些通道具有不同的砖或混凝土的色调,以及喷漆线条……(然而)行人却注意到空间上的阻物和质地的强烈变化"。我们自己在旧金山的观察也证实了这点。因此,如果有意引导行人走向某个特定方向,这些信息必须清楚地在空间形式上表达出来,可利用墙、种植台、广告牌等的布置或质地、高差的变化来实现(行人常会避开卵石、砾石以及通风管等物)。

运动的行人交通流似乎倾向于出现在空间中心或梯道平台上,而闲坐、看热闹和聊天的人群则倾向于出现在空间边缘。这个现象可以通过一个芝加哥广场进行说明。

3. 休息设施

即使分区条款鼓励提供更多的城区公共开放空间,供人闲坐休息的地方却不一定会随之增加。例如,纽约市最初制定于 1961 年的法规允许一些街道设施,如旗杆、喷泉、种植池和雕像,但长椅或户外咖啡馆却不在其列。这些法规在 1975 年分区修正法案中得到调整,以鼓励提供座位和食品零售亭。然而,台阶、墙体、种植箱以及喷泉池边仍是大多数城区公共空间的主要休息设施。

作为可能是最详尽的户外坐憩行为的评价,威廉·怀特对曼哈顿广场的研究表明,经过三个月对不同因素的调查,如太阳角度、空间尺度、同公交的接近程度,他得出一个令人惊奇的结论:人们在有座的地方就座。别的事物当然也会有影响,如食物、喷泉、桌子、阳光、遮阴、树木,但最简单的休息设施——座位,是广场中最重要的要素。广场中缺乏长椅不仅是因为奖励政策尚未出台,也是因为许多建筑的管理落后。

1)独坐和群坐

为了满足独自到广场来想靠近别人就座,但又不希望与其他人发生视觉接触的广场使用者,长椅可以采用以下两种布置方式。第一,台阶、边沿或直线布置的长椅可以形成自然间隔,而且不会像直角形或对放的长椅那样造成令人不悦的视线接触。第二,围绕花池(树木或花卉)的环形长椅能够使几个不熟识的使用者坐得很近,同时又能保持距离,因为他们可以向不同的方向观望(这被称为离心型交往座位)。

为了满足三人以上群体的要求,长椅可以采用以下布置方式:无靠背的宽长椅、直角形长椅、具有向内弯弧的长椅以及活动桌椅(在花园设计中)。

2)座位的朝向

座位朝向的多样性也很重要。这意味着人们坐着时能看到不同的景致,因为人们对于观看行人、水体、花木、远景、身边活动等的需求各不相同;日照和阴影的多样性也是原因之一,人们不光会根据季节的不同、也会依据身边环境来选择对阳光的需要量。

一项温哥华的研究发现,在格兰贝勒广场(Granbille Square),朝向不同的小型座位同那些常规直线排列的座位相比,可以吸引更多不同年龄、性别、地位以及活动目的的人。另一成功的广场,澳大利亚悉尼的金斯路口广场(Kins Cross),是一个位于繁忙的街道交叉处的三角形广场,顶点处有一个引人注目的喷泉。长椅有的宽有的窄、有的有靠背有的没靠背、有的隐蔽有的暴露、有的可向内看有的可向外望、有的在阳光中有的在阴影处。几乎所有的歇坐需要在这里都可以得到满足。

3)座位的材料

木头作为座位材料温暖而且舒适;其他材料则要凉得多、硬得多,但用作辅助座位材料则别有效果。座位的材料包括混凝土、金属、瓷砖以及石材。委托方为了预防恶意破坏行为,经常劝设计师采用这类材料。不过,通过良好的设计使座位不断有人利用并在白天配备全职的管理或维护人员,恶意破坏行为就很容易避免。

有些材料,比如粗糙的未经打磨的木头或粗制混凝土也应避免使用,因为它们看起来会让人觉得会磨坏衣服。

4)座位的数量

公共空间项目公司研究了纽约和别处的许多广场后,建议每 28 m^2 的广场空间应该有座位。旧金山城区 1985 年规划要求 1 英尺的广场边界应有 1 英尺的座位。如果广场位于潜在使用强度很高的区域,而且设计得很吸引人,那么所有的座位都能派上用场。怀特对于纽约五个使用率高的座位空间的研究发现,每 100 英尺(约 30.5 m)的座位空间分布有 33~38 人。他推荐了一个预测高峰时期主要座位空间的平均使用人数的经验规律,即座位长度除以 3。

4.种植设计

经过仔细的种植设计创造出的纹理、色彩、密度、声音和芳香效果的多样性和品质能够极大地促进场地的使用。在对温哥华十个城区广场的研究中,乔达称尼尔发现人们能够被吸引到那些提供丰富多彩的视觉效果、绿树、珍奇的灌丛以及多变的季相色彩的广场上。这些广场不仅能够吸引行人,而且能够大大提高进入者的体验。因为就像弗鲁因所说的那样,一旦行人明确了他们的主要关注方向和方位,他们感觉的敏感度,如对色彩、光线、地面坡度、味道、声音以及纹理变化的感觉将会大大提高。

对华盛顿特区 HUD 大楼周围空间的调查说明了雇员对于更多的草地、树木以及长椅的急切需要(公共空间项目公司 19.7%)。使用强度最高的一处开放空间是被繁忙的街道和冰冷的混凝土广场围绕的,有草地、树木以及长椅的小型休闲花园。在使用高峰期,每个人只有 2 英尺 7 英寸的可坐空间,然而,花园更大的部分因为没有座位(建在装卸码头上面),完全没法利用。因而,为了使花木能够得到欣赏,广场必须有可休息的空间,或者对草坪的定位和设计必须有助于人们的休闲活动。

1)种植的多样性

对于大多数广场而言,在相对较小的空间内利用不同植物为在广场休息或穿行的人提供视觉吸引物是很重要的。大多数人喜欢待在广场上是因为绿洲效应,因此广场需要有些令人赏心悦目的东西吸引他们的注意力,尤其以下几种情况:①他们孤独时;②他们缺乏行为支持物(如午餐、书或报纸)时;③他们缺乏可观望的过往人流时。旧金山的圣玛丽广场(St Marys Square)在这个方面尤为成功,其种植包括伦巴第杨、海桐花、桦树、石松以及树下花池中的爱情花,它们产生了颜色、质地、高度和阴影度的变化。

广场越小(或越下沉),就越应选择羽状叶、半开敞的树木,这样,使用者能够穿过它们看到广场的不同部分。这类树木还可使高层建筑产生的强风穿过其中而得到削减,使风带来的潜在破坏要比浓密的大叶树种小。

2)种植的高度

种植的高度和密度以不挡住广场使用者观看活动和表演区域的视线为宜。在芝加哥的一个例子中,种植沿着三层广场的中间层边缘进行,结果植物高度正好挡住了一个喷泉景观的视线,还对下面的交通空间造成了干扰。更糟糕的是,在使用高峰期,后面的人的视线会完全被坐在花池边缘的人的身体遮住。后面的人为了看到下面的景致,不得不让自己躬着背或扭着身体,会处于不舒服的姿势。为了看到全景,人们只好紧贴着墙站着,或是像我们经常看到的一样,正好挡在正准备休息的闲坐者的前面。

如果一个广场必须采取下沉形式,那么应该在其内部种植一些树木,它们会很快长到超过步行道的高度,这样,即使广场除了穿行以外没有其他用途,这些树木的枝叶也能增加街道体验的娱乐性。旧金山的克罗克广场就是一个很好的范例,美洲皂荚树从下沉广场一直长到高过人行道,最后与用作行道树的相同树种融合在一起。

如果广场的一面或多面被建筑围合,而且建筑不从广场进入,建筑的墙体应该用树木屏蔽。如果构成广场边界的建筑立面的窗户很少,无须考虑采光或视线,设计师可以选择一些长得浓密的树木,例如旧金山泛美红杉公园内的红杉。如果从审美角度出发,必须屏蔽建筑但建筑使用者又需要保证采光和视线通畅,设计师就应该选择开敞一些的羽状叶的树种。一个出色的例子就是旧金山唐人街的老式砖建筑,通过圣玛丽广场背部一排高大的伦巴第杨进行的屏蔽,这种树种具有冠幅较小的优点,因此并没有占据多少广场的可利用空间,杨树下面的低矮灌丛则弥补了其分枝点通常不会低于 12~15 英寸(约 30.5~38.1 cm)的缺陷。

3)色彩和芳香的重要性

色彩是广场使用者获得乐趣的一个重要因素。种植台内一年或多年生的树木和灌丛应具有丰富而且明亮的色彩,可采用一些花灌木。除了色彩,设计师还应考虑芳香,例如坐在旧金山的哈利迪广场(Hallidie Plaza)上闻着薰衣草不期而至的香味令人心情愉悦。

许多城市居民住在没有花园或阳台的公寓中,一天中会有八个小时生活在用塑料花卉装饰的环境中。在那些缺乏亮丽色彩的城市里,公共花园尤受欢迎。盆栽的季节性草花能够产生绚丽的色彩,同时不会产生过多的维护问题。如果一个公共花园只用于观赏,却不能让人进入且坐在里面,这是合理的吗?旧金山集市街 555 号的雪夫龙花园广场就是一个这样的例子。花岗岩石块、落水、花床、草地以及红枫以优美的几何造型组织在一起,广场只能透过周围的栏杆和在抬高的步行道上看到。为了减少维护费用并保持空间处于一种自然原生的状态,行人进入花园是受到禁止的(另据报道说是为了避免可能会发生的反石油公司的破坏活动——雪夫龙大楼前已有许多次示威游行)。在新的城区开放空间导则中,这类无法进入的花园将不再被承认为公共开放空间。

4)种植的保护

如果广场中没有足够的长椅、台阶等可坐设施,任何平坦的表面都会被人们利用,包括花池狭窄的边沿以及植物后面的墙或凸台(会导致树木被践踏)。在旧金山的克罗克广场中,为了保护植物免遭坐靠,管理人员不得不在圆形花台上套上丑陋的金属丝网。同样,在旧金山的哈利迪广场,长满常春藤的矮墙也罩上网线以防人坐在上面,不幸的是,这个屏蔽结构正好遮挡住了部分坐在长椅上的人观望集市街上人流的视线。

5)提供草坪区

与主要交通空间和广场休息空间相接的斜坡草坪能够为人们提供远离混凝土和木头的审美心理的放松;同长椅相比,草坪能让使用者以一种更随意的方式坐或晒太阳;草坪的使用者会得到较高的观看景观和广场活动的视阙。

旧金山的泛美红杉公园是一个面积很小但使用率很高的草坪空间的优秀范例。草坪背后有大约 20 棵 40 英尺(约 12 m)高的红杉,不可避免地使该区域的创造者将其称为公园,而不是广场。中午时分,我们可以看到坐在草坪上的人在抽雪茄,而坐在广场长椅上的人则很少这样做。虽然草坪在可视性和尺度上较小,比起其他广场空间,它更让人感到随意和私密。在这个广场上,树木有效地屏蔽了位于广场东侧三四层高的建筑。午间时分,草坪完全沐浴在阳光中(实际上,整个广场都是如此)。我们可以从较高的地方看到广场上的闲坐者、喷泉和种植台,以及科伊特塔(Cait Tower)、特利格拉夫山(Telegraph Hill)和诺伯山(Nob Hill)的远景。草坪的后侧边缘被巧妙地划分成许多人们可占据的半私密的休息空间。该草坪使用强度很高,主要用于野餐、小憩、阅读、晒太阳、观望人群以及躺卧。

草坪空间的设计和位置决定了它的使用情况。同泛美红杉公园使用率高的草坪形成对比的是旧金山阿尔沃广场中很少有人问津的草坪。后者面积大、平坦、四四方方,而且四边被步行道围绕。无论是在公园、广场,还是在住宅、建筑内部,人们都不喜欢草地过于空旷。

5. 地形设计

1)美学和心理影响

地形变化具有很重要的视觉功能以及心理结果。对绝大多数观察者来说,具有适度但可感受到的地形变化的广场比那些完全平坦的广场更具有美学吸引力。地形变化还有很重要的功能优势:休息空间和交通空间能够借助微地形变化进行分隔;上部可作为一个临时的演讲或表演用的舞台(例如伯克利校园中的斯普鲁会堂的台阶);一个很大的广场能通过地形变化被分成几个人性尺度的"户外空间"。

站在有利的顶点位置,舒适地斜靠在一些墙或护栏之类的支持物上,同时向下观望人群对人们来说是一种极大的满足。居高临下的有利位置强化了观望人群的自然吸引力。卡伦谈到过城市景观中的高度相当于特权,深度则意味着亲密。而且根据人们不同的心理需要,具有地形变化的广场为人们的这两种情绪提供了对应场所。然而,不同地形变化的处理必须慎重,以确保残疾人不会被排除在任何一个空间之外。只要有可能,广场的不同高差之间应当有平行于踏步的坡道,或者用坡道代替踏步。

2)下沉广场的危险因素

人行道和广场之间的明显高程变化应该尽可能避免。在研究曼哈顿广场时,普西卡雷夫和朱潘发现那些使用率低于平均水平的广场通常在高差、上下、障碍物以及座位数量等方面存在巨大的差异。旧金山市使用率低的广场有以下特点:吉安尼尼广场只有从加州大街登上一段路程后才能到达广场上部;采勒贝奇广场不仅低于人行道而且入口位置不明显,几乎没有任何座位;哈利迪广场可通过电梯到达,而且它是通往湾区快车 BART(bay area rapid transit)的地下入口,但它经常很热,而且视觉上令人不快。高于街道过多的空间——除非它是一个屋顶花园——会失去同街道的视觉联系。低于街道过多的小空间对使用者来说不很舒适,而且只适于用作运动或出入口空间。

在地形略有变化的地方,通过维持高差之间的视觉联系来促进特定体验具有重要意义。例如,略高于街道的空间可以给其使用者造成一种眺望感和优势感,也可以保持街上行人的视觉连续和趣味感。略低于街道的空间可以给其使用者造成一种私密和围合感,也可以给人行道上的行人带来眺望感和优势感。

3)下沉广场中的吸引物

广场如果不得不设计得低于地面,就需要有引人注目的东西能将行人吸引进来;广场越低,吸引力必须越大。在这点上,旧金山采勒贝奇广场(从人行道向下只有 6~8 个踏步)里中等大小的金属喷泉雕塑(它的水很少打开)就显得苍白无力;芝加哥宽广的芝加哥第一国家银行广场(低于地平 30 多级踏步)中喷泉喷射很高则起到了积极的吸引人的作用。不过,一旦将人们吸引过来,广场就必须有合适的场所可以让人们坐下来,并欣赏周围环境。

如果人们被吸引向下走入广场,但除了一个地铁入口外别无他物,这时即使有座位人们也没有逗留的理由。在旧金山的哈利迪广场中,除了大面积的砖铺地、耀眼的大理石墙面(在炎热的日子它像一个烤箱)、

树荫严重不足的小树以及色彩单调的花池以外,没有什么值得一看的东西。在交通高峰期,来自湾区地铁的阵发人流为人们提供了一点可观之事,但在周末,当地铁使用率较低时,连这点吸引力都不会存在了。位于广场中部和上部的座位由于集市街上的行人和交通创造的一些吸引力,使用强度总是高于那些位于广场下沉区域的座位,这一点并不令人惊奇。

4)抬升广场

只要从街道望过去,抬升广场在视觉上很显著(透过树木),如果没有太多的上行踏步,坐在抬升广场上将会是一种愉悦的体验。高居于喧闹和汽车废气之上,并超脱于过往行人,无论在心理上还是在生理上都会令人心旷神怡。在旧金山的圣玛丽广场,那些长成的树木向行人暗示着这里有些有趣的东西,从而吸引了许多来自格兰特街和加州街的好奇游客爬上5~6级台阶。一些抬升广场从街道上无法看到,但它却是广场和人行道的交叉部分,例如旧金山的金门(Golden Gate way)、阿尔科阿广场(Alcoa Plaza),就必须有足够的理由(购物、建筑入口、餐厅)吸引人们登到上面去。

5)公共艺术

《适宜生活的城市》的作者提出了评价公共空间艺术的标准,即它应该为城市生活以及居民的健康做出积极的贡献,它应该慷慨地给予公众一些正面的益处(快乐、怡人、想象、高兴社交),总而言之,它应该是一种社会公益。在评价标准中,他们建议公共空间中的艺术作品应该具有以下特点。

①创造出愉悦感、快乐感以及对城市生活的惊叹感。

②通过对传奇、寓言、神话或历史的吸收,以及通过创造可以被人控制、可以坐在上面或从下面穿过的形式,激发人们的玩心、创造力和想象力。能够吸引儿童的雕塑或喷泉同样能够吸引成年人。

③促进接触和交流。醒目而且接近道路的雕塑或喷泉可以吸引行人停下来,甚至可能吸引他们坐在附近或引发交谈。怀特在研究曼哈顿广场时也强调了这个主题,他把这种作用称为三角形作用,并鼓励将表演或公共艺术品作为沟通公共空间里相邻陌生人的潜在桥梁。

④在艺术作品内部或附近设置可让人歇坐或倚靠的台阶、凸台或栏杆可以增加体验感,例如可触摸的雕塑具有的质感、喷泉具有的声响和感觉可能会带给人一种短暂却愉快的感受。利用或着眼于自然现象(例如雾、风、雨、火)的艺术品有可能成为一件自然的吸引物。

⑤促进人际接触、并将人视为演员而不是观众。劳伦斯·哈尔普林(Lawrence Halprin)设计俄勒冈州波特兰欢乐广场(Loveioy Plaza)时,将人们的参与视为最主要的设计标准。儿童和年轻人在水中快乐地嬉戏,他们在体块上爬上爬下,这种参与性几乎是其他任何一种公共艺术所不具有的。在更小的尺度上,德国艺术家博尼费梯尔斯·斯滕伯格(Bonifatius Stimberg)在许多德国城市创造的雕塑喷泉以其简洁、易懂的造型代表着地方的特性和历史,这些作品中有很多都是铜制"木偶雕塑",观看者可以移动并重新摆放它们。与哈尔普林和斯滕伯格的作品相比,塞拉(Serra)的作品让人无法获得参与感,例如他设计的横穿整个纽约广场的庞大、沉重的锈蚀钢质桁条(斜弧线)。

(二)案例展示

城市广场设计案例如图 2-15 所示。

(三)设计任务书

1. 实训目的

①从城市广场着手,熟悉广场和周围建筑的相互关系、功能需求、景观需求、人性化设计需求等,进而有

图 2-15　城市广场设计案例

目的地进行城市广场设计。

②培养学生主动观察与分析城市广场用地功能的能力,关注城市广场发展动态和人在城市广场中的各种行为需求,进而有目的地安排相应的景观元素。

③通过城市广场设计,使学生学习和掌握城市广场设计的内容与方法,掌握城市广场的总体布局、功能分区、空间划分、交通组织、场地设计、景观设计、地形设计以及种植设计等的方法。

④掌握城市外部空间设计的基本尺度,根据人在外部环境空间中的行为心理和活动规律进行设计,巩固和加强调查分析、综合思考的能力,并强调整体的设计方法。

⑤熟悉城市广场设计的相关规范和要求。

2. 实训内容

本项目位于华中地区某小城市的中心广场,是两城市道路的交叉口,是该城市重要的城市广场,提供了市民休闲娱乐活动的场所。广场北部与育才路相接,与城市公园两两相望广场南面为交通局和红十字医院,广场西面为育才小学,广场东面是客运站,如图2-16所示。城市广场的总面积为 2.5 hm^2。

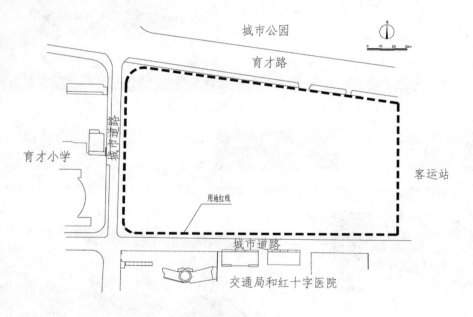

图 2-16 城市广场设计基址图

3. 实训要求

①收集并分析现状基础资料和相关背景资料,研究该区域城市总体规划及该区域的发展状况、经济条件、自然资源和人文历史资源等,根据现状居住建筑的位置、面积、周围环境等现状,分析该社区广场使用对象的行为需求及空间功能的划分,并提出相应的文字或图示结构,形成设计理念。

②分析场地建设条件(地形、小气候、植被等),分析视线条件(场地内外建筑和社区道路景观的利用、视线和视廊),分析人流和车流交通状况,根据现状条件,提出合理的分析图,包括功能分区结构、空间组织结构、道路交通结构和景观视线组织结构图。

③分析场地与道路、人流量的关系,分析并提出人流活动空间的组织方式和交通系统组织,考虑广场主次入口与周围社区道路,停车及疏散的关系,确定与残疾人通行相应的道路联系方式及坡度(无障碍设计)。

合理布置广场场地道路系统,有效组织游憩路线与活动场地,构筑功能多样、多层次的景观空间。

④掌握城市广场外部空间设计的尺度,并运用人在外部环境空间的行为心理和活动规律,设计符合城市广场的各种功能的景观空间,适当考虑动静分区、空间的开敞与郁闭的变化方面的要求。

⑤种植设计因地制宜,适地适树,合理选用各种落叶乔木、常绿乔木、灌木、地被植物、水生植物。结合不同区域景观特点,运用高低不同、形态各异、色彩丰富的植物种类进行植物造景。在风格设计上,力求使每个分区都体现主调树种,突出四季变化,再配合各层次的植物,使绿地植物配置方式富有变化,达到步移景异的效果。

⑥选择或设计适宜的景观小品,使其既满足使用要求,又满足景观要求。小品设计应考虑尺度、质感、色彩与环境相协调,可以增加其互动性和参与性。

4. 成果要求

①手绘或电脑制图,或两者结合,表现形式不限。

②区位及周边环境分析图,比例尺自定。

③现状分析图,比例尺自定。

④功能分区图,比例尺自定。

⑤景观空间与景观视线分析图,比例尺自定。

⑥总平面图,比例尺为1:500包括按照广场用地的功能要求进行场地功能分区,布置道路系统、确定场地布局、设置地形、确定建筑小品的类型及位置、选定植物配置方式和种类;绘制图例、进行简单设计说明。

⑦地形与竖向设计图,比例尺为1:500,包括标注设计等高线,表达整体的地形关系;确定±0.00;标注排水方向,标注局部地形最低点标高。

⑧植物景观规划图,比例尺为1:500,包括植物名录(编号、植物名称、规格、数量)。

⑨道路系统与游览线路规划图,比例尺自定。

⑩重要景观节点详细设计图(不少于4个景观节点),包括平面图、立面图、剖面图、透视图,比例尺为1:100或1:200。

⑪全园鸟瞰图。

⑫规划设计说明书,要求简明扼要,完整表达设计思路,内容为对设计思路、功能分区、景区景点、种植设计、园林建筑及小品等内容进行详细说明,需编制必要的表格,如用地平衡表、苗木统计表等,不少于1000字。

⑬绘制用地平衡表,如表2-8所示,表中数据要求精确到小数点后第2位。

表 2-8　城市广场设计用地平衡表

项目	面积/hm²	占地比例/(%)	备注
广场硬地			
绿化			
水体			
道路与停车			
景观建筑			

第三节
公园绿地景观设计

公园绿地是城市中向公众开放的,以游憩为主要功能,有一定的游憩设施和服务设施,兼具健全生态、美化景观、科普教育、应急避险等综合作用的绿化用地。公园绿地是城市建设用地、城市绿地系统和城市绿色基础设施的重要组成部分,是表示城市整体环境水平和居民生活质量的一项重要指标。

相对于其他类型的绿地来说,为居民提供绿化环境良好的户外游憩场所是公园绿地的主要功能,公园绿地的名称直接体现的是这类绿地的功能。公园绿地不是公园和绿地的叠加,也不是公园和其他类型绿地的并列,而是具有公园作用的所有绿地的统称,即公园性质的绿地。

对公园绿地进一步分类,目的是依据标准对不同类型的公园绿地提出不同的规划、设计、建设及管理要求。《城市绿地分类标准》结合实际工作需求,按各种公园绿地的主要功能,对原标准进行了适当调整,将公园绿地分为综合公园、社区公园、专类公园、游园 4 个中类,其中,专类公园分为 6 个小类。

(一)设计建议

经常被提及的使用公园的原因有两个:一是对自然环境的需求,二是与人交往的需求。对自然环境的需求表现在公园经常被认为钢筋混凝土沙漠中的绿洲。对过路者和那些进入公园的人而言,公园的自然要素带给他们视觉上的放松、四季的轮回以及与自然界的接触。根据两项通过访谈形式对公园利用方式所做的研究,在旧金山和伦敦,最经常被提及的使用公园的原因是"接触自然"。在伦敦,女性比男性、老人比年轻人、高收入者比低收入者更经常提及这个理由。同样,根据对使用频繁的中心城区的曼哈顿公园所做的一项研究,人们最常说到的理由是来放松和休息。当他们被请求用三个词来描述这些公园时,他们的描述都可以大致归纳成这样的定义:"公园是避难所"。他们常用绿色、自然、放松、舒适、宁静、平和、静谧、城市绿洲和庇护所等词语来形容公园。

把公园当成庇护所或绿洲的这种需要,最可能体现在城市中心的高密度区域。但是,一项对加州密度较大的萨克门托郊区的公园的研究却发现:即使在那里,公园植被的种类和数量对公园使用者满意程度的影响也是很大的。

公园创造了一处从美学上讲富于变化的环境,使人们渴望接触自然的感觉最大化,例如提供不同颜色、质地、形状的植物,栽植芬芳的观花乔灌木,栽植可吸引鸟和蝴蝶的植物,布置流动的水(喷泉和瀑布等)和静止的水(如一个精雕细刻的水池)。潺潺的流水声可以给人带来一种幸福平静的感觉。同样,与活动和吵闹相隔离的空间可以满足喜好平静和安静处所的人的需求。德国对公园使用方面的研究发现,人们去观赏开敞空间的最主要原因是体验宁静。

解说性标牌可以标明植物的种类,可以标明公园设施和特色,甚至可以标出公园的历史。与通常以官方告示姿态出现的"禁止……"规则相反,这些信息很容易被公园使用者接受,并有助于为公园塑造出一个积极的形象。研究表明,人们想了解更多有关公园的信息,信息的缺乏阻碍了他们对公园的进一步利用。公园应给那些无须大量修剪的树木适当的空间。大树以其巨大的体量和枝干来界定和围合空间,在营造自然氛围方面比经常与"公园"一词联系在一起的草地更胜一筹。伦敦经典的佐治亚广场(Georgia square),在很大程度上是用大树而不是树下一块块的草地和花床来界定树下的使用空间的。树木也可提供阴凉和挡风。

所有的公园都应该既为公开的社会活动或集会服务,又为隐蔽的社会活动或人们观察周围的世界服务。公园所处的位置在很大程度上决定了哪种活动占优势。位于高密度社区中的公园也许更适于观察别人,而以住宅为主的低密度居住邻里中的公园,也许最适于聚到一起进行野餐、游戏、体育锻炼等。公园的设计,如休憩模式、道路系统、休闲设施等同样取决于人们更看重这两种人际交往中的哪一种。所以,一个许多人单独来此自我放松的中心区公园,也许需要蜿蜒曲折的道路系统以使人们午餐后的散步距离最大,并且需要将长椅设计成为可以独坐或与陌生人并排而坐的形式。相反,位于一个建成的居住邻里中的公园——多数人来此的目的是使用某个特定设施,则需要一个简捷明了的道路系统,以便让人直接到达想去的地方。

在现代公园中,我们至少可以观察到两类公开的社交行为:①与他人一起去公园,目的是在一起吃东西或聊天;②去公园是希望在那里能碰到定期去公园的其他人。与他人一起去公园表现在青少年会打算在放学回家之前去公园见面聊天,家长们会计划带孩子去一处他们喜爱的游戏场,当孩子们玩耍时,大人们则可以闲谈。

恰当选择座位的安排方式可以满足所希望的社会交往方式。长椅的安放既可以促进也可以阻碍社会交往:两把垂直布置的长椅会鼓励人与人或群体与群体间的交往;一条长椅摆在另一条后面则会产生相反的效果;相对的两条长椅,如果它们离得很近,就会使人们互相面对(或避免坐下),如果它们距离很远,或被一条行人较多的小路分开,就会阻碍人们的交往。一般说来,凹形的布置方式鼓励人们彼此交往,而凸形的布置方式则相反。

设计公园时,要允许公园的固定使用群体将某些地块据为自己的专用领地。根据年龄、性别和娱乐爱好来划分,各类固定使用人群应该有机会在公园中占有各自的活动领地,例如一处特定的休憩区、一组桌子或一段海滩。无论多么不正式,占据某个地域使人们感觉到群体的凝聚力并能预先知道在哪里能遇到自己的朋友,这是非常必要的。

(二)特殊使用人群的需求

有几种使用人群常去公园或者喜欢去公园,但他们的需求却常不被理解或不能很好地在公园设计中得到体现。这些人包括老年人、残疾人、学龄前儿童、学龄儿童和青少年。

在内城和老郊区的邻里中,老年居住者的人数不断增加,他们孤独而且对生活感到厌倦。对他们来说,离开孤零零的房间或住宅到附近的公园中去消磨时光是一种很受欢迎而且花销不大的短期休闲。这类人经常独自往返于公园与住所之间,虽然周围有许多同类者,但他们却将一天中的大部分时间花在独自一人默默静坐上面。对有些人来说,这不是一生中用于剧烈娱乐活动或积极的社会交往的时期,相反,这是用于反思和对这个身边世界进行观察的时期。但对另一些老年人来说,去公园是为了寻找朋友。一个公园如果设计得当并且易于到达,那么它就能满足老年人的交往需求,从而获得固定的老年光顾者。

设计师应在公园入口处设置休憩区。位于公园入口或人集中地段附近的休憩区,是一个可以很好地观察别人、让人很有安全感的地方。

设计师应将公园的主入口设置在有候车厅和斑马线的公交汽车站附近。对于一些老年人来说,穿过一条街都可能是很困难的,穿街行为阻碍了他们去公园。公园出入口处应有通向公园的人行横道。交通指示灯的变换时间应保证行动较慢的老人安全地过马路。交通信号箱上应该配备能让机动车停下来的步行按钮。

设计师应将饮水器、公厕和有篷座椅放置在方便的地方,并确保它们符合ADA的可达性导则。当公园变成人们的户外起居室时,这些设施就成了必需之物。饮水器的放置不仅要确保站着的成年人使用时无须蹲下或大幅度地弯腰,还要满足儿童和坐轮椅者的需求,因此,饮水器最好配备两个不同高度的饮水口。饮

水的开关控制要简单,无须让人做出抓紧或旋钮的动作;饮水口的位置、表面材料、水池尺度等必须严格遵守 ADA 导则。与年轻人相比,老年人更容易受炎热、寒冷和强光的影响,因此他们希望有遮蔽设施或凉亭,如有可能,这些设施最好靠近厕所或食品供应处。遮蔽设施不必太精致,只要在天气欠佳时可以让人在户外待一会儿、玩玩牌、与朋友聊聊天就可以了。

如果公园位于一个有较多老年居民的邻里中,就要设计一些坡度很缓(或根本就没有坡度)的连续环形步道。成环形并与不同道路相连的步道可以供不同体力的人使用。多变的道路坡度为那些希望定期锻炼的人提供了机会,所有道路的坡度都不应超过 1：20。公园地图和标志牌应该标出那些用于提供更大挑战的设计路线,以便使用者能够选择最满意的步行路线。步道有必要时才布置台阶,并要有扶手。台阶表面应该防滑,不应该有可能让攀登者跌倒的凸出踏步。

由于疾病、事故或年老体衰,每个人都会在其生活的某些方面感到无能为力。身体残疾不应妨碍享受户外生活。体育锻炼与自然环境接触有利于身体创伤的痊愈早已成为共识。当设计者创造了无障碍环境时,这个地方即使对那些没有明显残疾的人来说也更舒适,例如为轮椅使用者而设计的将路边缘石削平的路面。对骑自行车的人、玩滑板的人、推购物车及婴儿车的人来说,这种设计同样是很方便的。

公园应根据需要量提供易于到达的停车空间(每 25～100 个停车位中应设置一个残疾人用的停车位),并且需有标牌和路面铺装的记号,位置尽可能靠近易于接近的公园建筑和活动区。

对学龄前儿童使用者来说,为 1～5 岁儿童提供必要设施的公园现在非常受欢迎。孩子的监护人、家长和保姆带年幼的孩子来与其他的孩子们一起玩,自己也乐在其中。儿童活动场地通常会变成家长、保姆、孩子的社交场所。其他人也许只是乐于看孩子们玩而被吸引到儿童活动区来。

儿童活动场应尽量远离街道,如果它们离街道太近,即使围合起来,对交通安全的担心也难以令家长们放松。公厕应易于到达,并有可以给孩子换尿布的设施,孩子在换尿布时可躺在上面。

儿童活动场内部和通向那里的道路表面要平滑。从公园边缘或停车场到活动场的步道应尽可能直接明了,道路的宽度和平滑程度要以让婴儿车和蹒跚学步的孩童用起来很方便为标准。在场地内部,年幼的孩子喜欢在沙坑里或器械上玩,也喜欢在硬质地面上骑四轮车或脚踏车,所以,通向儿童活动场的道路要尽可能成环形围绕场地。在沙箱中或沙地活动场上玩的孩子经常喜欢在玩的时候脱去鞋子,而在回家时再穿上,所以儿童活动场和周围道路应该易于赤脚走路。

用约 0.9 m 高的围墙或篱笆来围合儿童活动场,既可以防止动物进入,又可以给儿童及其家长安全感和封闭感。篱笆或围墙不要太高,以免坐着的成年人无法看到外面,以免行人看不到里面。篱笆或其他围合物不要使人在儿童活动场中迷路——要有一个以上的出入口。

公园应提供可坐着看清整个场地的长椅。当孩子和家长可以互相看见对方时,他们会觉得更安全。年幼的孩子,如正在学步的只有一岁大的孩子与年纪较大的学龄前儿童相比,需要离他或她的父母更近。沙坑边缘布置长椅可以满足年幼的孩子及其家长的需要,而将长椅放得较远些可以满足较大的儿童及其家长的需要。

设置一些长椅可以加强家长间的交流。长椅最好可以让两个人舒舒服服地坐下来,还可以放置多余背包、奶瓶、尿布和其他类似东西的长椅。

游戏器械要足够牢固,足以承受成年人的使用。成年人有时坐在秋千或其他设施上可能是因为孩子们要他们加入自己的游戏,也可能是因为家长们想坐着与其他家长聊天或坐着照看自己的孩子。

游戏器械下面应铺设沙子,沙子是很理想的、非商业性的缓冲面材。树皮削片(棕褐色树皮)、豌豆碎石、注塑橡胶和橡胶垫也是可接受的弹性面材,但没有沙子那样的内在游戏价值。任何情况下,游戏器械都不应该放在混凝土或沥青地面上。草地效果也无法令人满意,因为它易损坏,裸露的泥土在潮湿的天气中会变得很泥泞。

　　玩沙区宜隔离,由宽顶围墙围合,有部分遮阴,以低矮的桌子或用于表演活动的游戏屋为特征。公园应提供既能饮用又能游戏的水源。孩子们在玩的时会感到口渴,特别是在天气炎热的时候。另外,他们可能把自己弄得很脏或者手上黏糊糊的而想去冲洗一下,成年人也喜欢儿童活动场地有水。同样重要的是,有了水之后沙子可以用来做模型,可以做出小河和壕沟,这样,沙子的游戏潜力将成倍提高。现在,许多公园的饮水器都带有一个水龙头,在水没关的情况下,把手会在弹簧压力下自动关闭,这样发水灾和浪费水的现象就可以避免。

　　6～12岁的孩子通常是公园使用者中最少受关注的群体,也是设计中考虑最少的群体,他们通常不到公园玩耍。我们都记得自己孩童时代最喜欢去玩的地方,它们通常是些几乎没有什么明确信息指导我们应该做什么的、杂草丛生的地方。神秘与兴奋来自一些小东西,有时来自传达了某种轻微危险信号的地方。空地一直都最受这个年龄段的孩子喜爱,因为它能提供做事和玩耍的自由。因此,回顾、分析并记住为什么这些地方如此特殊,以及为什么在那儿玩起来很充实是很重要的。

　　公园里的某些地块应不进行设计,应保持自然状况:如果植被是自然长起来的,那就不要去碰它;如果它不是自然长成的,那么种植一些不需养护的乡土植物品种。这些地区,允许草类甚至野草自由生长,也允许孩子们在土里挖掘、在灌木丛中探险。与在经过人工设计的环境中的活动相比,这些活动可给孩子们提供更多实现梦想的机会。无论如何,我们都要确保不能因为视线阻隔或容易迷路而使这样一个植物繁茂的地区充满危险。

　　地形应起伏变化。变化的地势能让孩子们在上面打滚、俯冲、滑行、躲藏等,能令他们感到惊奇,使他们对公园的印象大为加深。体育运动需要平整的草地,孩子们可以在平坦的铺装地面上玩跳房子、弹子球、四角游戏等等,因此,硬质步道加宽后经常产生令人满意的效果。

　　任何存在于场地中的水体都应该尽可能保持自然状态。自然河床对各种年龄的孩子来说都是可以训练动手操作能力的环境。

　　生命力顽强、分枝点低的树木应种在避开篱笆的地方,这样,树周围的整个空间既可以供树木生长利用,也可以供孩子们使用。树木对孩子们来说变成了完整的环境。但经常的情况却是种植的树木品种不能承受过度的使用,要么采取各种措施把孩子们隔开,要么任树死掉。使用分枝点低的强壮树种可以让孩子们很容易地在上面兴奋地爬上爬下,还便于孩子们在上面搭建树房子。

　　公园应充分利用有可能用来玩耍的自然要素。孩子们喜欢自然的要素,如沙子、木头、水,如果它们出现在公园中(或者孩子们在非公园环境中发现了它们)。如果卵石很大,足以构成一种挑战,孩子们通常更愿意爬大卵石而不攀爬器械。这些要素应该很巧妙地布置在游戏区附近,以及未经设计的自然环境中。

　　公园应提供诸如秋千或吊环之类的耗费体力和富有挑战性的活动器械。研究表明,孩子们通常更喜欢老式的秋千、滑梯、爬杆,而不是现代雕塑式的游戏器(混凝土做的乌龟、龙等)。吊桥、爬网平衡木和其他有动感的器械可以增加活动的挑战性。

　　在公共空间使用方面,青少年的问题有其特殊性,因为我们的社会没有完全认识他们的特殊需求。私密性是这个年龄段人群的一种强烈需求。青少年面临的一个问题是,他们几乎没有不受成年人监视的地方可去,他们逃避成年人管制的一个办法就是很多人聚集起来占据某一特定的地点。当少年占优势而把其他人排除在外时,冲突往往就会生。生活在城市中,没有汽车的青少年的会面地点被限制在乘坐公交车可以抵达的地点或他们上学的路,对这种情形下的青少来说,公园也许是个重要的聚会场所。公园一般来说会设篮球场、棒球场,但青年对公园的使用并不局限于这些有组织的体育活动。午后晚些时候(放学后)直到傍晚,青少年把公园当他们的"老巢",因为几乎没有其他可用来集体聚会的地方。但是,青少年占据的许多地方都没有有意思的活动内容,他们会觉得很无聊,从而将此地变成他们搞破坏活动的舞台。实际上,对许多青少年来说,坏行为只不过是打发无聊的一种方式。如果公园有一座社区建筑或娱乐中心,其中包含专

供青少年使用的特殊房间和器械,负责游戏活动的员工同样能够提供青少年喜欢的节目和活动。

靠近公园主入口或公园周边最繁忙的道路交叉口应设置一个供青少年交往的区域。理想的位置是既有机动车通过又有行人经过的位置,是可以看见别人又可以被别人看到的最佳场合。空间的设计应该使青少年占据领地的可能性最大,同时还能允许其他人群占据。位于公园两侧入口的座椅既可以服务于青少年,又可以服务于老年人。

公园应设计一个能让青少年和行人之间视觉交流良好的聚会空间;应明确划定此空间的范围,并提供至少可供5～7人坐的座位。空间边界可以是堆出的地形、护墙、台阶(以上各类型都可以兼作座位),还可以是长椅的靠背。一个可以让人以不同姿势坐在不同高度上的环境是最好的。

停车场附近应设置一个青少年聚集点,开车来的人可以很轻松地泊车并加入群体。如果公园很大,需要修建停车场,可以在面对汽车并靠近停车场入口的地方设置一个座位区,以便使那些开车路过的青少年看清楚他们的朋友是否在那里。青少年喜欢在那些成人或官方力所不能及的地方聚集,而且多数成年人不会选择坐在停车场对面,所以,青少年会很容易把这个地方据为己有。如果没有座位,他们也许会坐在车里、车上,或者靠在车旁。

公园应设置比较隐蔽的私密空间。私密空间可能会为青少年提供他们最需要的秘密聚会空间。但是,私密空间也可能成为某些人进行违法活动或不正当活动的地方。

实训七　综合公园设计

(一)基础理论

1. 概述

综合公园设计应以创造优美的自然环境为基本任务,并根据公园类型确定其特有的内容。综合公园应设置游览、休闲、健身、儿童游戏、运动、科普等多种设施,面积不应小于 5 hm²。

综合公园是城市园林绿地系统、公园系统的重要组成部分,是城市居民文化生活不可缺少的重要因素。它不仅为城镇提供大片绿地,而且是市民开展文化、娱乐、体育、游憩活动的公共场所。综合公园对于城镇的精神文明、环境保护、社会生活起着重要作用。

综合公园一般面积较大、内容丰富、服务项目多,属于市一级管理。已建成的公园,如纽约中央公园、旧金山的金门公园等,莫斯科的高尔基中央文化休息公园、索科尔尼克文化休息公园、高尔基城文化休息公园等,德国柏林的特列普托夫公园、英国伦敦的利奇蒙德公园等,中国北京的陶然亭公园、上海的长风公园、广州的越秀公园等都属于综合公园。图 2-17 所示为上海长风公园。

美国近代第一个园林学家唐宁(Andrew Jaekson Dowing,1815—1852)从美国国土的自然条件出发,从画家的造型和色彩学中研究出园林的构图法则,并于 1841 年出版《风景造园理论与实践概要》一书。1851年,唐宁在《园艺家》杂志上发表文章,对建设美国城市大型综合公园——纽约中央公园提出了自己的见解。他认为,公园属于人民,公园应当是市民锻炼身体和保持健康的场所,公园的面积不得少于 202 hm²,公园应当是无噪声而又美丽的场所。后来,他的朋友与继承人奥姆斯特德(1822—1903)着手规划纽约中央公园时,继承和发展了唐宁的某些见解。

我们可以从美国近代著名的风景园林学家奥姆斯特德设计的美国第一个城市大型综合公园——纽约中央公园的过程中得到启迪。

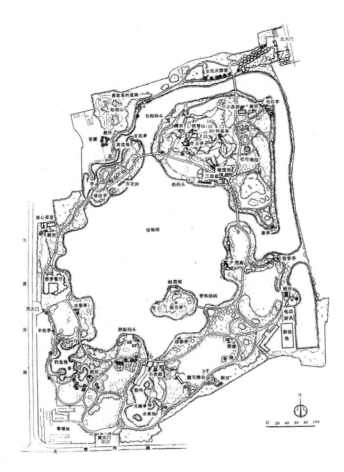

图 2-17　上海长风公园

1840—1860 年,由于移民不断,美国人口倍增,奥姆斯特德意识到美国将越来越城市化;他感到不恰当地使用土地和劳动力正在造成危害。他认为,城市公园可以成为社会改革的一股力量,它将使受压抑的城市居民共享城市中的自然空间。

1853 年 4 月 28 日,纽约中央公园设计竞赛的 35 个方案中,经过评审委员会仔细评审,最后,第 33 个方案,以"绿草地"(Greensward)为题的奥姆斯特德方案获得头奖。"绿草地"方案的主要构思原则如下。

①规划要满足人们的需要。公园要为人们提供在周末节假日所需要的优美环境,满足全社会各阶层人士的娱乐要求。

②规划要考虑自然美和环境效益。公园的规划应尽可能反映自然特性,各种活动和服务设施项目应融合在自然环境中。

③规划必须反映管理的要求和交通的方便。

纽约中央公园内有各自独立的交通路线:车辆交通路、骑马跑道、行道、穿越公园的城市公共交通道路。当时,纽约中央公园的规划面积为 3116 hm²,公园的分区考虑到满足儿童和成人的各种活动的需要,尤其要满足儿童的兴趣和爱好。上述原则为奥姆斯特德和他的助手沃克斯(Calvert Vaux)在规划纽约中央公园时提出的构思要点,这些要点后来被美国园林界归纳和总结,成为"奥姆斯特德原则"。"奥姆斯特德原则"的内容如下:

①保护自然景观,有些情况下,自然景观需要恢复或进一步强调;

②除了在非常有限的范围内,尽可能避免使用规则形式;

③保持公园中心区的草坪和草地;

④选用当地的乔木和灌木,特别是公园边缘的稠密的栽植地带;

⑤大路和小路的规划应成流畅的弯曲线,所有的道路应组成循环系统;

⑥全园靠主要道路划分不同的区域。

研究以上规划原则的内容,我们可以明显地得出以下几个要点:美国大型综合公园强调了公园的规划必须满足人的需要,满足环境的需要;强调了保护自然景观,强调自然式;强调了公园有足够大的面积满足不同人的活动要求。

纽约中央公园提供了很多体育活动场所,供市民随意地或有组织地进行练习和比赛。主要项目:长跑、竞走、骑车、骑马、划船、溜旱冰、滑板、散步等。几处大草坪是日光浴、遛狗、扔飞盘、户外野餐和自由嬉戏的理想场所。

公园内的文化娱乐活动更是丰富多彩。除了个人、集体、家庭在节假日进行的随意表演和娱乐外,公园重视有组织地开展活动,目的是提高人们的文化素质和修养。其中,3 种主要形式值得提及。第一种是举行各种文艺表演。每年夏季是黄金季节,露天音乐台每天排满了国内外艺术团体的演出,莎士比亚露天剧场也演出莎翁的名剧。一些世界名歌唱家也到公园为公众演出。人们曾在皎洁的月光下、清爽的环境中、柔软的草地上欣赏世界著名歌唱家帕瓦罗蒂和多明戈的演唱。第二种是"边游边聊"(walks and talks)。"边游边聊"来自奥姆斯特德漫游英国时因激情与灵感而写下的一本书,是一种内容丰富、随意、小型、自由的游园方式,即由导游员带领,边游边谈公园历史,保护、观察昆虫、鸟类,认树、赏花、摄影,讲安徒生童话故事等。第三种就是学手艺(workshop)。这是一种民间风俗,是趣味性很强的劳作,如做蝴蝶、植物标本,做风筝、书笺等。总之,纽约中央公园的文化娱乐活动充满了科学性和艺术性。

旧金山的金门公园原先是一块沙荒地,总面积为 411 hm²,共有乔木、灌木 5000 余种。公园内有非洲文化中心、加利福尼亚科学院、M·H 德扬纪念馆、观赏温室、莫里森天文馆、水族馆、露天音乐厅、足球场、体育馆、老年市民活动中心、日本园、印第安小屋、旅游小房、儿童游戏场、植物园、树木园、花卉馆、彩虹瀑布、荷兰风车、金门公园高尔夫球场、跑马场游憩场所等。金门公园位于森林之中。

中华人民共和国成立后,我国各大城市先后建成许多综合公园,如上海的长风公园、北京的陶然亭公园、广州的越秀公园等。

广州市最大的综合公园是越秀公园,如图 2-18 所示。辛亥革命后,孙中山先生提议将越山辟为公园。1951 年,越秀公园扩大面积、开挖人工湖,成为建筑面积为 80.4 hm² 的大型城市公园。公园由古迹纪念区、东秀湖区、北秀湖区、南秀湖区、蟠龙岗炮台区等 5 个部分组成。公园内的主要设施和景点:中山先生读书治事处(越秀楼故址)、美术馆、博物馆、四方炮台、中山纪念碑、体育场、游泳池、溜冰场、花卉馆、儿童乐园、茶室、餐厅、五羊雕像、镇海楼等。

上海长风公园建于 1956 年,总面积为 36.6 hm²,在上海市区各公园中,拥有最高的人造山和最广阔的湖面。公园原址为吴淞江淤塞的河湾农田,采用中国传统的"挖堆山"手法建造,成为一座大水面、主景山的现代综合公园。公园的分区和组景有 7 个部分。

①水上活动区银锄湖,面积为 10 hm²,可容纳 300 多条游船,可开展水上体育活动。

②公园南部为文娱活动区,有面积约 8400 m² 的大草坪,可供群众开展集体活动,还有露天舞台、工人雕像等。

③公园北端为青少年活动区,在地形起伏的山坡松林中,有供青少年活动的约 600 m 长的"勇敢者之路"景点。

④大型电动游具区是 80 年代新建的游艺活动区,有"宇宙飞船""游龙戏水"等大型电动游戏器具。

⑤安静休息区由 8 个景点组成,包括铁臂山、松竹梅园、桂林夕照、青枫绿屿、水禽天趣、钓鱼池、百花洲、餐厅茶室等。

① 越秀公园南门　② 孙中山读书治事处纪念碑　③ 伍廷芳、伍朝枢柜幕　④ 中山纪念碑　⑤ 广州明城墙　⑥ 越秀公园西门　⑦ 五羊石像　⑧ 南秀湖　⑨ 越秀广场以太广场门
⑩ 南秀大草坪　⑪ 绍武君臣冢　⑫ 镇海楼　⑬ 广州美术馆　⑮ 金印游乐园3　⑰ 金印游乐场4　⑱ 金印游乐场2
⑭ 海员亭
⑲ 儿童乐园　⑳ 东秀湖　㉑ 越秀公园东门　㉒ 四方炮台遗址　㉓ 金印游乐场　㉔ 竹林景区　㉕ 粤秀书院　㉖ 韩国园　㉗ 南秀花苑
㉘ 越秀公园正门　㉙ 毓秀灵瀑　㉚ 花卉馆　㉛ 草地滚球场　㉜ 成语寓言园　㉝ 越秀公园北门　㉞ 北秀湖

图 2-18　广州越秀公园

⑥花卉苗圃区。

⑦行政管理区。

2. 综合公园的总体规划

1）总体规划的意义

综合公园的内容多，牵涉面广，问题复杂。总体规划的意义在于通过全面考虑，总体协调，使公园的各组成部分之间得到合理的安排，综合平衡；使各部分之间建立有机的联系，妥善处理好公园与全市绿地系统之间、局部与整体的关系；满足环境保护、文化娱乐、休息游览、园林艺术等各方面的功能要求，合理安排近期与远期的关系，以便保证公园的建设工作按计划顺利进行。

2）总体规划的任务

综合公园总体规划的主要任务：出入口位置的确定；分区规划；地形的利用与改造；建筑、广场及园路布局；植物种植规划；制定建园程序及造价估算等。

公园总体规划的主要任务，并不是孤立进行的，而是相互之间总体协调、全面考虑相互影响、多样统一的。总体规划实践证明，有时，公园出入口位置的改变会引起全园建筑、广场及园路布局的调整；地形设计的改变会导致植物栽植、道路系统的更换。总体规划的过程，就是公园功能分区、地形设计、植物种植规划、道路系统等方面矛盾因素协调统一的总过程。

3)公园出入口的确定

公园总体规划的第一项工作,是合理确定公园的主要、次要出入口的位置。公园的入口一般分为主要入口、次要入口和专门入口3种。

主要入口的位置的确定,取决于公园与城市规划的关系、园内分区的要求,以及地形的特点等,应全面衡量、综合确定。一般情况下,主要入口应与城市主干道、游人主要来源方位以及公园用地的自然条件等因素协调。合理的公园入口,将使城市居民便捷地抵达公园。为了满足大量游人在短时间内集散的功能要求,公园内的文娱设施,如剧院、展览馆、体育运动场等多分布在主入口附近,或在上述设施附近设专用入口,以达到方便使用的目的。

为了完善服务、方便管理和生产,设计师多选择公园较偏僻处或公园管理处附近设置专用入口。

为方便游人,设计师一般在公园四周不同方位选定不同的出入口,如公园附近的小巷或胡同可设立小门,以免周围居民绕大圈才得入园。

《公园设计规范》(GB 51192—2016)的第3.1.4条指出:"沿城市主、次干道的公园主要出入口的位置和规模,应与城市交通和游人走向、流量相适应。"

公园主要出入口的设计,首先应考虑的是它在城市景观中所起到的装饰的作用。也就是说,主要出入口的设计,一方面要满足功能上游人进、出公园在此交汇、等候的需求;另一方面要使公园主要出入口外观美丽,成为城市园林绿化的橱窗。

公园主要出入口设计内容包括公园内、外集散广场,园门,停车场,存车处,售票处,围墙等。内、外集散广场有时也设置一些纯装饰性的花坛、水池、喷泉、雕像、宣传性广告牌、公园导游图等。有的大型公园入口旁设有小卖部、邮电所、治安保卫部门、存放处、婴儿车出租处。国外公园大门附近还有残疾人游园车出租处。

公园主要入口前广场应退后于马路街道以内,形式多种多样。广场大小取决于游人量或根据园林艺术构图的需要而定。综合公园主要大门前、后广场的设计是总体规划设计的重要组成部分之一。上海长风公园北大门前广场的尺寸为70 m×25 m,南大门前广场的尺寸为50 m×40 m。北京紫竹院公园南大门前、后广场的尺寸为48 m×38 m;哈尔滨儿童公园前广场的尺寸为70 m×40 m。

4)综合公园的分区规划

综合公园规划工作中,分区规划的目的是满足不同年龄、不同爱好的游人的游憩和娱乐要求,合理、有机地组织游人在公园内开展各项游乐活动,根据公园所在地的自然条件,如地形、土壤状况、水体、原有植物、已存在并要保留的建筑物或历史古迹、文物情况,尽可能地"因地、因时、因物"而"制宜",结合各功能分区本身的特殊要求,以及各区之间的相互关系、公园与周围环境之间的关系来进行分区规划。

综合公园的分区规划除了依据公园所在地的自然条件、物质条件进行规划外,还要依据公园规划中所要开展的活动项目的服务对象,即游人的不同年龄特征,儿童、老人、年轻人等各自游园的目的和要求。不同游人的兴趣、爱好、习惯等游园活动规律进行规划。

必须指出,分区规划绝不是机械的区划大型综合公园面积大,如美国旧金山金门公园的面积达411 hm²,地形多样复杂。所以,分区规划不能绝对化,应当因地制宜、有分有合、全面考虑。

本节的概述,已概要地介绍了美国、中国的综合公园的一般情况。接下来,结合功能分区,我们进一步介绍俄罗斯在十月革命以后,建设的新型的公园,即苏联时期的文化休息公园。这类公园将文化教育、娱乐、体育、儿童游戏活动和安静休息有机地组织在优美的园林中。1929年,莫斯科建设了高尔基文化休息公园。公园提供了各种活动场地,可开展各种文化娱乐、文艺体育、科普教育、游园观光等活动。文化休息公园属于综合公园。文化休息公园功能分区及占地比例如表2-9所示。

表 2-9　文化休息公园功能分区及占地比例

分区名称	占总用地比例/(%)	分区名称	占总用地比例/(%)
娱乐区	5～7	安静休息区	60～65
文化教育区	4～6	管理区	2～4
体育活动区	16～18	儿童活动区	7～9

综合前述,根据中国、美国、俄罗斯在各自国家公园建设的历史经验和现状,从开展公园活动、公园服务、公园管理各个方面考虑,公园功能分区的规划是十分必要的。

(1)综合公园主要设置内容。

①观赏游览。游人可以在城市公园中,观赏山水风景、奇花异草,浏览名胜古迹,欣赏建筑雕刻、鱼虫鸟兽以及盆景假山等内容。

②文化娱乐、露天剧场、展览厅、游艺室、音乐厅、画廊、棋艺、阅览室、演说厅、讲巡厅等。

③儿童活动。我国公园的游人中儿童占很大比例,一些公园的统计数字表明,儿童约占 1/3 左右。儿童活动设施一般包括学龄前儿童和学龄儿童的游戏娱乐设施,包括少年宫、迷宫、障碍游戏、小型趣味动物角、植物观赏角、少年体育运动场、少年阅览室、科普园地等。

④老年人活动。随着社会发展,中国老年人的比例不断增加,大多数退休老人身体健康、精力仍然充沛,在公园中规划老年人活动区是十分必要的。

⑤安静休息。垂钓、品茗、博弈、书法绘画、划船、散步、气功等活动在环境优美、安静处开展,深受老人、中年人的喜爱。

⑥体育活动。游人可以在不同季节开展游泳、溜冰、旱冰活动。条件好的体育活动区设有体育馆游泳馆、足球场、篮排球场、乒乓球室,羽毛球场地、网球场地、武术场地、太极拳场地等。

⑦公园管理,包括办公、花圃、苗圃、温室、荫棚、仓库、车库、变电站、水泵以及食堂、宿舍、浴室等。

为配合以上活动内容,综合公园应配备以下服务设施:餐厅、茶室、小卖部、公用电话、摄影、园椅、园灯、厕所、卫生箱等。

以上公园内的设置内容之间互有交叉、穿插。设计师应结合公园的出入口确定、地形设计、建筑道路布局、植物种植等内容,合理进行分区。

(2)公园分区规划。

综合公园的活动内容与规模有一定联系。综合公园内容多,各种设施会占去较大的园地面积。为确保公园有良好的自然环境,公园规模不宜小于 10 hm²。苏联的文化休息公园类似于我国的综合公园,他们提出这类公园的文化娱乐设施用地不宜超过公园面积的 5%,所以市级公园面积不应小于 30 hm²。日本综合公园的标准规模为 10～50 hm²,最低为 10 hm²。

根据我国国情,《公园设计规范》(GB 51192—2016)规定,综合公园的面积不应小于 5 hm²。某些山地城市、中小规模城市等由于受用地条件限制,城区布局大于 10 hm² 的公园绿地难度较大,为了保证综合公园的均好性,可结合实际条件将综合公园下限降至 5 hm²。

公园可以根据主要内容进行分区:文化娱乐区、观赏游览区、安静休息区、儿童活动区、老人活动区、体育活动区、公园管理区。

①文化娱乐区。文化娱乐区是公园的阳区。俱乐部、电影院、音乐厅、展时室等,都相对集中在该区。园内主要园林建筑要构成全园布局的重点,因此,文化娱乐区常位于公园的中部,为避免该区内各项目之间的相互干扰,各建筑物、活动设施之间要保持一定距离,通过树木、建筑、土山等加以隔离。文化娱乐区

应有大容量群众娱乐项目,如露天剧场、电影院、溜冰场等。由于集散时间集中,文化娱乐区要妥善组织交通,尽可能在规划条件允许的情况下接近公园的出入口,或单独设专用出入口,以便快速集散游人。文化娱乐区应尽可能巧妙地利用地形特点,创造出景观优美、环境舒适、投资少、效果好的景点和活动区域。文化娱乐区可以利用较大水面设置水上活动、利用坡地设置露天剧场或利用下沉谷地开辟露天演出、表演场地。

文化娱乐区建筑物、构筑物相对集中,为集中供水、供电、供暖以及地下管网布置提供了方便,也避免了不必要投资的浪费。

②观赏游览区。公园中的观赏游览区往往选择山水景观优美地域,结合历史文物、名胜古迹建造盆景园、展览温室,布置观赏树木、花卉的专类园、小筑。观赏游览区配置假山、石品,点以摩崖石刻、匾额、对联,创造出情趣浓郁、典雅清幽的景区。该区在北方的公园里,即使是严寒的冬季,室外漫天大雪、寒风呼叫,但室内仍温暖如春,鲜花盛开。观赏游览区配合盆景园、假山园,展出花、鸟、鱼、虫等中国传统观赏园艺品类。

③安静休息区。安静休息区一般设置在具有一定起伏地形(山地、谷地)的位置或溪旁、河边、湖泊边、河流边、深潭边、瀑布边等。安静休息区应设置在树木茂盛,绿草如茵的地方。

公园内的安静休息区并不一定要集中于一处,只要条件合适,可分散布置在多处,这一方面保证公园有足够比例的绿地,另一方面可满足游人回归大自然的愿望。

安静休息区主要供人们开展垂钓、散步、气功、太极拳、博弈、品茶、阅读、划船等活动。该区的建筑设置宜散落,不宜聚集,宜素雅,不宜华丽。安静休息区可以结合自然风景,设立亭、榭、花架、曲廊,或茶室、阅览室等园林建筑。

安静休息区可选择距主要入口较远处,并与文娱活动区、体育区、儿童活动区有一定隔离,但与老人活动区可以靠近,必要时老人活动区可以建在安静休息区内。

④儿童活动区。据测算,公园中的儿童占游人量的 15%～30%。这个比例与公园所处的位置、周围环境、居民区的状况有直接关系,也跟公园内儿童活动区的内容、设施、服务条件等有关。

儿童活动区在公园中的面积比例如表 2-10 所示。

表 2-10　儿童活动区在公园中的面积比例

公园名称	公园总面积/hm²	儿童区面积/hm²
上海杨浦公园	19.49	0.90
南京玄武湖公园	454	
汕头中山公园	20.00	1.14
广州晓港公园	16.7	0.62

在儿童活动区规划过程中,不同年龄的儿童要分开考虑。活动内容主要有游戏场、戏水池、运动场、障碍游戏区、少年宫、少年阅览室等。近年来,儿童活动区增加了许多电动设备,如森林小火车、单轨高空电车、电瓶车等内容。

儿童活动区的规划要点包括以下内容。

儿童活动区一般靠近公园主入口,便于儿童进园后,能尽快到达园地,开展自己喜爱的活动,也避免入园后,儿童穿越公园,影响其他区域的游人活动的开展。

儿童活动区的建筑、设施宜选择造型新颖、色彩鲜艳的作品,以引起儿童对活动内容的兴趣,也符合儿童天真烂漫、好动活泼的特征。

儿童活动区的植物应选择无毒、无刺、无异味的树木、花草;儿童活动区不宜用铁丝网或其他具有伤害性物品,以保证儿童活动区内儿童的安全。

儿童活动区应考虑成人休息场所。有条件的公园应在儿童区内设小卖部、盥洗处、厕所等服务设施。儿童活动区活动场地周围应设置遮阴树林、草坪、密林,并设置缓坡林地、小溪流、宽的草坪,以便开展集体活动及夏季的遮阴。

儿童活动区还要为家长、成年人提供休息、等候的休息性建筑,满足儿童开展活动,尤其是幼小儿童在园内开展趣味活动时家长休息、看护的需要。

⑤老年人活动区。目前,大量的退休老干部、老职工已形成社会上一个不可忽视的阶层。人们在市区的大街、胡同的角隅,可以看到成群的老年人聚会、下棋、游戏,不但影响市容,还影响城区的交通。目前,已有大量老年人,早、晚两次到公园做晨操、练太极拳、打门球、跳老年迪斯科等。所以,公园应设老年人活动区。在公园规划中,老年人活动区应当设置在安静休息区内或安静休息区附近。老年人活动区应环境优雅、风景宜人。供老年人活动的主要内容有在老年人活动中心开办书画班、盆景班、花鸟鱼虫班;组织老年人交际舞,老年人门球队、舞蹈队。

⑥体育活动区。体育活动区、儿童活动区等应根据公园等其周围环境的状况而定。如果公园周围已有大型体育场、体育馆,就不必在公园内开辟体育活动区。杭州花港观鱼附近不远就有儿童公园,所以该公园规划时,可以不另辟儿童活动区。

体育活动区除了举行专业体育竞赛外,应做好广大群众在公园开展体育活动的规划安排,提供夏日游泳、北方冬天滑冰的条件或提供旱冰场等条件。

⑦公园管理区。公园管理工作主要包括管理办公、生活服务、生产组织等方面的内容。公园管理区设置在既便于公园管理,又便于与城市联系的地方。公园管理区属于公园内部专用地区规划应适当隐蔽,不宜过于突出,影响风景游览。

公园管理区可设置办公楼、车库、食堂、宿舍、仓库、浴室等办公、服务建筑;公园管理区视规模大小,安排花圃、苗圃、生产温室、冷窖、荫棚等生产性建筑与构筑物。

为维持公园内的社会治安,保证游人安全,公园管理区还应设置治安保卫、派出所等机构。除了以上公园内部管理、生产管理,公园还要妥善安排对游人的生活、游览、通信急救等的管理。大型公园,必须解决饮食、短暂休息、电话问询、摄影、导游、购物、租借、寄存等服务项目产生的问题。所以在总体规划过程中,设计师要根据游人的活动规律,选择好适当地点,安排餐厅、茶室、冷饮、小卖部、公用电话亭、摄影部等对外服务性建筑。上述建筑物、构筑物应与周围环境协调,造型美观,整洁卫生,管理方便。

公园管理区或大型餐厅、服务中心等都要设专用出入口,以便将园务生产与游览道路分开,既方便公园的管理与生产,又不影响公园的游览服务。

5)公园用地比例

公园用地比例应根据公园类型和陆地面积确定。确定公园用地比例的目的在于确定公园绿地性质,以免公园内建筑物及构筑物面积过大,破坏环境、破坏景观,从而造成城市绿地减少或被损坏的结果。公园的陆地面积是指供游览及与之相适应的管理用地去除水面的全部陆地面积,不包括已改变性质的用地。

绿化用地是指公园中栽植乔木、灌木、花卉和草地的用地。建筑是指公园内的各种休息、游览、服务、公用、管理建筑。建筑占地是指各种建筑基底所占面积。

园路及铺装场地是指公园内供通行的各级园路和集散场地,不包括活动场地。

公园用地比例如表 2-11 所示。

表 2-11　公园用地比例

陆地面积 A_1/hm^2	用地类型	公园类型					
		综合公园	专类公园			社区公园	游园
			动物园	植物园	其他专类公园		
$A_1<2$	绿化	—	—	>65	>65	>65	>65
	管理建筑	—	—	<1.0	<1.0	<0.5	—
	游憩建筑和服务建筑	—	—	<7.0	<5.0	<2.5	<1.0
	园路及铺装场地	—	—	15~25	15~25	15~30	15~30
$2 \leqslant A_1 <5$	绿化	—	>65	>70	>65	>65	>65
	管理建筑	—	<2.0	<1.0	<1.0	<0.5	<0.5
	游憩建筑和服务建筑	—	<12.0	<7.0	<5.0	<2.5	<1.0
	园路及铺装场地	—	10~20	10~20	10~25	15~30	15~30
$5 \leqslant A_1 <10$	绿化	>65	>65	>70	>65	>70	>70
	管理建筑	<1.5	<1.0	<1.0	<1.0	<0.5	<0.3
	游憩建筑和服务建筑	<5.5	<14.0	<5.0	<4.0	<2.0	<1.3
	园路及铺装场地	10~25	10~20	10~20	10~25	10~25	10~25
$10 \leqslant A_1 <20$	绿化	>70	>65	>75	>70	>70	—
	管理建筑	<1.5	<1.0	<1.0	<0.5	<0.5	—
	游憩建筑和服务建筑	<4.5	<14.0	<4.0	<3.5	<1.5	—
	园路及铺装场地	10~25	10~20	10~20	10~20	10~25	—
$20 \leqslant A_1 <50$	绿化	>70	>65	>75	>70	—	—
	管理建筑	<1.0	<1.5	<0.5	<0.5	—	—
	游憩建筑和服务建筑	<4.0	<12.5	<3.5	<2.5	—	—
	园路及铺装场地	10~22	10~20	10~20	10~20	—	—
$50 \leqslant A_1 <100$	绿化	>75	>70	>80	>75	—	—
	管理建筑	<1.0	<1.5	<0.5	<0.5	—	—
	游憩建筑和服务建筑	<3.0	<11.5	<2.5	<1.5	—	—
	园路及铺装场地	8~18	5~15	5~15	8~18	—	—
$100 \leqslant A_1 <300$	绿化	>80	>70	>80	>75	—	—
	管理建筑	<0.5	<1.0	<0.5	<0.5	—	—
	游憩建筑和服务建筑	<2.0	<10.0	<2.5	<1.5	—	—
	园路及铺装场地	5~18	5~15	5~15	5~15	—	—
$A_1 \geqslant 300$	绿化	>80	>75	>80	>80	—	—
	管理建筑	<0.5	<1.0	<0.5	<0.5	—	—
	游憩建筑和服务建筑	<1.0	<9.0	<2.0	<1.0	—	—
	园路及铺装场地	5~15	5~15	5~15	5~15	—	—

注:"—"表示不做规定;上表中管理建筑、游憩建筑和服务建筑的用地比例是指其建筑占地面积百分比。

6)公园容量计算

公园的总体规划必须确定公园的游人容量,作为计算各种设施的容量、数量、用地面积以及进行公园设计的依据。北京某公园,过去曾由于超负荷的游人量出现游人挤毁石栏杆、游人踏死游人的恶性事件。类似事件在风景名胜区也曾发生。著名的西岳华山,曾因游人过多出现一起旅游事故。所以,公园的游人容量问题在总体规划中,应被认真考虑。

公园游人容量应按下式计算:

$$C = (A_1/A_{m1}) + C_1$$

式中:C——公园游人容量,人;

A_1——公园陆地面积,m^2;

A_{m1}——人均占有公园陆地面积,m^2/人;

C_1——公园开展水上活动的水域游人容量,人。

《公园设计规范》(GB 51192—2016)提出的数字:综合公园、游园游人人均占有公园面积以 30～60 m^2 为宜,专类公园、社区公园以 20～30 m^2 为宜。

《公园设计规范》(GB 51192—2016)指出:公园有开展游憩活动的水域时,水域游人容量宜按 150～250 m^2/人进行计算。

7)公园地形设计

公园总体规划在出入口确定、功能分区规划的基础上,必须进行整个公园的地形设计。规则式、自然式、混合式园林,都存在地形设计问题。地形设计涉及公园的艺术形象、山水骨架、种植设计的合理性、土方工程等问题。从公园的总体规划角度来看,地形设计最主要的是要解决公园为造景的需要所要进行的地形处理。规则式园林的地形设计,主要是应用直线和折线,创造不同高程平面的布局。规则式园林中水体主要是以长方形、正方形、圆形或椭圆形为主要造型的水渠、水池,一般渠底、池底也为平面,在满足排水的要求的情况下,标高基本相等。由于规则式园林的直线和折线体系的控制,标高平面构成的平台,延续了规则平面图案的布置。近年来,欧美国家下沉式广场应用普遍,达到良好的景观和使用效果。

下沉式广场,主要适用于地形高差变化大的地带,可以利用底层开展各种演出活动,周围结合地形情况设计不同形式的台阶,围合而成下沉式露天演出广场。另外,下沉式广场中应用广泛的是公园中绿地中低下沉,即下沉二、三、四级台阶,大小面积随意,形式多变,可以创造方形、圆形、流线型、折线形等丰富多彩的共享空间,可供游人聚会、议论、交谈或独坐。即使无人,下沉式广场也不影响景观,交通方便,是提供小型或大型广场演出、聚集的好形式。自然式园林的地形设计,要根据公园用地的地形特点进行设计。

公园中地形设计应与全园的植物种植规划紧密结合。公园中的块状绿地中,密林和草坪应在地形设计中结合山地、缓坡;水面应考虑水生植物不同的生物学特性创造地形。山林地坡度应小于 33%;草坪坡度不应大于 25%。各类地表的排水坡度如表 2-12 所示。

地形设计应结合各分区规划的要求,如安静休息区、老人的活动区等应有山林地、溪流蜿蜒的小水面,或利用山水组合空间造成局部幽静环境。文娱活动区域的地形变化不宜过于强烈,以便开展大量游人短期集散的活动。儿童活动区不宜选择过于陡峭、险峻地形,以保证儿童活动的安全。

公园地形设计中,竖向控制应包括下列内容:山顶标高;最高水位、常水位、最低水位标高;水底标高;驳岸顶部标高等。为保证公园内游园安全,水体深度,一般控制在 1.5～1.8 m。硬底人工水体的近岸 2.0 m 范围内的水深不得大于 0.7 m,超过者应设护栏。无护栏的园桥、汀步附近 2.0 m 范围以内,水深不得大于 0.5 m。

竖向控制还包括园路主要转折点、交叉点、变坡点,主要建筑的底层、室外地坪,各出入口内、外地面,地下工程管线及地下构筑物的埋深。

表 2-12　各类地表的排水坡度

地表类型		最大坡度	最小坡度	最适坡度
草地		33	1.0	1.5～10
运动草地		2	0.5	1
栽植地表		视土质而定	0.5	3～5
铺装场地	平原地区	1	0.3	—
	丘陵地区	3	0.3	—

3. 综合公园设计原则

1）生态性的设计原则

综合公园在景观要素与设计构思中,其生态功能是第一位的,它对于城市内环境的改善起着重要的作用,可以保持土壤的稳定性,可以减弱汽车尾气对区域内大气的影响,是城区生态系统的重要一环。因此,综合公园设计的重点是围绕以植物造景为主的生态型城市景观的营造,利用植物的不同生态习性及形态、色彩、特性等营造各具特色的景观区域,运用乔、灌、草三者相结合的多层次植物群落的构筑,在有限的绿地范围内,达到最大的绿量,使之产生最大的生态效益,在城市中间形成一条充满绿色、生机盎然的"绿色公园",成为城市景观的补充和完善。

2）以人为本的设计原则

人有大半的时间是在居所和学习工作中度过的,所以综合公园应致力于创造有自身风格,符合当地文化习俗的环境,而不单单是钢筋水泥的简单组合。综合公园应融入很多的人文色彩,让恬静、质朴、自然的生活模式不再只存在于我们的梦想之中。公园设计理念应注重于以人为本。

3）休闲的设计原则

休闲性是现代城市绿地设计的重要特征之一,也是生活性景观设计的重要内容,还是体现现代景观设计的"人本主义"原则的重要标志之一。任何设计都是为了人类能够更好地生存、生活,给人的生活带来欢乐、悠闲、幽雅的感受。所以,设计应精心设置园路,休息观景亭、台等,达到道路线型流畅、曲径通幽、移步换景的效果。一切园林要素的布置都要满足人们工作之余的放松和休闲。

4. 综合公园设计构思

综合公园设计应注重景观的节律感,以符合人在运动中的视觉规律。园林小品应采用现代的材质、现代的景观手法,营造一个简洁、美观、富有现代气息的休闲场所,真正体现综合公园生态美的特色。为使景观符合生态公园的景观效果,绿地应以植物造景为主要手法,保持绿地景观的生态性特色,适当点缀部分园林建筑小品,供游人观景、休闲。

（二）案例展示

综合公园设计案例如图 2-19 所示。

（三）设计任务书

1. 实训目的

通过一定调研学习,掌握将场地规划转化为设计的能力,掌握将思维过程转化为笔头表达的能力,掌握

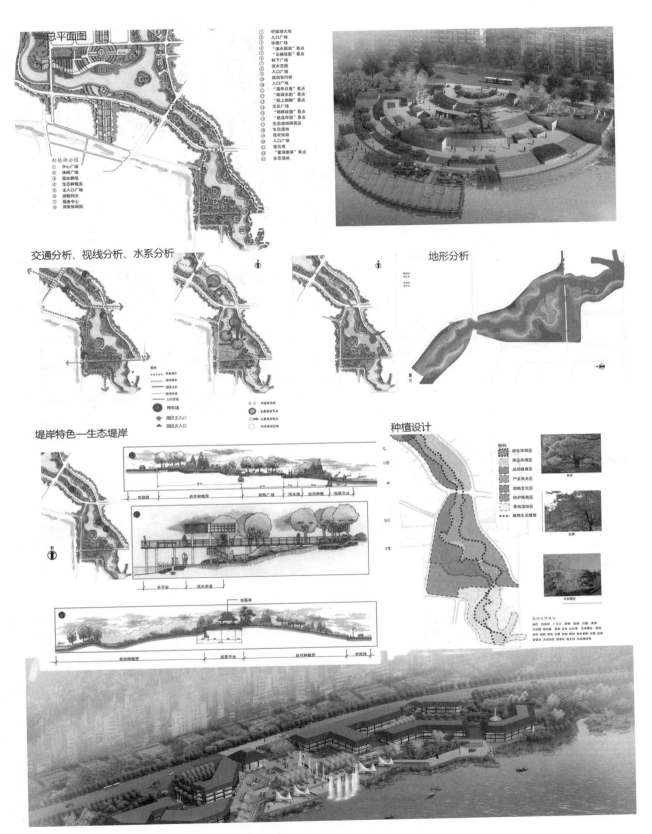

图 2-19　综合公园设计案例

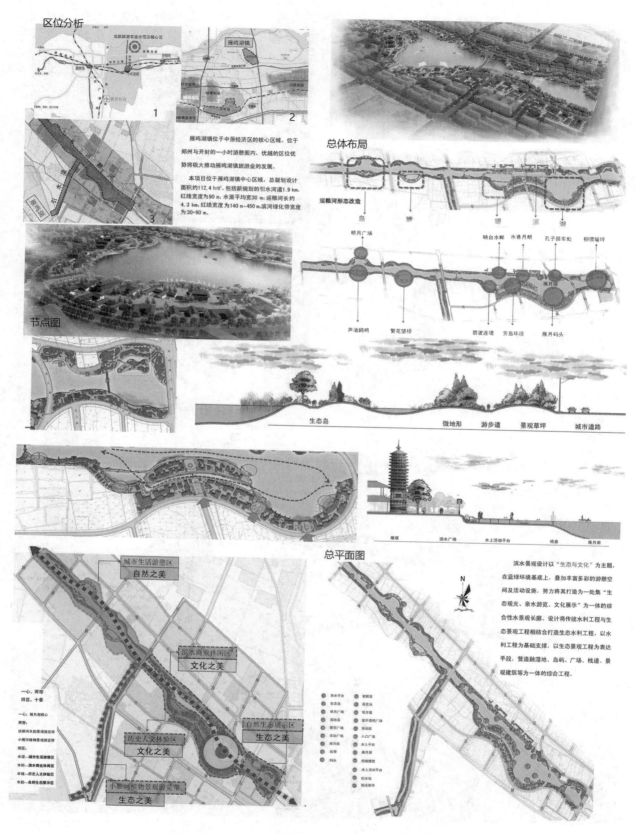

续图 2-19

将理论学习转化为设计实践的能力。注重学生的创新思维及理性思维能力的培养;注重专业知识综合应用能力培养;掌握城市综合公园设计的基本方法、公园的功能组成、空间序列组织、人流集散处理、公园与城市的空间关系等,掌握公园设计相关规范;掌握较好地进行设计构思、图面表现的能力。

2. 实训内容

基址位于华中地区某山体北部,西侧是城市主干道,南侧是城市次干道,现状场地内有村子、农田和水塘,面积约 22 hm²(见图 2-20)。现利用该基址设计一个综合公园,以充分发挥其社会效益、生态效益,并满足市民假日休闲游憩的需要。

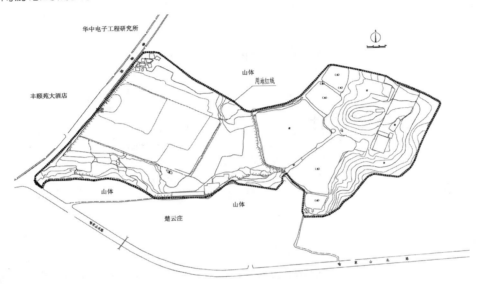

图 2-20　任务(综合公园设计)平面底图

3. 实训要求

(1)本公园的定位为城市综合公园,设计要综合考虑场地条件及周边用地功能,在满足城市综合公园建设一般性要求的基础上,加强作为城市开放空间的公共服务功能,使该区域成为生机勃勃、充满吸引力的场所。

(2)公园设计要合理利用和彰显场地特色,要对场地内的起伏地形进行合理改造和利用,将其建设成生态健全、景观优美、充满活力的户外公共活动空间,为满足该市居民日常休闲活动服务。

(3)收集两个综合公园设计优秀案例,分析其设计风格、设计理念、设计主题、景观内容等。

(4)研究本公园所处区域的规划设计要求、人文历史、自然资源、气候条件等,分析本综合公园的周边环境、建设现状、道路交通体系、基本经济技术指标等。

(5)其他要求。

①充分利用山、水、石、树、小品、园林建筑等造园素材,进行空间的组合与景观设计。

②地形设计:考虑山水的关系、空间的围合与造型。

③植物景观设计:选择植物配置及细部处理要考虑北方气候特点,按照适地适树的原则进行植物规划。

④服务设施:应考虑综合公园必要的服务设施,结合总体设计风格考虑标识系统设计。

⑤道路布局:应考虑游线的组织以及与周围环境的关系,道路应便捷流畅。

4. 成果要求

成果包含以下内容：

①基址分析图，包括区位分析、自然资料（气象、地质、土壤）分析、植被分析、周边用地分析等；

②概念分析图；

③总平面图，比例尺为 1∶1000，包括功能分区、道路交通、视线分析等；

④竖向设计图（含纵、横剖面图各一张），比例尺为 1∶1000；

⑤种植设计图，比例尺为 1∶1000；

⑥能充分表达设计创意的图示；

⑦整体鸟瞰图；

⑧主要景点详细设计，包括平面图、立面图、剖面图、透视图，比例尺≤1∶500；

⑨规划设计说明，不少于 1000 字。

实训八　社区公园设计

（一）基础理论

1. 基本概念

社区公园是指"用地独立，具有基本的游憩和服务设施，主要为一定社区范围内居民就近开展日常休闲活动服务的绿地"，其规模宜在 10 000 m² 以上。强调"用地独立"是为了明确社区公园地块的规划属性，而不是其空间属性，即该地块在城市总体规划和城市控制性详细规划中，其用地性质是城市建设用地中的"公园绿地"，而不是其他用地类别的附属绿地。例如住宅小区内部配建的集中绿地，在城市控制性详细规划中属于居住用地，那么即使其四周边界清晰，面积再大，游憩功能再丰富，也不能算作"用地独立"的社区公园，而应属于附属绿地，此附属绿地即《城市用地分类与规划建设用地标准》（GB 50137—2011）中 R11、R21、R31中包含的小游园。

社区是城市的基本组团，是居民所依托的生存空间。社区公园是为一定居住用地范围内的居民服务，具有一定活动内容和设施的集中绿地。随着社会的发展，社区公园逐渐由满足居民物质使用需求上升到满足精神需求，它是居民步行可达、具有良好生态环境，以及居民进行户外休闲活动和交往最频繁的空间，在提升居民生活品质、鼓励户外活动、促进邻里交流和提高住区环境质量等多方面具有积极作用。

社区公园相较于其他城市绿地具有独特的位置属性、规模和功能特色，填补了城市其他综合公园距离过远和专类公园休闲功能有限的空缺，丰富了人们的日常休闲生活。社区公园的使用人群往往相对固定。有研究认为，设计师应该从使用者的角度出发进行公园设计，而不应该主观臆断；也有专家认为设计要考虑的根本问题是体验，而体验式设计强调的就是从使用者角度出发。风景园林大师彼得·沃克曾说："所有的设计首先要满足功能的需要。"因此，研究使用者在社区范围内的行为习惯、行为规律和行为偏好，进而分析与行为对应的空间场所特性，有助于更好地指导社区公园休闲功能的人性化布置。

社区公园是社区居民日常休闲活动的主要场所。通过对社区公园的使用人群分析，我们发现老年人和儿童是社区公园的主要使用对象，中、青年群体由于学习和工作压力较大，同时拥有更多户外活动和交流交往的场所和机会，因此使用社区公园的时间相对较少。

2. 使用需求分析

老年人利用公园绿地进行的户外活动大致可分为交往型活动和娱乐型活动。交往型活动包括休息、聊天、带小孩、棋牌活动等；娱乐型活动包括散步、康体健身、太极拳、跳舞等器械类健身和操类活动。有研究表明：老年人由于渴望交流而又怕被忽视的心理，更喜欢内向型活动空间，这类空间可以满足固定人群进行小规模交流的需求；同时，老年人由于体力下降等原因，更倾向于空间较为充裕、休憩方便的活动场地；除此之外，很大一部分老年人对开敞的广场也有一定的需求。在中国，由于社会因素和传统文化的影响，老年人还承担了一部分看护儿童的义务，老年人与儿童的活动场地有着内在的关联性。因此，将老年人习惯的活动与儿童的游憩活动综合考虑，就近布置活动场地，更符合国内老年人和儿童群体的使用习惯。对于儿童而言，不同年龄段的儿童对户外活动的需求和偏好也有所不同。针对儿童心理及行为特征的相关研究发现，感知空间、动态空间、自然空间、匿藏空间、开敞空间和社会化空间是儿童户外活动的重要空间构成。儿童活动场所同样应该是一个可供学习的环境，户外活动是儿童认知世界、身心成长的重要途径，可以通过游戏活动充分调动儿童的积极性、主动性，提升创造能力，在游戏中，观察力、记忆力、想象力、思维和语言表达能力都能得到发展。研究认为，在自然环境中探索新事物是儿童产生学习兴趣的基础。与已设计好或事先建造的游玩器材相比，儿童更倾向于相对自然、可变的游玩环境，这类环境使儿童有机会通过自己的想法创造不一样的体验，如沙坑、利用起伏的地形设计的攀爬器材，以及亲水游乐场地等。

通过对社区公园使用人群休闲活动特征的研究，我们可以分析总结得出社区居民日常休闲活动使用频率较高的核心功能需求（见表 2-13），指导实践过程中社区公园的休闲功能设置。

表 2-13　社区公园各年龄段使用人群日常休闲活动内容

年龄段	行为特征	休闲活动内容
老年	群体固定性、时间固定性、活动类型特定性、渴望交流	漫步、健身、棋牌、聊天、太极、操类活动、看护小孩
中、青年	休闲动机明确，休闲时间多集中在工作日晚上和休息日	漫步、跑步、广场舞、唱歌、戏曲、健身、球类运动
儿童	1～3 岁：行为及身体发育阶段，容易被色彩等新事物吸引，需家长看管。 4～6 岁：开始认知及观察环境，开始和同龄人建立交流、互动，需家长看管。 7～14 岁：开始有自己独立的思维、想法，对有一定挑战和冒险的环境产生兴趣，倾向于群体活动	草坪、沙坑、玩水、木桩、攀爬、骑车、互动设施

3. 空间分析

适宜的空间尺度对引导和控制使用行为发挥着至关重要的作用，居民的行为活动也受到环境的约束和影响，如何通过提供高品质的活动环境引导使用者健康、舒适地使用公园，是社区公园设计师应着重考虑的问题。

不同类型的活动对场地、尺度和环境有不同的要求：硬质场地能为人们提供聚会场所，能开展非定型的

群体活动;健身器械活动需要有专属场地,适宜设计在地势平坦处,周围要有休息设施和优美的环境。

儿童活动需要考虑不同年龄层的需求,分类型、分区域地设置在相对开敞的空间里,避免进行不同活动的儿童互相碰撞,又要提供适宜交流互动的场地,满足4岁及以上儿童对于群体活动的好奇心。社区公园宜提供草坪、攀爬坡地、沙坑、树桩天地和亲水乐园等与自然亲近的活动设施和场地,场地周边需要提供一定的休息设施,满足监护人看管孩子的需求。

适宜的草坪空间尺度也对引导和控制使用者的行为发挥着重要作用,开敞式的草坪空间通过空间划分,能够提供宜人的游憩场所;半开敞式的草坪空间通过植物配置等手法对视线和空间起到限定作用,从而形成一定的遮阴环境和特定的赏景角度;封闭式的草坪空间限定了空间范围,为私密性较强的活动提供了场所。

舒适安全的绿地空间不仅能为社区公园中的使用者提供必需的行为活动条件,还能带给使用者归属感和认同感。

4. 布局模式

1)老龄化社区的社区公园

老龄化社区指60岁及以上人口占总人口10%的社区。根据民政部门统计,中国"老龄化社会"趋势正处于高速增长阶段。社区公园能够弥补老旧居住小区本身绿地及户外休闲空间有限的缺点,逐渐成为老年人户外活动的主要场所。

老年人进行户外活动往往有明确的目的性,活动时间和活动群体相对固定。老龄化社区公园在空间布局中采用以功能空间(如主题广场等)为核心的散点式分区块、强调功能服务的布置形式,将各功能空间进行适当隔离,控制尺度,形成适宜不同活动需求和群体的内向型空间,如大群体活动空间(10~20人)、中小群体活动空间(5~8人)和私密性活动空间(1-3人)等。

此类社区公园对交流空间和休想设施,特别是对林荫或向阳处的需求尤为明显,因此,应通过对日照的分析和植物的空间组合打造林下休想空间和草坪空间。

针对老年人一些特殊的活动爱好及行为习惯,老龄化社区公园可适当留白一部分场地作为可变空间,使其结合日后居民的实际使用自发性地形成场地功能。

2)全龄化(新镇区)社区公园

国内外新建的社区组团往往会配备一定规模的社区公园,为社区居民甚至更大范围的人群服务。依据各活动区域的不同功能,通过景观空间的布局组织和环形道路引导人们合理、舒适地使用社区公园。全龄化社区公园呈现以下特点。

公园的功能布置需要满足全龄化人群同时使用,既要提供开放型场地供家庭等人群使用,又要提供一定的限定活动空间,保证安全性和相对独立活动的开展,使公园能满足多群体、多类型的休闲活动需求。

园路系统是此类社区公园的核心,畅通合理的园路不仅可以作为漫步和跑步等活动的基础,同时还能串联各个活动节点,有机联系各个空间。

儿童和青少年是家庭及群体活动的核心人群,因此,通过空间营造创造多样化的活动可能,可以使儿童和青少年不仅可以使用其中的设施,更能拥有机会去感知场地。

(二)案例展示

社区公园设计案例如图2-21所示。

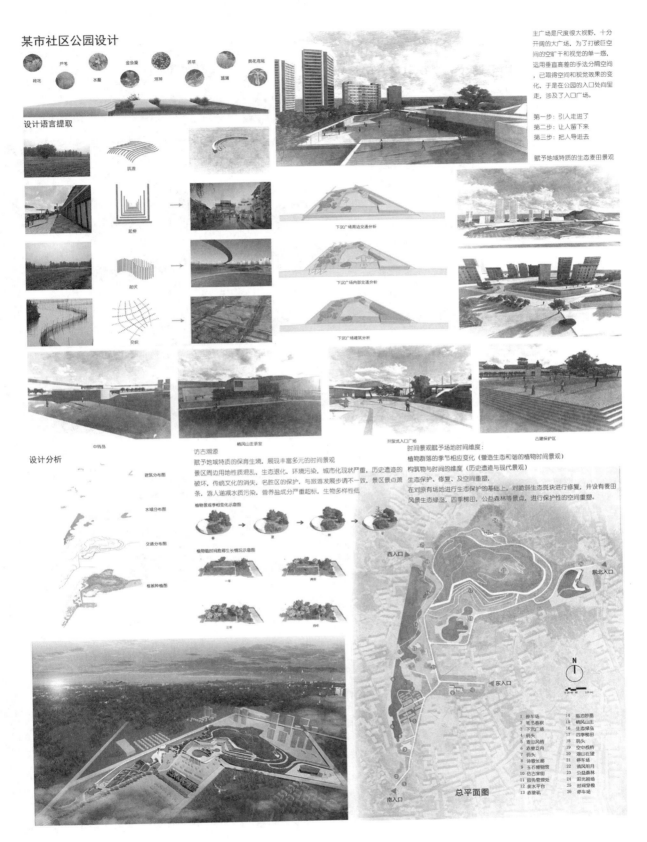

图 2-21　社区公园设计案例

某市情人湾景观规划

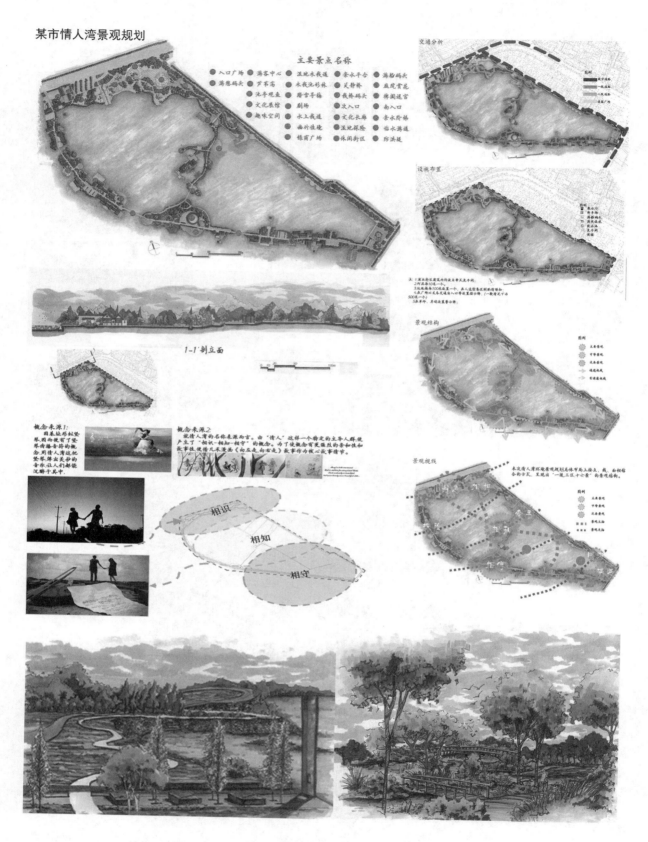

续图 2-21

(三)设计任务书

1. 实训目的

①从中小型的城市开放社区公园着手,熟悉公园和城市(建筑、河流、道路及相关的城市功能)的基本关系。

②培养学生主动观察与分析公园特性的能力,关注社区公园发展动态和前沿课题。

③使学生学习和掌握社区公园设计的内容与方法,掌握设计的总体布局、功能分区、景观分区、景观序列、空间划分、交通组织、地形设计以及种植设计等的方法。

④掌握外部空间设计的基本尺度,根据人在外部环境空间的行为心理和活动规律进行设计,巩固和加强调查分析、综合思考的能力,并强调整体的设计方法。

⑤熟悉城市公园设计的相关规范。

2. 实训内容

完成某公园(约 35 000 m²)的规划设计。基地位于华中地区某城市(可自选城市),用地北部、东部邻城市河道,南部邻水,西部邻山,如图 2-22 所示。

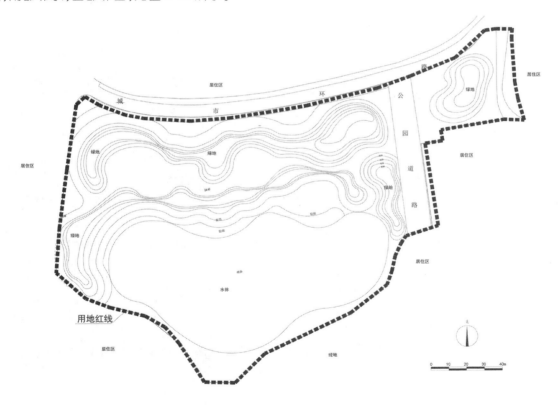

图 2-22 任务(社区公园设计)平面底图

3. 实训要求

①收集并分析现状基础资料和相关背景资料,研究该区域城市总体规划及该区域的发展状况、经济条

件、自然资源和人文历史资源等,根据现状公园的位置、面积、周围环境等现状,分析公园使用对象的构成,并提出相应的文字或图示结论,形成设计理念。

②分析基地建设条件(地形、小气候、植被等),分析视线条件(基地内外景观的利用、视线和视廊),分析交通状况。根据现状条件,提出合理的分析图,包括功能分区结构、空间组织结构、道路交通结构和景观视线结构等。

③分析基地与道路、人流量的关系,分析并提出游线组织方式和交通系统组织,考虑入口与周围城市道路、停车及疏散的关系,确定与残疾人通行相应的道路联系方式及坡度(无障碍设计)。合理布置园区道路系统(包括停车),有效组织游憩路线与活动场地,构筑多变、多层次的景观系列与空间。

④熟悉城市公园外部空间设计的尺度,运用人在外部环境空间的行为心理和活动规律,设计符合各种功能的环境空间,适当考虑动静分区、空间的开敞与郁闭、公共性和私密性的要求。

⑤种植设计应因地制宜、适地适树,选用各种落叶乔木、常绿乔木、灌木、地被植物、水生植物。结合不同区域景观特点,运用高低不同、形态各异、色彩丰富的植物种类进行植物造景,使每个分区主景突出、整体上四季景观变化丰富。

⑥分析并确定公园相应配套设施的内容、规模和布置方式,并表达其平面组织形式及空间造型,要求服务设施完善,满足使用要求。

⑦选择或设计适宜的景观小品,使其既满足使用要求,又满足景观要求。小品设计应考虑尺度、质感、色彩与环境相协调,可以增加其互动性和参与性。

⑧各类设计指标应满足《公园设计规范》的要求,绿地率应不小于 70%。

4. 成果要求

①手绘、电脑制图或两者结合,表现形式不限。

②区位及周边环境分析图,比例尺自定。

③现状分析图,比例尺自定。

④功能分区图,比例尺自定。

⑤景观空间与景观视线分析图,比例尺自定。

⑥总平面图,按照绿地的功能要求进行功能分区,地形、道路系统、场地分布、建筑小品类型及位置等的确定,包括图例、指北针、简单设计说明。

⑦地形与竖向设计图,标注设计等高线,表达整体的地形关系,确定±0.00,标注排水方向,标注局部地形最低点标高。

⑧植物景观规划图,应包括植物分区分析示意、植物名录、文字说明等。

⑨服务设施规划图,比例尺自定。

⑩道路系统与游览线路规划图,比例尺自定。

⑪重要景区及景点详细设计图(不少于 2 张,包括平面图、立面图、剖面图、植物配置图和透视图),比例尺为 1∶200 或 1∶500。

⑫全园鸟瞰图。

⑬规划设计说明书。规划设计说明书要简明扼要,完整表达设计思路,对设计思路、功能分区、景区景点、种植设计、园林建筑及小品等内容进行详细说明,需编制必要的表格,如用地平衡表、苗木统计表等,不少于 1000 字。

⑭绘制用地平衡表,如表 2-14 所示。表中数据要求精确到小数点后第 2 位。

表 2-14　社区公园用地平衡表

项目	面积/hm²	占地比例/(%)	备注
广场硬地			
绿化			
水体			
道路与停车			
建筑			

实训九　遗址公园设计

(一)基础理论

1. 基本概念

人类对于遗址的保护与利用一般分为 4 种模式:将整个遗址区建成遗址公园;将遗址区与风景区相结合建成旅游景区;将整个遗址区建设成森林公园;将遗址保护与发展现代农业相结合,建成遗址历史文化农业园区。其中,遗址公园作为城市公园的一种类型,是保护历史遗产、传承历史文化的载体,是人们享受城市自然、人文和历史环境资源,提升文化审美情趣和民族自豪感的重要开放空间。

遗址公园是在公园的概念上加了一个特定概念,即将遗址和公园相结合,以遗址为核心,依托城市绿地建成的公园,起到了突出城市特色、传承城市文脉、丰富公共活动空间的作用。遗址公园在遗址环境的基础上,利用公园的形式对空间进行合理安排,是遗址保护和展示的方式之一。

遗址公园是指将遗址保护和公园建设相结合,使遗址这个不可再生的资源作为公园规划设计中的核心,以原真性和完整性原则为指导,运用保护、修复、展示等手法,重新整合现有遗址资源,将已被发掘或未被发掘的遗址完好的保留在公园用地范围内的公共空间形式。与传统的遗址博物馆相比,遗址公园的重点不单是保护遗址本身,也强调对遗址的生存环境的整体性保护。遗址公园是在保护遗址时,发挥城市绿地和旅游功能,提升城市整体形象,将特定历史文化融入公众教育、专项科研、观光、娱乐等功能中的综合性公园类型,是城市绿地系统的重要组成部分。

遗址公园位于城市建设用地范围内,其用地性质在城市总体规划或城市控制性详细规划中属于"公园绿地"范畴。位于城市建设用地范围内的遗址公园的首要功能定位是重要遗址的科学保护及相关科学研究、展示、教育,需正确处理保护和利用的关系。遗址公园应在科学保护、文化教育的基础上合理建设服务设施、活动场地等,承担必要的景观和游憩功能。

2. 地域性特征

遗址公园是在遗址保护的基础上建成的。遗址从出现到现在经过不断地沉淀,具有其独特的历史文脉。遗址公园的地域性充分地体现了各项文化元素之间的动态可持续发展,将遗址本身具有的历史文脉进行一脉传承,具有遗址历史文化文脉的传承性。

遗址公园的自然景观包含植物景观和山水地形景观。植物景观是体现遗址公园地域性的重要构成元素。遗址公园的植物选择和配置既要考虑植物的文化性,还要考虑植物的地方特性。对于遗址公园中的其

他环境要素而言,植物是遗址公园空间中具有生命力的要素,合理的植物景观可以展示遗址公园的地域文化、凸显特色。山水地形是构成遗址公园的基底和骨架,大尺度的地形地貌要素构成遗址公园的空间格局,中尺度的地形地貌要素构成遗址公园内景观的空间分割,小尺度的地形地貌要素形成遗址公园中的景观节点。在遗址公园规划设计中,设计师要充分尊重场地原有的地形条件,顺应地势组织景观,以体现遗址公园的地域性。

3.景观设计策略

1)宏观层面

地域特征的形成主要受到自然环境和地域文化的影响。自然环境包括地理位置、气候、水文和生物等,地域文化主要由历史遗产、遗迹以及人文因素等组成。遗址公园的地域性景观设计策略体现在对遗址公园主题文化的确立上。

主题文化是遗址公园景观设计的灵魂,是遗址公园地域性体现的核心。主题文化的确立首先要挖掘遗址本体的文化内涵,确定该遗址具有的文化价值,作为主题文化确立的重点考虑对象;其次要分析遗址本体所在周边环境的自然环境,以现有自然条件作为依托分析自然景观特征;再次要调查遗址本体所处周边环境的人文环境,遗址最大的特点是具有历史性,因此其人文环境对主题文化的确立具有影响。总而言之,主题文化的确立是以遗址本体所蕴含的文化内涵为核心,以遗址周边自然环境与人文环境为辅,融合形成一个统一的主题文化。

2)中观层面

遗址公园文化主题的确立对后期进一步的景观设计提供指导思想。从中观层面上来讲,遗址公园的地域性景观设计策略体现在如何对遗址公园进行总体布局和景观功能分区。

总体布局主要是以遗址公园的主题文化为核心,以遗址公园内的自然地理环境为基础,提出遗址公园的景观空间总体布局结构,以体现遗址公园的地域性。

遗址公园的总体布局是中观层面规划设计的重点,其设计策略根据遗址资源的特点分为两种情况:一种是针对规模较大、保存较好的遗址资源,遗址公园的总体布局应尽量延续遗址的历史格局,真实完整地展示遗址;另一种是针对规模较小、保存较差的遗址资源,在遗址较为集中的区域形成专门的遗址展示区,成为遗址公园景观布局的核心,而人工景观及其他功能的建设在遗址区域的外部进行,形成另一个空间区域,这种景观布局的重点是将遗址空间和人工景观空间和谐统一起来,共同营造和表现遗址公园的文化主题。

景观功能分区主要是遗址公园的功能布局规划,可以体现遗址公园不同区域的主题特色和自然景观特征。多个主题功能分区的整合可以表达遗址公园的主题文化,体现遗址公园的地域性。

景观功能分区的设计策略是根据自然景观与人文景观将整个公园分为不同的主题分区或功能分区,分区与分区之间具有文化连接点,整体构成一个具有统一文化主题的遗址公园。

3)微观层面

遗址公园的地域性体现从微观层面上来讲主要包含地形设计、水体设计、植物设计、建筑设计、园林小品设计和铺装设计。

地形是园林景观的骨架与基底,对于遗址公园来说,遗址本体及周边环境的地形地貌对于公园总体布局、功能分区以及景观节点的设计都有较大影响,因此,地形设计要尊重现状,适当改造以展示遗址公园原有的自然地形地貌景观。

地形设计的策略以分析现有地形状况为主,对地形的地势、坡度和高差等进行研究,总结不同地形的优势与劣势,再扬长避短进行合理改造,将地形与建筑、植物和园林小品等结合,形成丰富多彩的竖向地形。

水是生命之源,水体是遗址公园地域性景观体现的具有亲和力的载体。水体以不同形态、不同声色体现遗址公园的地域性。

水体设计策略从动水与静水两种不同水的特性进行分析研究。动水因具有高差而出现跌水、瀑布和溪流等不同水景,其设计应与景观小品、自然置石等结合,给人一种亲水的活跃感;静水是以遗址遗存的静态水面为主,其设计一般以保护遗址为主,沿水体岸边布置景观节点,形成围绕水岸的不同景观。大唐芙蓉园内的诗魂景点利用地形高差创造了跌水、溪流等动态水景,满足了人们亲水性的心理需求。

植物是唯一一个具有生命力的景观元素。体现遗址公园的地域性的植物要选用富含遗址文化的乡土树种,营造文化景观空间,以体现遗址公园的遗址文化。植物设计策略采用遗址所在地区乡土植物、适生适地的植物,经过植物不同形式的搭配,体现城市特有的植物景观以及展示遗址本体的特征。

建筑是园林整体风格把握的重要组成部分,遗址公园有别于其他类型的城市公园,体现遗址公园地域性的建筑设计要以展示遗址文化为主,采用当地建筑材料。

建筑设计的策略包括两方面:一方面,建筑建造风格要与遗址本体的文化协调,不同文化的建筑风格不同,建筑的风格要反映所要表达的文化主题,充分表现遗址所反映出的时代和地域特色;另一方面,建筑材料要适地取材,采用本地常见易取的建筑材料,既体现地域特色,又省钱省力。

园林小品是遗址公园体现地域性的主要形式,通过不同风格、形式和色彩的雕塑小品、环境设施等设计让游客从遗址公园的游赏过程中感受遗址公园的地域特色。其中,雕塑小品是运用最广泛的一种类型。

园林小品的设计策略:以具有遗址文化的雕塑或景墙为载体,作为景观节点布置,构成景观空间序列的一部分;以雕塑、环境装置等布置于公园的软质场地,比如草坪、树林草地、水边等地方成为点缀环境、渲染人文环境的标志物。

铺装是人们从地面上所看到的不同于一般道路的地面装饰,铺装通过质感、图案等的特殊意义体现遗址公园的地域性。铺装设计策略从两方面来探讨:一方面,铺装图案的设计与遗址公园的主题文化相呼应,体现其深远意义;另一方面,铺装的材料以当地石材、木材等为主,体现当地特有的地域特色。

(二)案例展示

遗址公园设计案例如图 2-23 所示。

(三)设计任务书

1. 实训目的

通过一定调研学习,掌握将场地由规划到设计的能力,掌握将思维过程转化为笔头表达的能力,掌握将理论学习转化为设计实践的能力。注重学生的创新思维及理性思维能力的培养;注重专业知识综合应用能力培养;掌握遗址类公园设计的基本方法、公园的功能组成、空间序列组织、人流集散处理、公园与城市的空间关系等,掌握公园设计相关规范;掌握较好地进行设计构思、图面表现的能力。

2. 实训内容

本项目位于湖北省东部历史文化名城——黄冈市,地处长江中游北岸,东坡赤壁风景区地处长江中游,因东汉末年三国赤壁之战和北宋大文学家苏东坡的"一词二赋"名扬天下。

景区虽然有着悠久的历史,灿烂的文化,然而作为黄冈市的一张城市名片,前期单纯的保护文物古迹的建设方式已经使景区在高速的社会经济发展中失去了原有的光辉和影响力。城市的发展需要文化产业的推动,东坡赤壁所承载的历史与文化内涵是最好的动力引擎。

某市遗址公园规划设计

设计概念

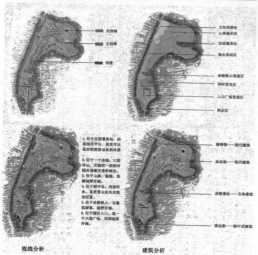

视线分析　　　　建筑分析

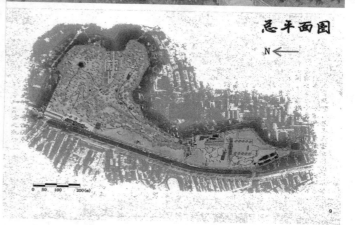

总平面图

图 2-23　遗址公园设计案例

某市遗址公园规划

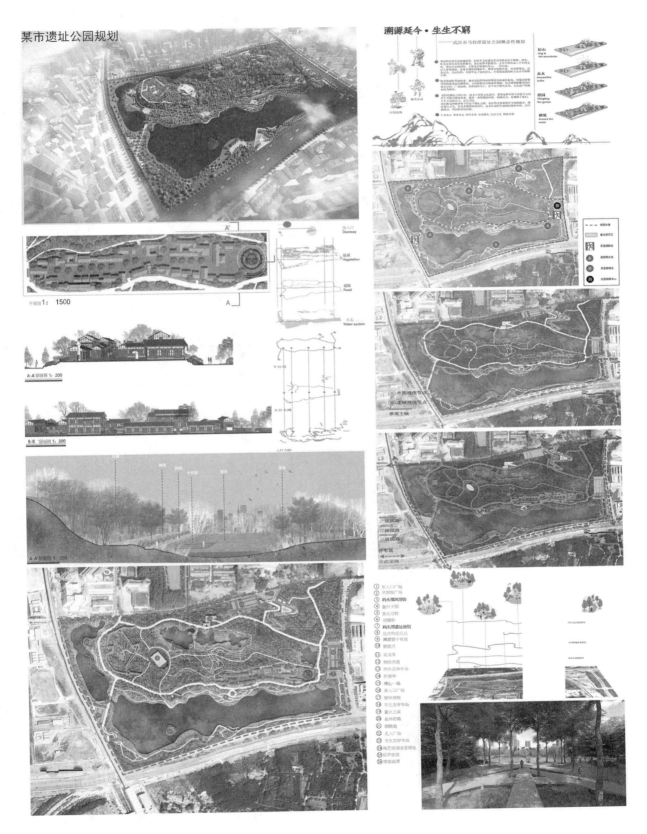

续图 2-23

规划通过利用文化打造城市品牌,推动文化旅游产业,进而带动区域经济发展,改善城市环境质量,最终实现文化兴城。

西边以赤壁港、坡仙路以东为界;南边以胜利街为界,本案例中可延至沿江路;北边以煤气站为界;东边以延年路为界。规划面积为 54.6 hm²,如图 2-24 所示。

图 2-24 任务(遗址公园设计)平面底图

3. 实训要求

①本公园的定位为城市遗址公园,设计要综合考虑场地条件及周边用地功能,在满足城市遗址公园建设一般性要求的基础上,重点打造遗址文化的规划,使该区域成为生机勃勃、充满吸引力的场所。

②公园设计要合理利用和彰显场地特色,对于场地内的起伏地形进行合理改造和利用,将其建设成为生态健全、景观优美,充满活力的户外公共活动空间,为满足该市居民日常休闲活动服务。

③收集两个遗址公园设计优秀案例,分析其设计风格、设计理念、设计主题、景观内容等。

④研究本公园所处区域的规划设计要求、人文历史、自然资源、气候条件等,分析本遗址公园的周边环境、建设现状、道路交通体系、基本经济技术指标等。

4. 成果要求

成果包含以下内容。

①基址分析图,包括区位分析、自然资料(气象、地质、土壤)分析、植被分析、周边用地分析等;

②概念分析图;

③总平面图,比例尺为 1∶1000,包括功能分区、道路交通、视线分析等;

④竖向设计图(含纵、横剖面图各一张),比例尺为 1∶1000;

⑤种植设计图,比例尺为 1∶1000;

⑥能充分表达设计创意的图示;

⑦整体鸟瞰图;

⑧主要景点详细设计,包括平面图、立面图、剖面图、透视图,比例尺≤1∶500;

⑨规划设计说明,不少于 1000 字。

实训十　游园设计

(一) 基础理论

城市公园绿地体系中,除综合公园、社区公园、专类公园外,还有许多零星分布的小型的公园绿地。这些规模较小、形式多样、设施简单的公园绿地在市民户外游憩活动中同样发挥着重要作用。考虑到长期以来业界内外已形成的对"公园"的认知模式,标准对这类公园绿地以"游园"命名。

游园不同于原标准中的小区游园,其用地独立,在城市总体规划或城市控制性详细规划中属于独立的公园绿地地块,而小区游园附属于居住用地。

标准对块状游园不做规模下限要求,在建设用地日趋紧张的条件下,小型的游园建设应被鼓励。带状游园的宽度宜大于 12 m,是因为相关研究表明,宽度为 7～12 m 是可能形成生态廊道效应的阈值。从游园的景观和服务功能需求来看,宽度为 12 m 是可设置园路、休憩设施并形成宜人游憩环境的宽度下限。

(二) 案例展示

游园设计案例如图 2-25 所示。

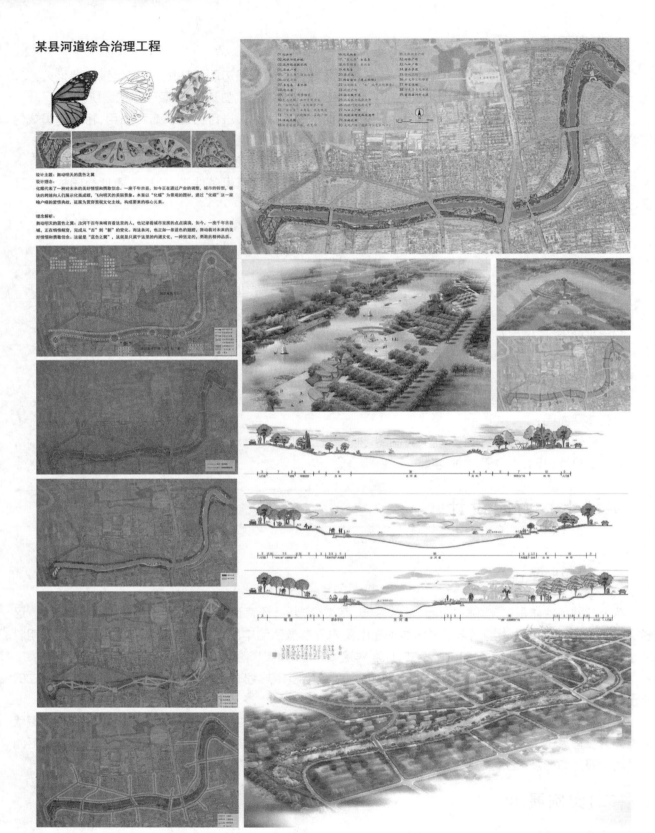

图 2-25　游园设计案例

某市口袋公园设计

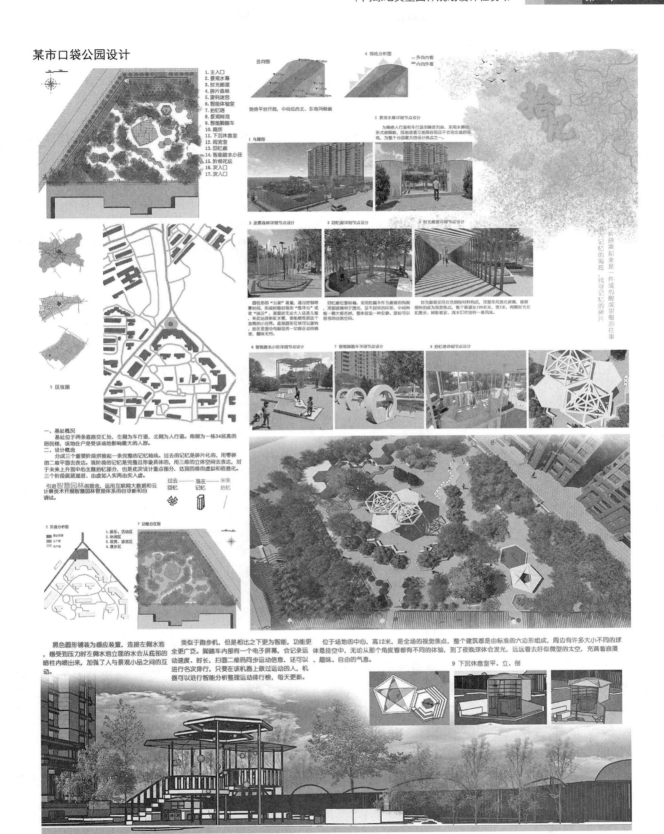

(三)设计任务书

1. 实训目的

了解游园设计的基本程序和过程,学会对基地状况进行全面分析,绘制现状分析图。熟练进行多方案的设计思路探讨,进一步熟悉园林各组成要素的运用特点和彼此联系。

2. 实训内容

项目地块位于华中地区某城市主干道交叉口北部,用地面积约 1684 m²,用地权属为区园林局。基地现状为道路、明渠围合成的三角形绿地,周边为住宅小区。地块规划控制为公园绿地(G1),周边以居住用地为主,如图 2-26 所示。

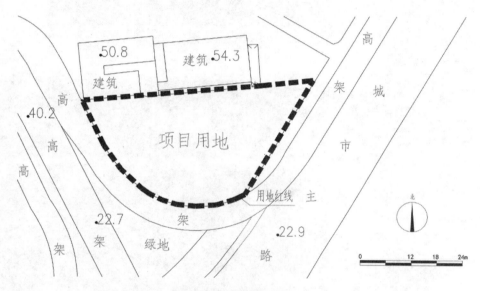

图 2-26　任务(游园设计)平面底图

3. 实训要求

①游园设计应充分分析区域环境和设计场地的自然环境、历史文化、交通以及市政公用设施等条件,遵循上位规划要求,正确地处理好规划基地与周边用地性质的关系。游园设计应因地制宜、满足绿地功能需求,突出口袋公园的特色。

②游园设计应合理地进行功能安排与规划布局设计,合理布置园林设施、小品,有机地融入地域文化元素,形成景观优美、文化内涵丰富的城市口袋公园,满足居民休憩及文娱活动的需要。

③植物选择应按照适地适树的原则,主题突出,树种选择应满足植物多样性需求,丰富植被景观。

④游园设计中公共艺术品、城市家具应满足行人的休憩、视觉和心理等的需求,营造宜人的环境,鼓励新发展理念融入设计,鼓励新材料、新技术的应用,倡导绿色发展方式和生活方式。

4. 成果要求

1)图纸要求

①现状分析图,比例尺不限。

②总平面图(包括图例),彩色表现,比例尺不限。

③分析图四张(功能、景观、空间、植物或其他),彩色表现,比例尺自定。

④局部节点详细设计图2张(平面图、剖面图、效果图,其中一张为种植设计图,标注植物名录),比例尺为1∶200。

⑤说明书(可以附在平面图上)。所有图绘在白色不透明A1绘图纸上,表现形式为计算机绘图或手绘,风格不限。

2)总体要求

①现状分析图。踏勘设计对象基址,对基址的周围环境、原地形、原有植被、原有建(构)筑物进行准确记载。了解基址所在地的气候、土壤、水文环境。

②总平面图。根据设计绿地的功能要求,结合基址情况进行功能分区、地形、水体、道路系统、场地分布、建筑小品类型及位置、植物配置等主要设计内容的确定,绘制总平面图。

③局部节点详细设计图。局部节点详细设计图包括局部节点的平面图、剖面图、效果图。其中效果图视点选择恰当,成图效果好。

④说明书。说明书包括设计思路、设计原则、特色、设计内容等。说明书应有必要的表格,如用地平衡表、苗木统计表等,不少于1000字。

第四节
观光农业园与美丽乡村规划设计

实训十一　观光农业园规划

(一)基础理论

1.观光农业园概述

1)观光农业的概念

观光农业是一种以农业和农村为载体的新型生态旅游业,是把观光旅游与农业结合在一起的一种新型旅游方式,是以农业(广义)自然资源为基础,以农业文化和农村生活文化为核心,通过规划、设计与施工,吸引游客前来观赏、品尝、购物、习作、体验、休闲、度假的一种新型农业与旅游业相结合的生产经营形态。

2)观光农业的功能

观光农业园有以下几个功能:

①健身、休闲、娱乐功能;

②文化教育功能;

③生态功能;

④社会功能;

⑤经济功能。

2. 观光农业园特征

观光农业有以下几个特征：
①农业科技含量高；
②内容具有广博性；
③活动具有季节性；
④形式具有地域性；
⑤活动内容强调参与性；
⑥景观表达具有艺术性；
⑦农林产品具有绿色性；
⑧融观光、休闲、购物于一体；
⑨综合效益高。

3. 观光农业园的类型

1)国际上常用的分类方法
(1)观光农园：在城市近郊或风景区附近开辟特色果园、菜园、茶园、花圃等，让游客入内摘果、摘菜、赏花、采茶，享受田园乐趣。观光农园是国外观光农业园最普遍的一种形式。
(2)农业公园：按照公园的经营思路，把农业生产场所、农产品消费场所和休闲旅游场所合为一体。
(3)教育农园：兼顾农业生产与科普教育功能的农业经营形态。代表性的教育农园有法国的教育农场、日本的学童农园等。
(4)民俗观光村：体验农村生活，感受农村气息。
2)按照功能定位分类
观光农业园按照功能定位分为以下几类：
①多元综合型；
②科技示范型；
③高效生产型；
④休闲度假型；
⑤游览观光型。

4. 观光农业园规划设计的原则

观光农业园规划设计有以下几个原则：
①因地制宜，营造特色景观；
②远、近期效应相结合，注重综合效益；
③尊重自然，以人为本；
④整体规划、协调统一，项目设置特色分明；
⑤传统与现代相结合，满足游人多层次的需求；
⑥注重"参与式"项目的设置，激发游人的兴趣；
⑦以植物造景为主。

5. 观光农业园规划步骤

1)调查研究阶段
调查研究阶段有以下几个步骤：
①外业踏查；

②收集整理资料,进行综合分析;

③提出规划纲要。

2)资料分析研究阶段

资料分析研究阶段有以下几个步骤:

①确定规划纲要;

②签订设计合同;

③进行初步设计。

3)方案编制阶段

方案编制阶段有以下几个步骤:

①完成初步方案;

②方案论证;

③修改、确定正式方案;

④方案再次论证。

4)形成成功文本和图件阶段

形成成功文本和图件阶段的主要内容是绘制图表,编制说明书等。

6. 观光农业园规划设计

1)观光农业园选址

观光农业园选址应注意以下几点:

①园区最好选择已具有一定基础、规模和效益的地段,经过改造、完善建设而成;

②园区应尽可能选择在地貌类型、景观类型、生态系统、物种具有典型性或珍稀性的地段;

③在一定区域范围内,要做到观光农业园的类型和特色互补,避免近距离重复建设。

2)观光农业园常见的布局形式

观光农业园有以下几种常见的布局形式:

①综合式;

②中心式;

③放射式;

④制高式;

⑤因地式。

3)观光农业园的分区规划

(1)分区规划的原则。

①观光农业园根据观光农业园的建设与发展定位,按照服从科学性、弘扬生态性、讲求艺术性以及具有可行性原则分区。

②示范类作物按类别分别置于不同区域且集中连片。

③科技展示性、观赏性和游览性强,需相应设施和基础投入较大的其他种植业项目可集中布局在主入口和核心服务区附近。

④经营管理、休闲服务配套建筑用地集中置于主入口处,与主干道相通。

(2)分区规划。

观光农业园分为以下几个区:

①生产区;

②示范区；

③观光区；

④管理服务区；

⑤休闲配套区。

4）建筑设施

建筑设施应符合以下要求：

①既要具有实用功能性，又要具有艺术性；

②与自然环境融为一体，给游人以接近和感受大自然的机会；

③建筑设施的体量和风格应视其所处的环境而定，宜得体与自然，不能喧宾夺主。

5）道路水系

道路水系应符合以下要求：

①空间结构要求完整；

②做到自然引导、畅通有序，体现景观的秩序性和通达性；

③农业历史文化展示的景观模式中，道路水系景观尽可能保留历史文化痕迹。

6）农业工程设施

农业工程设施满足农业生产功能的同时，注重艺术处理。

7）作物（畜禽）生产

作物（畜禽）生产是观光农业园中最基本和主要的内容。

8）绿化设计

绿化设计应符合以下要求：

①园区绿化要体现造景、游憩、美化和分界功能；

②不同功能区的绿化风格、用材和布局特色应该与该区环境特点协调；

③因地制宜进行绿化，做到重点与一般相结合，绿化与美化、彩化、香化相结合，绿化用材力求经济、实用、美观；

④注意局部与整体的关系；

⑤以植物造景为主，充分体现绿色生态氛围。

9）植被规划的内容

植被规划包括以下内容：

①生态林区；

②观赏（采摘）林区；

③生产林区。

（二）案例展示

观光农业园规划案例如图2-27所示。

（三）设计任务书

1. 实训目的

掌握观光农业园景观规划设计的基本原则和功能要求，熟练运用平面组合、剖面设计的基本方法，并力

某地区高新农业示范观光园规划

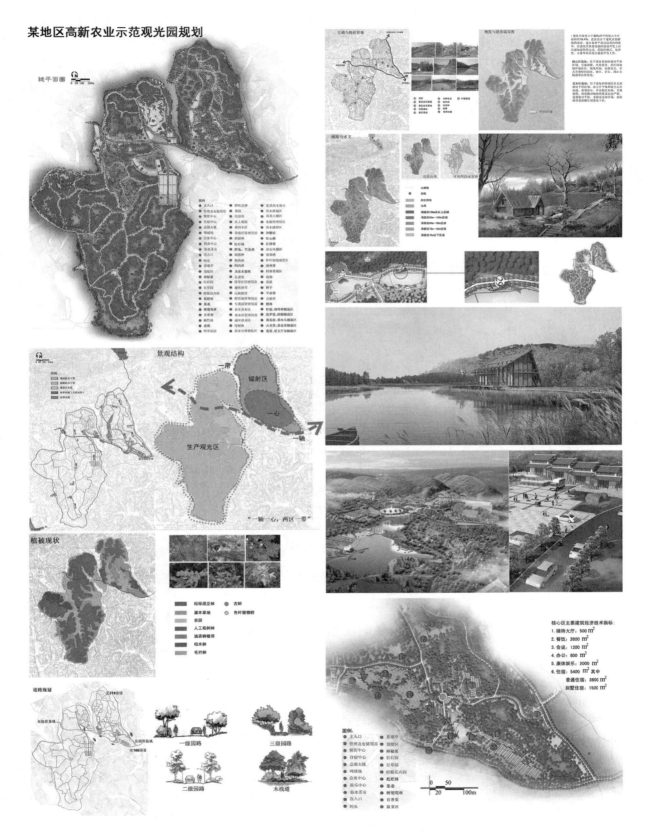

图 2-27　观光农业园规划案例

求在设计概念和形态上有所突破,为观光农业园景观规划设计的发展方向做出尝试性的探索。

2. 实训内容

本项目位于华中地区,是现代农业科技示范园,致力于解决农民在马铃薯种植技术和销售环节的种种问题。该科技有限公司是一家集马铃薯科研、生产、深加工、冷链、物流为一体的高科技公司,不光为农民带来先进的种植技术、培育技术,同时解决农民的马铃薯销路问题。

场地北部为城市快速道路——北外环,其余三面为城市主干道,基地内地势较平坦,规划总面积为 15.38 hm²,如图 2-28 所示。设计内容包括生态农居、生态农场、休闲农场等内容。

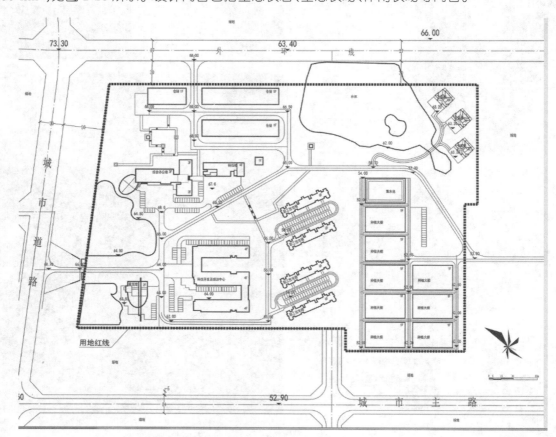

图 2-28　任务(观光农业园规划)平面底图

3. 实训要求

①紧密结合基地状况,处理好绿地与建筑的环境关系。

②有机地处理好各部分功能关系,室内外空间组织合理。

③设计构思独特、富有景观特色、反映时代特色。

4. 成果要求

成果包括以下内容:

①基址分析图,包括区位分析、自然资料(气象、地质、土壤)分析、植被分析、周边用地分析等;

②概念分析图;

③总平面图(带竖向设计),比例尺自定;

④场地纵、横断面图；

⑤环境景观节点大样（带平、立、剖面图或效果图）（至少5个）；

⑥分析图（功能结构分析、景观节点及视线分析、交通流线分析、绿化分析等），构思过程分析图；

⑦技术经济指标及方案设计说明。

实训十二 美丽乡村规划

（一）基础理论

"美丽乡村"，其实是我国社会主义新农村建设的一个升级阶段，它最早在国家正式文件中提出是在2013年的"中央一号文件"中。文件提出"加强农村生态建设、环境保护和综合整治，努力建设美丽乡村"。2013年7月，习近平总书记到鄂州市长港镇峒山村视察城乡一体化试点工作时，再次提到美丽乡村建设。他指出："实现城乡一体化，建设美丽乡村，是要给乡亲们造福，不要把钱花在不必要的事情上，比如说'涂脂抹粉'，房子外面刷层白灰，一白遮百丑。不能大拆大建，特别是古村落要保护好。"他还强调，即使将来城镇化达到70%，还有四五亿人在农村。农村绝不能成为荒芜的农村、留守的农村、记忆中的故园。城镇化要发展，农业现代化和新农村建设也要发展，同步发展才能相得益彰，要推进城乡一体化发展。在2013年年底召开的中央农村工作会议上，习近平总书记强调，中国要强，农业必须强；中国要美，农村必须美；中国要富，农民必须富。建设美丽中国，必须建设好"美丽乡村"。此后，在2014年3月出台的《国家新型城镇化规划（2014—2020年）》中，"美丽乡村"被再次提到。文件明确提出建设各具特色的美丽乡村。

生态人居的建设——对科学规划布局美的解读。通过中心村的培育推进农村人口集聚，优化村庄和农村人口布局；通过农村土地综合整治和农村住房改造建设，改善农民居住条件，构建舒适的农村生态人居体系。

生态环境的提升——对村容整洁环境美的解读。突出重点、连线成片、健全机制。通过改路、改水、改厕、污水处理、垃圾处理和村庄绿化等工程，扩大"千村示范，万村整治"工程的建设面，提升建设水平，构建优美的农村生态环境体系。

生态经济的推动——对创业增收生活美的解读。通过编制农村产业发展规划，推进产业集聚升级；发展新兴产业（包括乡村生态农业、乡村生态旅游业，以及乡村低耗、低排放工业等产业），促进农民创业就业，构建高效的农村生态产业体系。

生态文化的培育——对乡风文明身心美的解读。以提高农民群众生态文明素养、形成农村生态文明新风尚为目标，加强生态文明普及教育；积极引导村民追求科学、健康、文明、低碳的生产方式和行为方式，增强村民的可持续发展观念，构建和谐的农村生态文化体系。

1. 居住环境景观

乡村建筑有着深厚的地域文化内涵，是人与自然地理、气候、宗教礼法共同作用的结果。江南的老街古巷、沿海的岛屿石屋、内蒙古的帐篷房，无不反映着当地的自然、社会和文化背景，是最乡土的设计作品。在具体运用过程中，各类乡村居住建筑采取不同的更新方式（见表2-15），打造符合美丽乡村发展要求的建筑景观。乡村庭院在传承传统地域庭院特色的基础上，按照当代生活需求以及乡村旅游活动开展的需要进行设计（见表2-16）。

表 2-15　乡村居住建筑设计策略分析表

更新方式	对象	策略
保护	有历史、文化、继承价值的古建筑、古民居	以保护为主,对于已经毁坏的古建筑,坚持"修旧如旧",避免拆除和根本性的改造
维持	现代风格的、保存较好的建筑,外饰面较新且能体现现代乡村的特色	有选择性地继承建筑传统元素,如文化内涵、空间艺术等,对建筑立面进行整治,使其与周边建筑协调统一,在景观风貌上相辅相成
整修	结构完好、质量较好、外观较落伍的建筑	保持原貌并及时维修,以传统建筑为基础,汲取传统建筑元素和符号,对外立面进行整修,增加地方风格建筑的元素与符号,重塑传统民居特色
改造	质量较差、严重老化、外墙破旧,出现"赤膊墙"现象等的各类危旧房	对无法修缮的危房或因为修缮会产生不能满足消防、日照间距情况的房屋进行整体改造、重新翻建,或统一移至新社区

表 2-16　乡村庭院设计策略分析表

庭院类型	策略
经济生产型	将部分农作生产搬迁到庭院之中,设置相应的景观设施,形成反映当地乡村农耕活动和农耕文化的景观
园艺观赏型	利用园艺观赏植物将庭院设计成家庭园艺形式,结合园艺小品种植观赏花卉,美化庭院环境
山水写意型	设计小地形并引入水源进行"堆山叠水",营造"微自然",营造山水写意的生活空间

2. 公共空间景观

乡村公共空间具有人群聚集性和活动滞留性,是人们最易识别和记忆的部分,也是乡土特色的魅力所在(见表 2-17)。

表 2-17　乡村公共空间设计策略分析表

公共空间类型	策略
入口景观	以"绿色先行、文化传承、特色塑造"为设计指导思想,根据入口区的资源环境特色,通过景观序列排列组织,营造优美、个性鲜明的区域标识性景观
乡村公共空间	以"人性化设计"为原则,依据其所处的具体环境、地方文脉等因素,明确公共空间的性质定位、尺度定位、功能定位和形态定位
公共绿地	以乡村土地利用规划为指导,保护、利用好现有植被、场地、水系等资源,在公共绿地中设置具有当地特色的景观小品、活动场地及各种休闲设施,为居民提供一个游憩、交流、健身的场所

3. 水系景观

水系是乡村重要的生态要素,具有农业灌溉、防洪排涝和景观游憩等功能。水塘、溪流和沟渠是乡村水系中最常见的形式,也是乡村水系景观设计的主要内容(见表 2-18)。

表 2-18　乡村水系景观设计策略分析表

水系类型	策略
水塘景观	以自然生态修复为主,结合地形及水岸线,配置乡土植物,营造乡村地带性植物群落景观,延续水塘自古在使用和景观上的功能,营造精神寄托
溪流景观	溪流蜿蜒于乡村的各个区域,有效地组织乡村景观的空间序列,处理好水系、驳岸、植物、设施之间的关系,满足居民生产、生活及景观需求
沟渠景观	挖掘其内在属性,在体现其灌溉、排水的功能的基础上,通过园林造景艺术,丰富水渠景观特性,传承历史文化底蕴

4.道路景观

乡村道路系统构成了乡村的基本骨架,承载着乡村物质、信息、文化的流动,是乡土景观的重要组成部分。道路景观构成要素是多种多样的,乡村道路景观构成主要包括道路本体(路面、道牙等)、道路绿化(行道树、灌木等)、道路附属物(道路标志、防护栏等)以及道路占用物(电线杆、公共汽车站等)。其中,路面材料、道路绿化以及道路附属物是道路景观的主体部分(见表 2-19)。

表 2-19　乡村道路景观设计策略分析表

路道景观要素类型	策略
路面材料	在实地调研的基础上因地制宜地确定路面材料,在条件许可的前提下加强道路铺设的乡土装饰性
道路绿化	坚持适地适树的原则,以乡土树种为主,注重瓜果等乡村植物的配置,表现乡村氛围和趣味
道路附属物	以乡土特色为出发点,设计道路标识物,使之成为历史文化的载体,在道路景观中起画龙点睛的作用

(二)案例展示

美丽乡村规划案例如图 2-29 所示。

(三)设计任务书

任务(美丽乡村规划)平面底图如图 2-30 所示。

1.实训目的

遵循"尊重自然、有机更新,尊重人民、以人为本,整体协调、统筹落实"的规划理念,找出村庄发展的阶段瓶颈,针对性地提出典型村庄的发展方向和规划方法,形成具有推广意义和可持续发展的村庄规划样板。

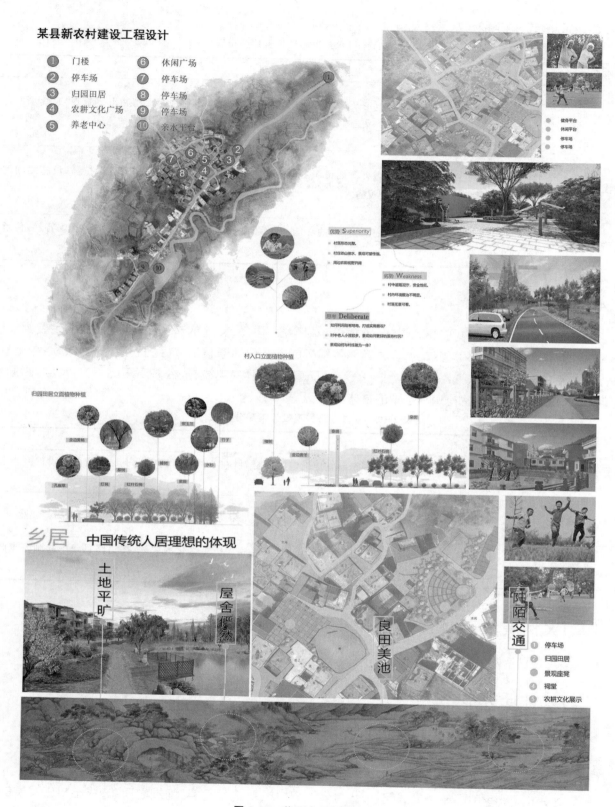

图 2-29　美丽乡村规划案例

某县乡村景观规划设计

续图 2-29

图 2-30　任务(美丽乡村规划)平面底图

2. 实训内容

1)村庄现状分析

通过问卷发放、实地踏勘、入户调查、座谈会等方式,对村庄现状人口、用地、产业、交通等要素进行分析归纳。

2)村庄定位与主导产业

根据地区功能定位,分析村庄在城乡系统中扮演的角色,提出规划村庄的总体定位与发展目标。

深入研究规划村庄的历史文脉、发展条件和政策导向,结合村庄的现状特点提出适合村庄发展的主导产业。

3)合理完善的功能与交通组织

根据目标定位,结合村庄实际情况提出合理的功能分区,并考虑村庄内部和外部交通网络,形成合理、高效、生态、有机的村庄生产、生活和田间道路系统。

4）科学合理的用地布局结构

从"生产、生活、生态"三方面融合的角度出发，有机布局村庄内部空间。通过合理测算需求，配置经济合理的基础设施。结合村庄景观风貌，提炼元素，打造富有本村特色的村庄。

5）建筑与环境要素设计

根据方案需要，选择对于表现设计主题、强化村庄形象具有重要作用的建筑与环境要素进行深化设计。

①建筑设计：沿承村庄的历史文脉，结合区域建筑特色对村庄新建、改造建筑提出具体的设计方案，宜根据农宅、公共设施等不同功能建筑分类设计。

②生态景观：根据村庄定位和功能设计从村庄整体和具体节点进行景观设计，体现"瑶族村庄"的具体阐释。村庄环境景观设计需结合村庄生态文明建设和村庄特有风貌特征，避免大拆大建；村庄景观宜结合农民生产、生活协同考虑。对村庄内水系布局提出具体的设计方案，体现村庄的自然特色，对受污染的河道水系提出合理的整治方案和措施。从村庄生产活动组织和生活环境营造的需求出发，合理确定绿化面积、比例以及布局，并综合考虑生态和景观效果，适当提出植物种植形式、树种选择等方面的建议。

③街巷与广场：街巷与广场是农村最主要的公共空间，是村庄承载历史文化重要体现。通过对村庄的历史梳理，着重对重要街巷和广场进行具体设计，沿承村庄的历史文脉，提升村民的活动品质。

④其他要素：智慧农村设计、田园景观设计、驳岸景观设计、雨水收集及污水自处理系统等。

6）针对村庄近、远期建设提出具有操作性的指导

针对村庄发展的阶段和可持续性提出近、远期发展目标，通过规划控制村庄沿既定方向持续发展。

3．实训要求

1）尊重自然，有机更新

尊重既有村庄格局，尊重村庄与自然环境及农业生产之间的依存关系，不大拆大建，重点改善村庄人居环境和生产条件，有机更新。

2）尊重人民，以人为本

改变传统的城市规划方法，进村入户深入调查，针对问题开展规划编制，建立有针对性的规划目标，充分体现与农民的互动和问题导向。保障村民参与，尊重村民意愿，发挥村民的主体作用，在规划调研、编制等各个环节充分征询村民意见，通过简明易懂的方式公示规划成果，引导村民积极参与规划编制全过程，避免大包大揽。

3）整体协调，统筹规划

通过对农村生产、生活、生态等要素的统筹规划与布局，考虑村庄的整体发展导向，引导土地集约利用与空间集聚发展。

实训的具体要求如下：

①本次规划把立足点放在现状基础的适当改造和整治上，切实解决农村的"脏、乱、差"的问题和基础设施的配套问题，提高村民的生活环境质量；

②村庄布局应处理好道路与建筑、绿化、产业、人的活动之间的关系；

③梳理好村庄道路框架和排水系统，解决好交通和排水问题；

④统筹考虑水、电、通信、广播电视等其他基础和社会公共服务设施，提高村庄的设施配套水平；

⑤充分利用房前屋后、路边村角等闲置土地，加强绿化等环境建设，改善村庄环境；

⑥在建筑户型设计、建筑排列和公建设施的布置中尊重地方民俗风情和村民生产、生活习惯，密切邻里关系，改善社会结构；

⑦关注农村产业发展与农民收入问题,解决村庄的长远效益的发展,提出相关策略,帮助农民增收。

4. 成果要求

设计成果应重点反映设计方的主要设计构思与设想。提交的成果的内容包括设计说明书、图纸及汇报多媒体等。

1)设计说明

对村庄现状及其所在地区的情况进行简要的分析评价,重点阐述规划理念、主题和方案构思特点,对村庄的产业布局、用地规模、人口规模、户数、各类用地指标、设施安排、景观塑造、历史传承等进行具体说明。提出村庄建设工程量及投资估算,规划实施保障措施以及有关政策建议等。

2)设计图纸

设计图纸的内容及表达形式应能够充分反映设计思想与方案构思特点。设计图纸包括以下内容:

①村域位置图;

②村域现状图;

③村域总体规划图;

④村庄总平面图;

⑤村庄产业布局规划图;

⑥村庄风貌整治规划图;

⑦道路交通设施规划图;

⑧道路及场地竖向规划图;

⑨给水排水规划图;

⑩电力电信规划图;

⑪公共服务设施规划图;

⑫河道水系规划图;

⑬景观系统分析图;

⑭环境卫生规划图;

⑮节点详细规划图及分析图;

⑯单体建筑立面设计及现有建筑改造图;

⑰分期实施规划图;

⑱总体效果图。

Yuanlin Guihua Sheji Shixun

第三章
园林规划设计相关
规范节选

第一节
《公园设计规范》（GB 51192—2016）

一、用地比例

(1)公园用地面积包括陆地面积和水体面积,其中陆地面积应分别计算绿化用地、建筑占地、园路及铺装场地用地的面积及比例,公园用地面积及用地比例应按表 3-1 所示的规定进行统计。

表 3-1　公园用地面积及用地比例表

公园总面积/m²	用地类型		面积/m²	比例/(%)	备注
	陆地	绿化用地			
		建筑占地			
		园路及铺装用地			
		其他用地			
	水体				

注:如有"其他用地",应在"备注"一栏中注明内容。

(2)公园用地比例应以公园陆地面积为基数进行计算,并应符合表 3-2 所示的规定。

表 3-2　公园用地比例

单位:%

陆地面积 A_1/hm²	用地类型	公园类型					
		综合公园	专类公园			社区公园	游园
			动物园	植物园	其他专类公园		
$A_1 < 2$	绿化	—	—	>65	>65	>65	>65
	管理建筑	—	—	<1.0	<1.0	<0.5	—
	游憩建筑和服务建筑	—	—	<7.0	<5.0	<2.5	<1.0
	园路及铺装场地	—	—	15~25	15~25	15~30	15~30
$2 \leq A_1 < 5$	绿化	—	>65	>70	>65	>65	>65
	管理建筑	—	<2.0	<1.0	<1.0	<0.5	<0.5
	游憩建筑和服务建筑	—	<12.0	<7.0	<5.0	<2.5	<1.0
	园路及铺装场地	—	10~20	10~20	10~25	15~30	15~30
$5 \leq A_1 < 10$	绿化	>65	>65	>70	>65	>70	>70
	管理建筑	<1.5	<1.0	<1.0	<1.0	<0.5	<0.3
	游憩建筑和服务建筑	<5.5	<14.0	<5.0	<4.0	<2.0	<1.3
	园路及铺装场地	10~25	10~20	10~20	10~25	10~25	10~25

陆地面积 A_1/hm²	用地类型	公园类型					
		综合公园	专类公园			社区公园	游园
			动物园	植物园	其他专类公园		
$10 \leqslant A_1$ <20	绿化 管理建筑 游憩建筑和服务建筑 园路及铺装场地	>70 <1.5 <4.5 10~25	>65 <1.0 <14.0 10~20	>75 <1.0 <4.0 10~20	>70 <0.5 <3.5 10~20	>70 <0.5 <1.5 10~25	— — — —
$20 \leqslant A_1$ <50	绿化 管理建筑 游憩建筑和服务建筑 园路及铺装场地	>70 <1.0 <4.0 10~22	>65 <1.5 <12.5 10~20	>75 <0.5 <3.5 10~20	>70 <0.5 <2.5 10~20	— — — —	— — — —
$50 \leqslant A_1$ <100	绿化 管理建筑 游憩建筑和服务建筑 园路及铺装场地	>75 <1.0 <3.0 8~18	>70 <1.5 <11.5 5~15	>80 <0.5 <2.5 5~15	>75 <0.5 <1.5 8~18	— — — —	— — — —
$100 \leqslant A_1$ <300	绿化 管理建筑 游憩建筑和服务建筑 园路及铺装场地	>80 <0.5 <2.0 5~18	>70 <1.0 <10.0 5~15	>80 <0.5 <2.5 5~15	>75 <0.5 <1.5 5~15	— — — —	— — — —
$A_1 \geqslant 300$	绿化 管理建筑 游憩建筑和服务建筑 园路及铺装场地	>80 <0.5 <1.0 5~15	>75 <1.0 <9.0 5~15	>80 <0.5 <2.0 5~15	>80 <0.5 <1.0 5~15	— — — —	— — — —

注:"—"表示不做规定;上表中管理建筑、游憩建筑和服务建筑的用地比例是指其建筑占地面积百分比。

二、容量计算

(1)公园设计应确定游人容量,作为计算各种设施的规模、数量以及进行公园管理的依据。

(2)公园游人容量应按下式计算:

$$C = (A_1 / A_{m1}) + C_1$$

式中:C——公园游人容量,人;

A_1——公园陆地面积,m²;

A_{m1}——人均占有公园陆地面积,m²/人;

C_1——公园开展水上活动的水域游人容量,人。

（3）人均占有公园陆地面积指标应符合表 3-3 规定的数值。

表 3-3　公园游人人均占有公园陆地面积指标　　　　　　　　　单位：m²/人

公园类型	人均占有陆地面积
综合公园	30～60
专类公园	20～30
社区公园	20～30
游园	30～60

注：人均占有公园陆地面积指标的上下限取值应根据公园区位、周边地区人口密度等实际情况确定。

（4）公园有开展游憩活动的水域时，水域游人容量宜按 150～250 m²/人进行计算。

三、设施的设置

（1）公园设施项目的设置，应符合表 3-4 的规定。

表 3-4　公园设施项目的设置

设施类型	设施项目	陆地面积 A_1/hm²						
		$A_1<2$	$2\leq A_1<5$	$5\leq A_1<10$	$10\leq A_1<20$	$20\leq A_1<50$	$50\leq A_1<100$	$A_1\geq100$
游憩设施（非建筑类）	棚架	○	●	●	●	●	●	●
	休息座椅	●	●	●	●	●	●	●
	游戏健身器材	○	○	○	○	○	○	○
	活动场	●	●	●	●	●	●	●
	码头					○	○	○
游憩设施（建筑类）	亭、廊、厅、榭	○		○	●		●	●
	活动馆					○	○	○
	展馆					○		○
服务设施（非建筑类）	停车场			○	○	●	●	●
	自行车存放处	●	●	●	●	●	●	●
	标识	●	●	●	●	●	●	●
	垃圾箱	●	●	●	●	●	●	●
	饮水器	○		○	○	○	○	○
	园灯	●				●	●	●
	公用电话	○	○	○	○	○	○	○
	宣传栏	○	○	○	○	○	○	○

续表

设施类型	设施项目	陆地面积 A_1/hm²						
		$A_1<2$	$2\leqslant A_1<5$	$5\leqslant A_1<10$	$10\leqslant A_1<20$	$20\leqslant A_1<50$	$50\leqslant A_1<100$	$A_1\geqslant100$
服务设施（建筑类）	游客服务中心			○	○	●	●	●
	厕所	○	●	●	●	●	●	●
	售票房	○	○	○	○	○	○	○
	餐厅			○	○	○	○	○
	茶座、咖啡厅		○	○	○	○	○	○
	小卖部	○	○	○	○	○	○	○
	医疗救助站	○	○	○	○	○	●	●
管理设施（非建筑类）	围墙、围栏	○	○	○	○	○	○	○
	垃圾中转站			○	○	●	●	●
	绿色垃圾处理站				○	○	○	●
	变配电所			○	○	○	○	○
	泵房	○	○	○	○	○	○	○
	生产温室、荫棚				○	○	○	○
管理设施（建筑类）	管理办公用房	○	○	○	●	●	●	●
	广播室	○	○	○	●	●	●	●
	安保监控室	○	●	●	●	●	●	●
管理设施	应急避险设施	○	○	○	○	○	○	○
	雨水控制利用设施	●	●	●	●	●	●	●

注："●"表示应设；"○"表示可设。

（2）公园内不应修建与其性质无关的、单纯以盈利为目的的建筑。

（3）游人使用的厕所应符合下列规定。

①面积大于或等于 10 hm² 的公园,应按游人容量的 2％设置厕所厕位（包括小便斗位数）,小于 10 hm² 者按游人容量的 1.5％设置；男女厕位比例宜为 1：1.5。

②服务半径不宜超过 250 m,即间距 500 m。

③各厕所内的厕位数应与公园内的游人分布密度相适应。

④在儿童游戏场附近,应设置方便儿童使用的厕所。

⑤公园应设无障碍厕所。无障碍厕位或无障碍专用厕所的设计应符合现行国家标准《无障碍设计规范》（GB 50763—2012）的相关规定。

（4）休息座椅的设置应符合以下规定：

①容纳量应按游人容量的 20％～30％设置；

②应考虑游人需求合理分布；

③休息座椅旁应设置轮椅停留位置,其数量不应小于休息座椅的 10％。

（5）公园配建地面停车位指标可符合表 3-5 的规定。

表 3-5　公园配建地面停车位指标

陆地面积 A_1 / hm²	停车位指标/(个/hm²)	
	机动车	自行车
$A_1<10$	≤2	≤50
$10≤A_1<50$	≤5	≤50
$50≤A_1<100$	≤8	≤20
$A_1≥100$	≤12	≤20

四、园路及铺装场地设计

（1）园路应根据公园总体设计确定的路网及等级，进行园路宽度、平面和纵断面的线形以及结构设计。

（2）园路宜分为主路、次路、支路、小路四级。公园面积小于 10 hm² 时，可只设三级园路。

（3）园路宽度应根据通行要求确定，并应符合表 3-6 的规定。

表 3-6　园路宽度　　　　　　　　　　　　　　　　　　　　　　　　单位：m

园路级别	公园总面积 A/hm²			
	$A<2$	$2≤A<10$	$10≤A<50$	$A≥50$
主路	2.0～4.0	2.5～4.5	4 0～5.0	4.0～7.0
次路			3.0～4.0	3.0～4.0
支路	1.2～2.0	2. 0～2.5	2.0～3.0	2.0～3.0
小路	0.9～1.2	0.9～2.0	1.2～2.0	1.2～2.0

五、种植设计

（1）植物配置应以总体设计确定的植物组群类型及效果要求为依据。

（2）植物配置应采取乔灌草结合的方式，并应避免生态习性相克植物搭配。

（3）植物配置应注重植物景观和空间的塑造，并应符合下列规定：

①植物组群的营造宜采用常绿树种与落叶树种搭配，速生树种与慢生树种相结合，以发挥良好的生态效益，形成优美的景观效果；

②孤植树、树丛或树群至少应有一处欣赏点，视距宜为观赏面宽度的 1.5 倍或高度的 2 倍；

③树林的林缘线观赏视距宜为林高的 2 倍以上；

④树林林缘与草地的交接地段，宜配植孤植树、树丛等；

⑤草坪的面积及轮廓形状，应考虑观赏角度和视距要求。

（4）植物配置应考虑管理及使用功能的需求，并应符合下列要求：

①应合理预留养护通道；

②公园游憩绿地宜设计为疏林或疏林草地。

（5）植物配置应确定合理的种植密度，为植物生长预留空间。种植密度应符合下列规定：

①树林郁闭度应符合表 3-7 的规定；

②观赏树丛、树群近期郁闭度应大于 0.50。

表 3-7 树林郁闭度

类型	种植当年标准	成年期标准
密林	0.30～0.70	0.70～1.00
疏林	0.10～0.40	0.40～0.60
疏林草地	0.07～0.20	0.10～0.30

(6)其他要求满足表 3-8 至表 3-11 的基本规定。

表 3-8 植物与架空电力线路导线的最小垂直距离

线路电压/kV	<1	1～10	35～110	220	330	500	750	1000
最小垂直距离/m	1.0	1.5	3.0	3.5	4.5	7.0	8.5	16.0

表 3-9 植物与地下管线的最小水平距离   单位:m

名称	新植乔木	现状乔木	灌木或绿篱
电力电缆	1.5	3.5	0.5
通信电缆	1.5	3.5	0.5
给水管	1.5	2.0	
排水管	1.5	3.0	
排水盲沟	1.0	3.0	
消防龙头	1.2	2.0	1.2
燃气管道(低中压)	1.2	3.0	1.0
热力管	2.0	5.0	2.0

注:乔木与地下管线的距离是指乔木树干基部的外缘与管线外缘的净距离。灌木或绿篱与地下管线的距离是指地表处分蘖枝干中最外的枝干基部外缘与管线外缘的净距离。

表 3-10 植物与地下管线的最小垂直距离   单位:m

名称	新植乔木	现状乔木	灌木或绿篱
各类市政管线	1.5	3.0	1.5

表 3-11 植物与建筑物、构筑物外缘的最小水平距离   单位:m

名称	新植乔木	现状乔木	灌木或绿篱
测量水准点	2.00	2.00	1.00
地上杆柱	2.00	2.00	
挡土墙	1.00	3.00	0.50
楼房	5.00	5.00	1.50
平房	2.00	5.00	
围墙(高度小于 2 m)	1.00	2.00	0.75
排水明沟	1.00	1.00	0.50

注:乔木与建筑物、构筑物的距离是指乔木树干基部的外缘与建筑物、构筑物的净距离。灌木或绿篱与建筑物、构筑物的距离是指地表处分蘖枝干中最外的枝干基部外缘与建筑物、构筑物的净距离。

六、建筑物、构筑物设计

(1)建筑物的位置、规模、造型、材料、色彩及其使用功能,应符合公园总体设计的要求。

(2)建筑物应与地形、地貌、山石、水体、植物等其他造园要素统一协调,有机融合。

(3)建筑设计应优化建筑形体和空间布局,促进天然采光、自然通风,合理优化维护结构保温、隔热等性能,降低建筑的供暖、空调和照明系统的负荷。

(4)在建筑设计的同时,应考虑对建筑物使用过程中产生的垃圾、废气、废水等废弃物的处理,防止污染和破坏环境。

(5)建筑物的层数与高度应符合下列规定:

①游憩和服务建筑层数以 1 层或 2 层为宜,起主题或点景作用的建筑物或构筑物的高度和层数应服从功能和景观的需要;

②管理建筑层数不宜超过 3 层,其体量应按不破坏景观和环境的原则严格控制;

③室内净高不应小于 2.4 m,亭、廊、敞厅等的楣子高度应满足游人通过或赏景的要求。

(6)游人通行量较多的建筑室外台阶宽度不宜小于 1.5 m;踏步宽度不宜小于 30 cm,踏步高度不宜大于 15 cm 且不宜小于 10 cm;台阶踏步数不应少于 2 级。

(7)各种安全防护性、装饰性和示意性护栏不应采用带有尖角、利刺等构造形式。

(8)防护护栏的高度不应低于 1.05 m;设置在临空高度 24 m 及以上时,护栏高度不应低于 1.10 m。护栏应从可踩踏面起计算高度。

(9)儿童专用活动场所的防护护栏必须采用防止儿童攀登的构造,当采用垂直杆件作为栏杆时,其杆间净距不应大于 0.11 m。

(10)球场、电力设施、猛兽类动物展区以及公园围墙等其他专用防范性护栏,应根据实际需要另行设计和制作。

第二节
《城市居住区规划设计标准》(GB 50180—2018)

一、居住区分级控制规模

居住区按照居民的合理的步行距离满足基本生活需求的原则,可分为十五分钟生活圈居住区、十分钟生活圈居住区、五分钟生活圈居住区及居住街坊四级,其分级控制规模应符合表 3-12 的规定。

居住区应根据其分级控制规模,对应规划建设配套设施和公共绿地,并应符合下列规定:

①新建居住区,应满足统筹规划、同步建设、同期投入使用的要求;

②旧区可遵循规划匹配、建设补缺、综合达标、逐步完善的原则进行改造。

表 3-12 居住区分级控制规模

距离与规模	十五分钟生活圈居住区	十分钟生活圈居住区	五分钟生活圈居住区	居住街坊
步行距离/m	800～1000	500	300	
居住人口/人	50 000～100 000	15 000～25 000	5000～12 000	1000～3000
住宅数量/套	17 000～32 000	5000～8000	1500～4000	300～1000

二、用地与建筑

(1)各级生活圈居住区用地应合理配置、适度开发,其控制指标应符合表 3-13 至表 3-15 的规定。

表 3-13 十五分钟生活圈居住区用地控制指标

建筑气候区划	住宅建筑平均层数类别	人均居住区用地面积/(m²/人)	居住区用地容积率	居住区用地构成/(%)				
				住宅用地	配套设施用地	公共绿地	城市道路用地	合计
Ⅰ、Ⅶ	多层Ⅰ类(4～6层)	40～50	0.8～1.0	58～61	12～16	7～11	15～20	100
Ⅱ、Ⅵ		38～51	0.8～1.0					
Ⅲ、Ⅳ、Ⅴ		37～48	0.9～1.1					
Ⅰ、Ⅶ	多层Ⅱ类(7～9层)	35～42	1.0～1.1	52～58	13～20	9～13	15～20	100
Ⅱ、Ⅵ		33～41	1.0～1.2					
Ⅲ、Ⅳ、Ⅴ		31～39	1.1～1.3					
Ⅰ、Ⅶ	高层Ⅰ类(10～18层)	28～38	1.1～1.4	48～52	16～23	11～16	15～20	100
Ⅱ、Ⅵ		27～36	1.2～1.4					
Ⅲ、Ⅳ、Ⅴ		26～34	1.2～1.5					

注:居住区用地容积率是生活圈、住宅建筑及其配套设施地上建筑面积之和与居住区用地总面积的比值。

表 3-14 十分钟生活圈居住区用地控制指标

建筑气候区划	住宅建筑平均层数类别	人均居住区用地面积/(m²/人)	居住区用地容积率	居住区用地构成/(%)				
				住宅用地	配套设施用地	公共绿地	城市道路用地	合计
Ⅰ、Ⅶ	低层(1～3层)	49～51	0.8～0.9	71～73	5～8	4～5	15～20	100
Ⅱ、Ⅵ		45～51	0.8～0.9					
Ⅲ、Ⅳ、Ⅴ		42～51	0.8～0.9					
Ⅰ、Ⅶ	多层Ⅰ类(4～6层)	35～47	0.8～1.1	68～70	8～9	4～6	15～20	100
Ⅱ、Ⅵ		33～44	0.9～1.1					
Ⅲ、Ⅳ、Ⅴ		32～41	0.9～1.2					
Ⅰ、Ⅶ	多层Ⅱ类(7～9层)	30～35	1.1～1.2	64～67	9～12	6～8	15～20	100
Ⅱ、Ⅵ		28～33	1.2～1.3					
Ⅲ、Ⅳ、Ⅴ		26～32	1.2～1.4					

续表

建筑气候区划	住宅建筑平均层数类别	人均居住区用地面积/(m²/人)	居住区用地容积率	居住区用地构成/(%)				
				住宅用地	配套设施用地	公共绿地	城市道路用地	合计
Ⅰ、Ⅶ	高层Ⅰ类(10~18层)	23~31	1.2~1.6	60~64	12~14	7~10	15~20	100
Ⅱ、Ⅵ		22~28	1.3~1.7					
Ⅲ、Ⅳ、Ⅴ		21~27	1.4~1.8					

注:居住区用地容积率是生活圈、住宅建筑及其配套设施地上建筑面积之和与居住区用地总面积的比值。

表3-15 五分钟生活圈居住区用地控制指标

建筑气候区划	住宅建筑平均层数类别	人均居住区用地面积/(m²/人)	居住区用地容积率	居住区用地构成/(%)				
				住宅用地	配套设施用地	公共绿地	城市道路用地	合计
Ⅰ、Ⅶ	低层(1~3层)	46~47	0.7~0.8	76~77	3~4	2~3	15~20	100
Ⅱ、Ⅵ		43~47	0.8~0.9					
Ⅲ、Ⅳ、Ⅴ		39~47	0.8~0.9					
Ⅰ、Ⅶ	多层Ⅰ类(4~6层)	32~43	0.8~1.1	74~76	4~5	2~3	15~20	100
Ⅱ、Ⅵ		31~40	0.9~1.2					
Ⅲ、Ⅳ、Ⅴ		29~37	1.0~1.2					
Ⅰ、Ⅶ	多层Ⅱ类(7~9层)	28~31	1.2~1.3	72~74	5~6	3~4	15~20	100
Ⅱ、Ⅵ		25~29	1.2~1.4					
Ⅲ、Ⅳ、Ⅴ		23~28	1.2~1.4					
Ⅰ、Ⅶ	高层Ⅰ类(10~18层)	20~27	1.4~1.8	69~72	6~8	4~5	15~20	100
Ⅱ、Ⅵ		19~25	1.5~1.9					
Ⅲ、Ⅳ、Ⅴ		18~23	1.6~2.0					

注:居住区用地容积率是生活圈、住宅建筑及其配套设施地上建筑面积之和与居住区用地总面积的比值。

(2)居住街坊用地与建筑控制指标应符合表3-16的规定。

表3-16 居住街坊的用地与建筑控制指标

建筑气候区划	住宅建筑平均层数类别	住宅用地容积率	建筑密度最大值/(%)	绿地率最小值/(%)	住宅建筑高度控制最大值/m	人均住宅用地面积最大值/(m²/人)
Ⅰ、Ⅶ	低层(1~3层)	1.0	35	35	18	36
	多层Ⅰ类(4~6层)	1.1~1.4	28	28	27	32
	多层Ⅱ类(7~9层)	1.5~1.7	25	30	36	22
	高层Ⅰ类(10~18层)	1.8~2.4	20	35	54	19
	高层Ⅱ类(19~26层)	2.5~2.8	20	35	80	13

建筑气候区划	住宅建筑平均层数类别	住宅用地容积率	建筑密度最大值/(%)	绿地率最小值/(%)	住宅建筑高度控制最大值/m	人均住宅用地面积最大值/(m²/人)
Ⅱ、Ⅵ	低层(1～3层)	1.0～1.1	40	28	18	36
	多层Ⅰ类(4～6层)	1.2～1.5	30	30	27	30
	多层Ⅱ类(7～9层)	1.6～1.9	28	30	36	21
	高层Ⅰ类(10～18层)	2.0～2.6	20	35	54	17
	高层Ⅱ类(19～26层)	2.7～2.9	20	35	80	13
Ⅲ、Ⅳ、Ⅴ	低层(1～3层)	1.0～1.2	43	25	18	36
	多层Ⅰ类(4～6层)	1.3～1.6	32	30	27	27
	多层Ⅱ类(7～9层)	1.7～2.1	30	30	36	20
	高层Ⅰ类(10～18层)	2.2～2.8	22	35	54	16
	高层Ⅱ类(19～26层)	2.9～3.1	22	35	80	12

注:1.住宅用地容积率是居住街坊、住宅建筑及其便民服务设施地上建筑面积之和与住宅用地总面积的比值;

2.建筑密度是居住街坊、住宅建筑及其便民服务设施建筑基底面积与该居住街坊用地面积的比率;

3.绿地率是居住街坊绿地面积之和与该居住街坊用地面积的比率。

(3)当住宅建筑采用低层或多层高密度布局形式时,居住街坊用地与建筑控制指标应符合表3-17的规定。

表3-17　低层或多层高密度居住街坊用地与建筑控制指标

建筑气候区划	住宅建筑平均层数类别	住宅用地容积率	建筑密度最大值/(%)	绿地率最小值/(%)	住宅建筑高度控制最大值/m	人均住宅用地面积最大值/(m²/人)
Ⅰ、Ⅶ	低层(1～3层)	1.0、1.1	42	25	11	32～36
	多层Ⅰ类(4～6层)	1.4、1.5	32	28	20	24～26
Ⅱ、Ⅵ	低层(1～3层)	1.1、1.2	47	23	11	30～32
	多层Ⅰ类(4～6层)	1.5～1.7	38	28	20	21～24
Ⅲ、Ⅳ、Ⅴ	低层(1～3层)	1.2、1.3	50	20	11	27～30
	多层Ⅰ类(4～6层)	1.6～1.8	42	25	20	20～22

注:1.住宅用地容积率是居住街坊、住宅建筑及其便民服务设施地上建筑面积之和与住宅用地总面积的比值;

2.建筑密度是居住街坊、住宅建筑及其便民服务设施建筑基底面积与该居住街坊用地面积的比率;

3.绿地率是居住街坊绿地面积之和与该居住街坊用地面积的比率。

(4)新建各级生活圈居住区应配套规划建设公共绿地,并应集中设置具有一定规模,且能开展休闲、体育活动的居住公园。公共绿地控制指标如表3-18所示。

表 3-18　公共绿地控制指标

类别	人均公共绿地面积/(m²/人)	居住区公园		备注
		最小规模/hm²	最小宽度/m	
十五分钟生活圈居住区	2.0	5.0	80	不含十分钟生活圈及以下居住区的公共绿地指标
十分钟生活圈居住区	1.0	1.0	50	不含五分钟生活圈及以下居住区的公共绿地指标
五分钟生活圈居住区	1.0	0.4	30	不含居住街坊的公共绿地指标

注:居住区公园中应设置10%～15%的体育活动场地。

(5)当旧区改建确实无法满足表 3-18 的规定时,可采取多点分布以及立体绿化等方式改善居住环境,但人均公共绿地面积不应低于相应控制指标的70%。

(6)居住街坊的绿地应结合住宅建筑布局设置集中绿地和宅旁绿地;绿地的计算方法应符合《城市居住区规划设计标准》(GB 50180—2018)附录 A 第 1 条的规定。

(7)居住街坊内集中绿地的规划建设,应符合下列规定:

①新区建设不应低于 0.5 m²/人,旧区改建不应低于 0.35 m²/人;

②宽度不应小于 8 m;

③在标准的建筑日照阴影线围之外的绿地面积不应少于 1/3,应设置老年人、儿童活动场地。

(8)住宅建筑与相邻建(构)筑物的间距应在综合考虑日照、采光、通风、管线埋设、视觉卫生、防灾等要求的基础上统筹确定,并应符合现行标准《建筑设计防火规范》(GB 50016—2014)(2018 年版)的有关规定。

(9)住宅建筑的间距应符合表 3-19 的规定。

表 3-19　住宅建筑日照标准

建筑气候区划	Ⅰ、Ⅱ、Ⅲ、Ⅶ气候区		Ⅳ气候区		Ⅴ、Ⅵ气候区
城区常住人口/万人	≥50	<50	≥50	<50	无限定
日照标准日	大寒日			冬至日	
日照时数/h	≥2		≥3		≥1
有效日照时间带(当地真太阳时)	8时—16时			9时—15时	
计算起点	底层窗台面				

注:底层窗台面是指距室内地坪 0.9 m 高的外墙位置。

特殊情况时,住宅建筑的间距还应满足下列规定:

①老年人居住建筑的日照标准不应低于冬至日日照时数 2 h;

②在原设计建筑外增加任何设施不应使相邻住宅原有日照标准降低,既有住宅建筑进行无障碍改造加装电梯除外;

③旧区改建项目、新建住宅建筑的日照标准不应低于大寒日日照时数 1 h。

(10)居住区规划设计应汇总重要的技术指标,并应符合《城市居住区规划设计标准》(GB 50180—2018)附录 A 第 3 条的规定。

三、配套设施

(1)配套设施应遵循配套建设、方便使用、统筹开放、兼顾发展的原则进行配置,其布局应遵循集中和分散兼顾、独立和混合使用并重的原则,并应符合下列规定。

①十五分钟和十分钟生活圈居住区配套设施,应依照其服务半径相对居中布局。

②十五分钟生活圈居住区配套设施中,文化活动中心、社区服务中心(街道级)、街道办事处等服务设施宜联合建设并形成街道综合服务中心,其用地面积不宜小于 1 hm²。

③五分钟生活圈居住区配套设施中,社区服务站、文化活动站(含青少年、老年活动站)、老年人日间照料中心(托老所)、社区卫生服务站、社区商业网点等服务设施,宜集中布局、联合建设,并形成社区综合服务中心,其用地面积不宜小于 0.3 hm²。

④旧区改建项目应根据所在居住区各级配套设施的承载能力合理确定居住人口规模与住宅建筑容量;当不匹配时,应增补相应的配套设施或对应控制住宅建筑增量。

(2)居住区配套设施分级设置规定应符合本标准附录 B 的要求。

(3)配套设施用地及建筑面积控制指标,应按照居住区分级对应的居住人口规模进行控制,并应符合表3-20 的规定。

表 3-20　配套设施控制指标　　　　　　　　　　　　单位:m²/千人

类别		十五分钟生活圈居住区		十分钟生活圈居住区		五分钟生活圈居住区		居住街坊	
		用地面积	建筑面积	用地面积	建筑面积	用地面积	建筑面积	用地面积	建筑面积
总指标		1600～2910	1450～1830	1980～2660	1050～1270	1710～2210	1070～1820	50～150	80～90
其中	公共管理与公共服务设施 A 类	1250～2360	1130～1380	1890～2340	730～810				
	交通场站设施 S 类			70～80					
	商业服务业设施 B 类	350～550	320～450	200～240	320～460				
	社区服务设施 R12、R22、R32					1710～2210	1070～1820		
	便民服务设施 R11、R21、R31							50～150	80～90

　　注:1.十五分钟生活圈居住区指标不含十分钟生活圈居住区指标,十分钟生活圈居住区指标不含五分钟生活圈居住区指标,五分钟生活圈居住区指标不含居住街坊指标。

　　2.配套设施用地应含与居住区分级对应的居民室外活动场所用地;未含高中用地、市政公用设施用地,市政公用设施应根据专业规划确定。

(4)各级居住区配套设施规划建设应符合本标准附录 C 的规定。

(5)居住区相对集中设置且人流较多的配套设施应配建停车场(库),并应符合下列规定:

①停车场(库)的停车位控制指标,不宜低于表 3-21 的规定;

表 3-21　配建停车场(库)的停车位控制指标　　　　　单位：个/100 m²

名称	非机动车	机动车
商场	≥7.5	≥0.45
菜市场	≥7.5	≥0.30
街道综合服务中心	≥7.5	≥0.45
社区卫生服务中心(社区医院)	≥1.5	≥0.45

②商场、街道综合服务中心机动车停车场(库)宜采用地下停车、停车楼或机械式停车设施；

③配建的机动车停车场(库)应具备公共充电设施安装条件。

(6)居住区应配套设置居民机动车和非机动车停车场(库)，并应符合下列规定：

①机动车停车应根据当地机动化发展水平、居住区所处区位、用地及公共交通条件综合确定，并应符合所在地城市规划的有关规定；

②地上停车位应优先考虑设置多层停车库或机械式停车设施，地面停车位数量不宜超过住宅总套数的10%；

③机动车停车场(库)应设置无障碍机动车位，并应为老年人、残疾人专用车等新型交通工具和辅助工具留有必要的发展余地；

④非机动车停车场(库)应设置在方便居民使用的位置；

⑤居住街坊应配置临时停车位；

⑥ 新建居住区配建机动车停车位应具备充电基础设施安装条件。

四、道路

(1)居住区道路的规划设计应遵循安全便捷、尺度适宜、公交优先、步行友好的基本原则，并应符合现行国家标准《城市综合交通体系规划标准》(GB/T 51328—2018)的有关规定。

(2)居住区的路网系统应与城市道路交通系统有机衔接，并应符合下列规定：

①居住区应采取"小街区、密路网"的交通组织方式，路网密度不应小于 8 km/km²，城市道路间距不应超过 300 m，宜为 150～250 m，并应与居住街坊的布局相结合；

②居住区的步行系统应连续、安全、符合无障碍要求，并应便捷连接公共交通站点；

③适宜自行车骑行的地区，应构建连续的非机动车道；

④旧区改建，应保留和利用有历史文化价值的街道，延续原有的城市肌理。

(3)居住区各级城市道路应突出居住使用功能特征与要求，并应符合下列规定：

①两侧集中布局了配套设施的道路，应形成尺度宜人的生活性街道，道路两侧建筑退线距离应与街道尺度相协调；

②支路的红线宽度，宜为 14～20 m；

③道路断面形式应满足适宜步行及自行车骑行的要求，人行道宽度不应小于 2.5 m；

④支路应采取交通稳静化措施，适当控制机动车行驶速度。

(4)居住街坊附属道路的规划设计应满足消防、救护、搬家等车辆的通达要求，并应符合下列规定：

①主要附属道路至少应有两个车行出入口连接城市道路，其路面宽度不应小于 4.0 m，其他附属道路的路面宽度不宜小于 2.5 m；

②人行出口间距不宜超过 200 m；

③最小纵坡不应小于 0.3％，最大纵坡应符合表 3-22 的规定，机动车与非机动车混行的道路的纵坡宜按照或分段按照非机动车道要求进行设计。

表 3-22　附属道路最大纵坡控制指标　　　　　　　　单位：％

道路类别及其控制内容	一般地区	积雪或冰冻地区
机动车道	8.0	6.0
非机动车道	3.0	2.0
步行道	8.0	4.0

（5）居住区道路边缘至建筑物、构筑物的最小距离，应符合表 3-23 的规定。

表 3-23　居住区道路边缘至建筑物、构筑物的最小距离　　　　　　单位：m

与建、构筑物关系		城市道路	附属道路
建筑物面向道路	无出入口	3.0	2.0
	有出入口	5.0	2.5
建筑物山墙面向道路		2.0	1.5
围墙面向道路		1.5	1.5

注：道路边缘对于城市道路是指红线。附属道路分两种情况：道路断面设有人行道时，道路边缘指人行道的外边线；道路断面未设人行道时，道路边缘指路面边线。

五、居住环境

（1）居住区规划设计应尊重气候及地形地貌等自然条件，并应塑造舒适宜人的居住环境。

（2）居住区规划设计应统筹庭院、街道、公园及小广场等公共空间，形成连续、完整的公共空间系统，并应符合下列规定：

①宜通过建筑布局形成适度围合、尺度适宜的庭院空间；

②应结合配套设施的布局塑造连续、宜人、有活力的街道空间；

③应构建动静分区合理、边界清晰连续的小游园、小广场；

④宜设置景观小品美化生活环境。

（3）居住区建筑的肌理、界面、高度、体量、风格、材质、色彩应与城市整体风貌、居住区周边环境及住宅建筑的使用功能相协调，并应体现地域特征、民族特色和时代风貌。

（4）居住区绿地的建设及其绿化应遵循适用、美观、经济、安全的原则，并应符合下列规定：

①宜保留并利用已有树木和水体；

②应种植适宜当地气候和土壤条件、对居民无害的植物；

③应采用乔、灌、草相结合的复层绿化方式；

④应充分考虑场地及住宅建筑冬季日照和夏季遮阴的需求；

⑤适宜绿化的用地均应进行绿化，并可采用立体绿化的方式丰富景观层次、增加环境绿量；

⑥ 有活动设施的绿地应符合无障碍设计要求并与居住区的无障碍系统衔接；

⑦绿地应结合场地雨水排放进行设计,并宜采用雨水花园、下凹式绿地、景观水体、干塘、树池、植草沟等具备调蓄雨水功能的绿化方式。

(5)居住区公共绿地活动场地、居住街坊附属道路及附属绿地的活动场地的铺装,在符合有关功能性要求的前提下应满足透水性要求。

(6)居住街坊内的附属道路、老年人及儿童活动场地、住宅建筑出入口等公共区域应设置夜间照明,照明设计不应对居民产生光污染。

(7)居住区规划设计应结合当地主导风向、周边环境、温度、湿度等微气候条件,采取有效措施降低不利因素对居民生活的干扰,并应符合下列规定:

①应统筹建筑空间组合、绿地设置及绿化设计,优化居住区的风环境;

②应充分利用建筑布局、交通组织、坡地绿化或隔声设施等方法,降低周边环境噪声对居民的影响;

③应合理布局餐饮店、生活垃圾收集点、公共厕所等容易产生异味的设施,避免气味、油烟等对居民产生影响。

(8)对既有居住区生活环境进行的改造与更新应包括无障碍设施建设、绿色节能改造、配套设施完善、市政管网更新、机动车停车优化、居住环境品质提升等。

附 录

附录 A　技术指标与用地面积计算方法

(1)居住区用地面积应包括住宅用地、配套设施用地、公共绿地和城市道路用地的面积,其计算方法应符合下列规定。

①居住区范围内与居住功能不相关的其他用地以及本居住区配套设施以外的其他公共服务设施用地,不应计入居住区用地。

②当周界为自然分界线时,居住区用地范围应算至用地边界。

③当周界为城市快速或高速路时,居住区用地边界应算至道路红线或其防护绿地边界。快速路或高速路及其防护绿地不应计入居住区用地。

④当周界为城市干路或支路时,各级生活圈的居住区用地范围应算至道路中心线。

⑤居住街坊用地范围应算至周界道路红线,且不含城市道路。

⑥当与其他用地相邻时,居住区用地范围应算至用地边界。

⑦当住宅用地与配套设施(不含便民服务设施)用地混合时,其用地面积应按住宅和配套设施的地上建筑面积占该幢建筑总建筑面积的比率分摊计算,并应分别计入住宅用地和配套设施用地。

(2)居住街坊绿地面积的计算方法应符合下列规定。

①满足当地植树绿化覆土要求的屋顶绿地可计入绿地。绿地面积计算方法应符合所在城市绿地管理的有关规定。

②当绿地边界与城市道路邻接时,应算至道路红线;当与居住街坊附属道路邻接时,应算至路面边缘;当与建筑物邻接时,应算至距房屋墙脚1.0 m处;当与围墙、院墙邻接时,应算至墙脚。

③当集中绿地与城市道路邻接时,应算至道路红线;当与居住街坊附属道路邻接时,应算至距路面边缘1.0 m处;当与建筑物邻接时,应算至距房屋墙脚1.5 m处。

(3)居住区综合技术指标应符合表3-24的要求。

表 3-24　居住区综合技术指标

项目			计量单位	数值	所占比例/(%)	人均面积指标/(m²/人)
各级生活圈居住区指标	居住区用地	总用地面积	hm²	▲	100	▲
		其中　住宅用地	hm²	▲	▲	▲
		配套设施用地	hm²	▲	▲	▲
		公共绿地	hm²	▲	▲	▲
		城市道路用地	hm²	▲	▲	
	居住总人口		人	▲		
	居住总套(户)数		套	▲		
	住宅建筑总面积		万平方米	▲		
居住街坊指标	用地面积		hm²	▲		▲
	容积率			▲		
	地上建筑面积	总建筑面积	万平方米	▲	100	
		其中　住宅建筑	万平方米	▲	▲	
		便民服务设施	万平方米	▲	▲	
	地下总建筑面积		万平方米	▲	▲	
	绿地率		%	▲		
	集中绿地面积		m²	▲		▲
	住宅套(户)数		套	▲		
	住宅套均面积		m²/套	▲		
	居住人数		人	▲		
	住宅建筑密度		%	▲		
	住宅建筑平均层数		层	▲		
	住宅建筑高度控制最大值		m	▲		
	停车位	总停车位	辆	▲		
		其中　地上停车位	辆	▲		
		地下停车位	辆	▲		
	地面停车位		辆	▲		

注:▲为必列指标。

附录 B　居住区配套设施设置规定

(1)十五分钟生活圈居住区、十分钟生活圈居住区配套设施应符合表3-25的设置规定。

表 3-25　十五分钟生活圈居住区、十分钟生活圈居住区配套设施设置规定

类别	序号	项目	十五分钟生活圈居住区	十分钟生活圈居住区	备注
公共管理和公共服务设施	1	初中	▲	△	应独立占地
	2	小学		▲	应独立占地
	3	体育馆(场)或全民健身中心	△		可联合建设
	4	大型多功能运动场	▲		宜独立占地
	5	中型多功能运动场		▲	宜独立占地
	6	卫生服务中心(社区医院)	▲		宜独立占地
	7	门诊部	▲		可联合建设
	8	养老院	▲		宜独立占地
	9	老年养护院	▲		宜独立占地
	10	文化活动中心(含青少年、老年活动中心)	▲		可联合建设
	11	社区服务中心(街道级)	▲		可联合建设
	12	街道办事处	▲		可联合建设
	13	司法所	▲		可联合建设
	14	派出所	△		宜独立占地
	15	其他	△	△	可联合建设
商业服务业设施	16	商场	▲	▲	可联合建设
	17	菜市场或生鲜超市		▲	可联合建设
	18	健身房	△	△	可联合建设
	19	餐饮设施	▲	▲	可联合建设
	20	银行营业网点	▲	▲	可联合建设
	21	电信营业网点	▲	▲	可联合建设
	22	邮政营业场所	▲		可联合建设
	23	其他	△	△	可联合建设
市政公用设施	24	开闭所	▲	△	可联合建设
	25	燃料供应站	△	△	宜独立占地
	26	燃气调压站	△	△	宜独立占地
	27	供热站或热交换站	△	△	宜独立占地
	28	通信机房	△	△	可联合建设
	29	有线电视基站	△	△	可联合建设
	30	垃圾转运站	△	△	应独立占地
	31	消防站	△		宜独立占地
	32	市政燃气服务网点和应急抢修站	△	△	可联合建设
	33	其他	△	△	可联合建设

类别	序号	项目	十五分钟生活圈 居住区	十分钟生活圈 居住区	备注
交通场站	34	轨道交通站点	△	△	可联合建设
	35	公交车首末站	△	△	可联合建设
	36	公交车站	▲	▲	宜独立占地
	37	非机动车停车场(库)	△	△	可联合建设
	38	机动车停车场(库)	△	△	可联合建设
	39	其他	△	△	可联合建设

注:1.▲为应配建的项目;△为根据实际情况按需配建的项目;

2.国家确定的一、二类人防重点城市,应按人防有关规定配建防空地下室。

(2)五分钟生活圈居住区配套设施应符合表 3-26 的设置规定。

表 3-26　五分钟生活圈居住区配套设施设置规定

类别	序号	项目	五分钟生活圈 居住区	备注
社区服务设施	1	社区服务站(含居委会、治安联防站、残疾人康复室)	▲	可联合建设
	2	社区食堂	△	可联合建设
	3	文化活动站(含青少年活动站、老年活动站)	▲	可联合建设
	4	小型多功能运动(球类)场地	▲	宜独立占地
	5	室外综合健身场地(含老年户外活动场地)	▲	宜独立占地
	6	幼儿园	▲	宜独立占地
	7	托儿所	△	可联合建设
	8	老年人日间照料中心(托老所)	▲	可联合建设
	9	社区卫生服务站	△	可联合建设
	10	社区商业网点(超市、药店、洗衣店、美发店等)	▲	可联合建设
	11	再生资源回收点	▲	可联合设置
	12	生活垃圾收集站	▲	宜独立设置
	13	公共厕所	▲	可联合建设
	14	公交车站	△	宜独立设置
	15	非机动车停车场(库)	△	可联合建设
	16	机动车停车场(库)	△	可联合建设
	17	其他	△	可联合建设

注:1.▲为应配建的项目;△为根据实际情况按需配建的项目;

2.国家确定的一、二类人防重点城市,应按人防有关规定配建防空地下室。

(3)居住街坊配套设施应符合表 3-27 的设置规定。

表 3-27　居住街坊配套设施设置规定

类别	序号	项目	居住街坊	备注
便民服务设施	1	物业管理与服务	▲	可联合建设
	2	儿童、老年人活动场地	▲	宜独立占地
	3	室外健身器械	▲	可联合建设
	4	便利店(菜店、日杂等)	▲	可联合建设
	5	邮件和快递送达设施	▲	可联合建设
	6	生活垃圾收集点	▲	宜独立设置
	7	居民非机动车停车场(库)	▲	可联合建设
	8	居民机动车停车场(库)	▲	可联合建设
	9	其他	△	可联合建设

注:1.▲为应配建的项目;△为根据实际情况按需配建的项目;

2.国家确定的一、二类人防重点城市,应按人防有关规定配建防空地下室。

附录 C　居住区配套设施规划建设控制要求

(1)十五分钟生活圈居住区、十分钟生活圈居住区配套设施规划建设应符合表 3-28 的规定。

表 3-28　十五分钟生活圈居住区、十分钟生活圈居住区配套设施规划建设控制要求

类别	设施名称	单项规模		服务内容	设置要求
		建筑面积/m²	用地面积/m²		
公共管理与公共服务设施	初中*			满足 12～18 周岁青少年的入学要求	(1)选址应避开城市干道交叉口等交通繁忙路段; (2)服务半径不宜大于 1000 m; (3)学校规模应根据适龄青少年人口确定,且不宜超过 36 个班; (4)鼓励教学区和运动场地相对独立设置,并向社会错时开放运动场地
	小学*			满足 6～12 周岁儿童的入学要求	(1)选址应避开城市干道交叉口等交通繁忙路段; (2)服务半径不宜大于 500 m;学生上下学穿越城市道路时,有相应的安全措施; (3)学校规模应根据适龄儿童人口确定,且不宜超过 36 个班; (4)应设不低于 200 m 环形跑道和 60 m 直跑道的运动场,并配置符合标准的球类场地; (5)鼓励教学区和运动场地相对立设置,并向社会错时开放运动场地

类别	设施名称	单项规模		服务内容	设置要求
		建筑面积/m²	用地面积/m²		
公共管理与公共服务设施	体育场（馆）或全民健身中心	2000~5000	1200~15 000	具备多种健身设施、专用于开展体育健身活动的综合体育场（馆）或健身馆	(1)服务半径不宜大于 1000 m； (2)体育场应设置 60~100 m 直跑道和环形跑道； (3)全民健身中心应具备大空间球类活动、乒乓球、体能训练和体质检测等用房
	大型多功能运动场地		3150~5620	多功能运动场地或同等规模的球类场地	(1)宜结合公共绿地等公共活动空间统筹布局； (2)服务半径不宜大于 1000 m； (3)宜集中设置篮球、排球、7 人足球场地
	中型多功能运动场		1310~2460	多功能运动场地或同等规模的球类场地	(1)宜结合公共绿地等公共活动空间统筹布局； (2)服务半径不宜大于 500 m； (3)宜集中设置篮球、排球、5 人足球场地
	卫生服务中心 *（社区医院）	1700~2000	1420~2860	预防、医疗、保健、康复、健身教育、计生等	(1)一般结合街道办事处所辖区域进行设置且不宜与菜市场、学校、幼儿园、公共娱乐场所、消防站、垃圾转运站等设施毗邻； (2)服务半径不宜大于 1000 m； (3)建筑面积不得低于 1700 m²
	门诊部				(1)宜设置于辖区内位置适中、交通方便的地段； (2)服务半径不宜大于 1000 m
	养老院 *	7000~17 500	3500~22 000	对自理、介助和介护老年人给予生活起居、餐饮服务、医疗保健、文化娱乐等综合服务	(1)宜邻近社区卫生服务中心、幼儿园、小学以及公共服务中心； (2)一般规模宜为 200~500 床
	老年养护院 *	3500~17 500	1750~22 000	对介助和介护老年人给予生活护理、餐饮服务、医疗保健、康复娱乐、心理疏导、临终关怀等服务	(1)宜邻近社区卫生服务中心、幼儿园、小学以及公共服务中心； (2)一般规模宜为 100~500 床

类别	设施名称	单项规模		服务内容	设置要求
		建筑面积/m²	用地面积/m²		
公共管理与公共服务设施	文化活动中心*（含青少年活动中心、老年活动中心）	3000～6000	3000～12 000	开展图书阅览、科普知识宣传与教育,影视厅、舞厅、游艺厅、球类、棋类等活动;宜包括儿童之家服务功能	(1)宜结合或靠近绿地设置; (2)服务半径不宜大于1000 m
	社区服务中心（街道级）	700～1500	600～1200		(1)一般结合街道办事处所辖区域设置; (2)服务半径不宜大于1000 m; (3)建筑面积不应低于700 m²
	街道办事处	1000～2000	800～1500		(1)一般结合所辖区域设置; (2)服务半径不宜大于1000 m
	司法处	80～240		法律事务援助、人民调解、服务保释、监外执行人员的社区矫正等	(1)一般结合街道所辖区域设置; (2)宜与街道办事处或其他行政管理单位结合建设,应设置单独出入口
	派出所	1000～1600	1000～2000		(1)宜设置于辖区内位置适中、交通方便的地段; (2)2.5万～5万人宜设置一处; (3)服务半径不宜大于800 m
商业服务业设施	商场	1500～3000			(1)应集中布局在居住区相对居中的位置; (2)服务半径不宜大于500 m
	菜市场或生鲜超市	750～1500或2000～2500			(1)服务半径不宜大于500 m; (2)应设置机动车、非机动车停车场
	健身房	600～2000			服务半径不宜大于1000 m
	银行营业网点				宜与商业服务设施结合或邻近设置
	电信营业场所				根据专业规划设置
	邮政营业场所			包括邮政局、邮政支局等邮政设施以及其他快递营业设施	(1)宜与商业服务设施结合或邻近设施; (2)服务半径不宜大于1000 m

续表

类别	设施名称	单项规模		服务内容	设置要求
		建筑面积/m²	用地面积/m²		
市政公用设施	开闭所*	200~300	500		(1)0.6万~1.0万套住宅设置1所; (2)用地面积不应小于500 m²
	燃料供应站*				根据专业规划设置
	燃气调压站*	50	100~200		按每个中低压调压站负荷半径500 m设置;无管道燃气地区不设置
	供热站或热交换站*				根据专业规划设置
	通信机房*				根据专业规划设置
	有线电视基站*				根据专业规划设置
	垃圾转运站*				根据专业规划设置
	消防站*				根据专业规划设置
	市政燃气服务网点和应急抢修站*				根据专业规划设置
交通场站	轨道交通站点*				服务半径不宜大于800 m
	公交首末站*				根据专业规划设置
	公交车站				服务半径不宜大于500 m
	非机动车停车场(库)				(1)宜就近设置在非机动车(含共享单车)与公共交通换乘接驳地区; (2)宜设置在轨道交通站点周边非机动车车程15 min范围内的居住街坊出入口处,停车面积不应小于30 m²
	机动车停车场(库)				根据所在地城市规划有关规定配置

注:1.加*的配套设施,其建筑面积与用地面积规模应满足国家相关规划及标准规范的有关规定;

2.小学和初中可合并设置九年一贯制学校,初中和高中可合并设置完全中学;

3.承担应急避难功能的配套设施,应满足国家有关应急避难场所的规定。

(2)五分钟生活圈居住区配套设施规划建设应符合表3-29的规定。

表 3-29　五分钟生活圈居住区配套设施规划建设要求

设施名称	单项规模		服务内容	设置要求
	建筑面积 /m²	用地面积 /m²		
社区服务站	600~1000	500~800	社区服务站含社区服务大厅、警务室、社区居委会办公室、居民活动用房、活动室、阅览室、残疾人康复室	(1)服务半径不宜大于300 m； (2)建筑面积不得低于600 m²
社区食堂			为社区居民尤其是老年人提供助餐服务	宜结合社区服务站、文化活动站等设置
文化活动站	250~1200		书报阅览、书画、文娱、健身、音乐欣赏、茶座等，可供青少年和老年人活动的场所	(1)宜结合或靠近公共绿地设置； (2)服务半径不宜大于500 m
小型多功能运动(球类)场地		770~1310	小型多功能运动场地或同等规模的球类场地	(1)服务半径不宜大于300 m； (2)用地面积不宜小于800 m²； (3)宜配置半场篮球场1个、门球场地1个、乒乓球场地2个； (4)门球活动场地应提供休憩服务和安全防护措施
室外综合健身场地(含老年户外活动场地)		150~750	健身场所，含广场舞场地	(1)服务半径不宜大于300 m； (2)用地面积不宜小于150 m²； (3)老年人户外活动场地应设置休憩设施，附近宜设置公共厕所； (4)广场舞等活动场地的设置应避免噪声扰民
幼儿园*	3150~4550	5240~7580	保教3~6周岁的学龄前儿童	(1)应设于阳光充足、接近公共绿地、便于家长接送的地段；其生活用房应满足冬至日底层满窗日照不少于3 h的日照标准；宜设置于可遮挡冬季寒风的建筑物背风面； (2)服务半径不宜大于300 m； (3)幼儿园规模应根据适龄儿童人口确定，办园规模不宜超过12个班，每个班的座位数宜为20~35个；建筑层数不宜超过3层； (4)活动场地应有不少于1/2的活动面积在标准的建筑日照阴影线之外

续表

设施名称	单项规模		服务内容	设置要求
	建筑面积 /m²	用地面积 /m²		
托儿所			服务 0～3 周岁的婴幼儿	(1)应设于阳光充足、便于家长接送的地段;其生活用房应满足冬至日底层满窗日照不少于 3 h 的日照标准;宜设置于可遮挡冬季寒风的建筑物背风面; (2)服务半径不宜大于 300 m; (3)托儿所规模宜根据适龄儿童人口确定; (4)活动场地应有不少于 1/2 的活动面积在标准的建筑日照阴影线之外
老年人日间照料中心*(托老所)	350～750		老年人日托服务,包括餐饮、文娱、健身、医疗保健等	服务半径不宜大于 300 m
社区卫生服务站*	120～270		预防、医疗、计生等服务	(1)在人口较多、服务半径较大、社区卫生服务中心难以覆盖的社区,宜设置社区卫生站加以补充; (2)服务半径不宜大于 300 m; (3)建筑面积不得低于 120 m²; (4)社区卫生服务站应安排在建筑首层并应有专用出入口
小超市			居民日常生活用品销售	服务半径不宜大于 300 m
再生资源回收点*		6～10	居民可再生物资回收	(1)1000～3000 人设置 1 处; (2)用地面积不宜小于 6 m²,其选址应满足卫生、防疫及居住环境等的要求
生活垃圾收集站*		120～200	居民生活垃圾收集	(1)居住人口规模大于 5000 人的居住区及规模较大的商业综合体可单独设置收集站; (2)采用人力收集的,服务半径宜为 400 m,最大不宜超过 1 km;采用小型机动车收集的,服务半径不宜超过 2 km
公共厕所*	30～80	60～120		(1)宜设置于人流集中处; (2)宜结合配套设施及室外综合健身场地(含老年户外活动场地)设置

续表

设施名称	单项规模		服务内容	设置要求
	建筑面积 /m²	用地面积 /m²		
非机动车停车场(库)				(1)宜就近设置在自行车(含共享单车)与公共交通换乘接驳地区; (2)宜设置在轨道交通站点周边非机动车车程 15 min 范围内的居住街坊出入口处,停车面积不应小于 30 m²
机动车停车场(库)				根据所在地城市规划有关规定配置

注:1.加 * 的配套设施,其建筑面积与用地面积规模应满足国家相关规划和建设标准的有关规定;

2.承担应急避难功能的配套设施,应满足国家有关应急避难场所的规定。

(3)居住街坊配套设施规划建设应符合表 3-30 的规定。

表 3-30　居住街坊配套设施规划建设控制要求

设施名称	单项规模		服务内容	设置要求
	建筑面积 /m²	用地面积 /m²		
物业管理与服务			物业管理服务	宜按照不低于物业总建筑面积的 2% 配置物业管理用房
儿童、老年人活动场地		170～450	儿童活动及老年人休憩设施	(1)它结合集中绿地设置,并宜设置休憩设施; (2)用地面积不应小于 170 m²
室外健身器械			器械健身和其他简单运动设施	(1)宜结合绿地设置; (2)宜在居住街坊范围内设置
便利店	50～100		居民日常生活用品销售	1000～3000 人设置 1 处
邮件和快件送达设施			智能收件箱、智能信报箱等可接收邮件和快件的设施或场所	应结合物业管理设施或在居住街坊内设置
生活垃圾收集点 *			居民生活垃圾投放	(1)服务半径不应大于 70 m,生活垃圾收集点应采用分类收集,宜采用密闭方式; (2)生活垃圾收集点可采用放置垃圾容器或建造垃圾容器间方式; (3)采用混合收集垃圾容器间时,建筑面积不宜小于 5 m²; (4)采用分类收集垃圾容器时,建筑面积不宜小于 10 m²

设施名称	单项规模		服务内容	设置要求
	建筑面积/m²	用地面积/m²		
非机动车停车场(库)				宜设置于居住街坊出入口附近,并按照每套住宅1～2辆配置;停车场面积按照0.8～1.2 m²/辆配置,停车库面积按照1.5～1.8 m²/辆配置;电动自行车较多的城市,新建居住街坊宜集中设置电动自行车停车场,并宜配置充电控制设施
机动车停车场(库)				根据所在地城市规划有关规定配置,服务半径不宜大于150 m

注:加 * 的配套设施,其建筑面积与用地面积规模应满足相关规划标准有关规定。

第三节
《居住绿地设计标准》(CJJ/T 294—2019)

一、基本规定

(1)居住用地的绿地率控制指标应符合现行国家标准《城市居住区规划设计标准》(GB 50180—2018)的有关规定。

(2)居住绿地应具有改善环境、防护隔离、休闲活动、景观文化等功能。

(3)居住绿地设计应与居住区规划设计同步进行,并应保持建筑群体、道路交通与绿地有合理的空间关系。

(4)新建居住绿地内的绿色植物种植面积占陆地总面积的比例不应低于70%;改建提升的居住绿地内的绿色植物种植面积占陆地总面积的比例不应低于原指标。

(5)居住绿地水体面积所占比例不宜大于35%。

(6)居住绿地内的各类建(构)筑物占地面积之和不得大于陆地总面积的2%。

(7)居住绿地设计应以植物造景为主,宜利用场地原有的植被和地形、地貌景观进行设计,并宜利用太阳能、风能以及雨水等绿色资源。

(8)居住绿地设计应兼顾老人、青少年、儿童等不同人群的需要,合理设置健身娱乐及文化游憩设施。

(9)居住绿地宜结合实际情况,利用住宅建筑的屋顶、阳台、车棚、地下设施出入口及通风口、围墙等进行立体绿化。

(10)居住绿地应进行无障碍设计,并应符合现行国家标准《无障碍设计规范》(GB 50763—2012)的有关规定。

二、总体设计

（1）居住绿地的总体平面设计构图宜简洁大方、自然流畅，并宜兼顾立体景观空间塑造及俯视观赏的整体效果。

（2）居住绿地的地形设计应根据场地特征、自然地形的基本走势确定。

（3）居住绿地的植物配置应合理组织空间，做到疏密有致、高低错落、季相丰富，并应结合环境和地形创造优美的林缘线和林冠线；乔木的配置不应影响住户内部空间的采光、通风及日照条件。

（4）居住绿地的园路及铺装场地应根据居住区规模和入住居民数量合理设计，并宜使用绿色环保材料。

（5）居住绿地内各类健身娱乐及文化游憩设施的选址，应避免对居民的正常生活产生干扰。

（6）居住绿地内建筑小品造型应简洁大方、尺度适宜，与周边环境及住宅建筑相互协调。

三、竖向设计

（一）一般规定

（1）居住绿地竖向设计应以居住区竖向规划所确定的各控制点高程为依据，并应符合下列规定：

①应满足景观和空间塑造的要求；

②应与保留的现状地形相适应；

③应考虑地表水的汇集、调蓄利用与安全排放；

④应满足植物的生态习性。

（2）居住绿地竖向设计宜遵循土方就地平衡的原则，宜以微地形为主。

（3）堆土造坡应保持土壤的稳定，地形堆置高度的确定应遵守下列原则：

①堆土高度应与堆置范围内的地基承载力相适应；

②应进行土壤自然安息角核算。

（4）当利用填充物堆置土山时，其上部覆盖土层厚度应符合植物正常生长的要求，且填充物堆筑应确保安全稳固，对环境无毒无害。

（5）种植屋面绿地应充分考虑屋面结构的荷载要求。

（二）地表排水

（1）居住绿地竖向设计除有特殊设计考虑外，应有利于地表水的排放，并应避免形成影响植物正常生长及居民使用的长期积水区域。

（2）居住绿地各类地表的排水坡度宜符合下列规定：

①草地的排水坡度宜大于1.0%，其中，运动草地的排水坡度宜大于0.5%；

②栽植地表的排水坡度宜大于0.5%；

③铺装场地的排水坡度宜大于0.3%。

四、水体设计

(一)一般规定

(1)居住绿地中的水体设计应满足安全要求。

(2)居住绿地中的水体宜采用雨水、中水、城市再生水及天然水源等作为水源。

(3)居住绿地中水体的最高水位,应确保绿地内的重要建(构)筑物不被水淹;最低水位不应影响水体景观效果;最低水位与最高水位相差宜小于 0.8 m。

(4)居住绿地中营造湿地景观的水体,水深宜为 0.1～1.2 m。

(5)居住绿地水体宜以原土构筑池底,并应采用种植水生植物、养鱼等生物措施促进水体自净。

(二)驳岸设计

(1)居住绿地中的水体驳岸,宜采用生态护坡入水;当为垂直驳岸时,岸顶与常水位的高差宜控制在 0.3～0.5 m。

(2)寒冷地区的水体,其驳岸基础的埋深应在冰冻线以下。

(三)水景设计

(1)水景设计应充分利用自然水体,创造临水空间和设施,并应设置沿岸防护安全措施。

(2)对水位控制有要求的水体,其池体应采用防水及抗渗漏材料。

(3)旱喷泉喷洒范围内不应设置道路,地面铺装应防滑。

五、种植设计

(一)一般规定

(1)居住区种植设计应以居住区总体设计的要求为依据。

(2)种植设计宜保留和保护原有大乔木。

(3)植物种类选择应符合下列规定:

①应优先选择观赏性强的乡土植物;

②应综合考虑植物习性及生境,做到适地适树;

③宜多采用保健类及芳香类植物,不应选择有毒有刺、散发异味及容易引起过敏的植物;

④应避免选择入侵性强的植物。

(4)植物配置应符合下列规定:

①应以总体设计的植物景观效果为依据;

②应注重植物的生态多样性,形成稳定的生态系统;

③应满足建筑通风、采光及日照的要求;

④应注重植物乔、灌、草搭配,季相色彩搭配,速生慢生搭配,营造丰富的植物景观和空间;

⑤应保持合理的常绿与落叶植物比例,在常绿大乔木较少的区域可适当增加常绿小乔木及常绿灌木的数量。

(5)植物与建(构)筑物的最小间距应符合表 3-31 的规定。

表 3-31　植物与建(构)筑物的最小间距

建(构)筑物名称		最小间距/m	
		至乔木中心	至灌木中心
建筑物外墙	南窗	5.5	1.5
	其余窗	3.0	1.5
	无窗	2.0	1.5
挡土墙顶内和墙角外		2.0	0.5
围墙(2 m 高以下)		1.0	0.75
道路路面边缘		0.75	0.5
人行道路面边缘		0.75	0.5
排水沟边缘		1.0	0.3
体育用场地		3.0	3.0
衡量水准点		2.0	1.0

(6)屋顶绿化种植应符合现行行业标准《种植屋面工程技术规程》(JGJ 155—2013)的有关规定。

(二)组团绿地

(1)组团绿地种植设计应体现居住区特色。

(2)植物配置应符合场地设计的要求,通过植物分隔,创造多样的公共空间。

(3)组团绿地应注意夏季遮阴及冬季光照,宜选择高大的落叶乔木;场所与住宅之间应种植多层次植物进行隔离,减少对周边环境的影响。

(4)绿化应与建筑保持合理的距离,建筑阳面应以落叶乔木为主,满足用户采光及日照的要求。

(5)组团种植应以乔木、灌木为主,充分发挥植物的生态功能;地面除硬地外应铺草种花,并应以树木为隔离带,减少活动区之间的干扰。

(三)宅旁绿地

(1)宅旁绿地应满足居民通风、日照的需要。

(2)宅旁绿地应因地制宜,采取乔、灌、草相结合的植物群落配置形式。

(3)宅旁绿地宜在入口、休息场地等主要部位增加高大落叶乔木的配置。

(4)宅旁绿地中的小路靠近住宅时,小路两侧植物配置应避免对住宅采光造成影响;各住户门前可选择不同的树种和不同的配置方式,增强入户识别性。

(四)配套公建绿地

(1)配套公建与住宅之间宜运用多种绿化方式形成绿化隔离。

(2)铺装场地宜种植高大荫浓乔木,夏季乔木庇荫面积宜大于场地面积的 50%,枝下净空不应低于 2.2 m。

(3)对变电箱、通气孔、燃气调压站等存在一定危险且独立设置的市政公共设施,应进行绿化隔离,避免居民接近、进入;对垃圾转运站、锅炉房等应进行绿化隔离,并应选择改善局部环境、抗污染的植物。

(4)教育类公建绿化种植应满足相关建筑日照要求,并可适当提高开花、色叶类植物种植比例。

(5)配套停车场、自行车停车处宜建设为绿荫停车场,并应符合下列规定。

①树木间距应满足车位、通道、转弯、回车半径的要求。

②庇荫乔木枝下净空应符合下列规定:

a. 大、中型汽车停车场应大于 4.0 m;

b. 小汽车停车场应大于 2.5 m;

c. 自行车停车场应大于 2.2 m。

③场内种植池宽度应大于 1.5 m,并应设保护措施。

(五)小区道路绿地

(1)小区道路绿化设计应兼顾生态、防护、遮阴和景观功能,并应根据道路的等级进行绿化设计。

(2)小区主要道路可选用有地方特色的观赏植物品种进行集中布置,形成特色路网绿化景观。

(3)小区次要道路绿化设计宜以提高人行舒适度为主;植物选择上可多选小乔木和开花灌木;配置方式宜多样化,与宅旁绿地和组团绿地融为一体。

(4)小区其他道路应保持绿地内的植物有连续与完整的绿化效果。

(5)小区道路的交叉口,视线范围内应采用通透式配置方式。

六、园路及铺装场地设计

(一)园路

(1)居住绿地园路设计应遵循下列原则:

①园路设计应便于居民通行及游览休憩;

②园路宜采用透水铺装;

③园路设计应协调好园路与市政等井盖的关系;

④园路铺装材料应满足防滑要求,寒冷地区不宜采用光面材料。

(2)园路的宽度应符合下列规定:

①宅前路宽度应大于 2.5 m;

②人行路宽度不应小于 1.2 m,需要轮椅通行的园路宽度不应小于 1.5 m,非公共区域路面宽度可小于 1 m 或设汀步。

(3)园路的坡度应符合下列规定:

①园路最小纵坡坡度不应小于 0.3%,最大纵坡坡度不宜大于 8%;

②在多雪严寒地区,纵坡坡度不应大于 4%,山地人行纵坡坡度不应大于 15%;

③纵坡坡度大于 15% 时,路面应做防滑处理,纵坡坡度大于 18% 时应设台阶,台阶数不应少于 2 级;

④横坡坡度应为 1%～2%。

（二）铺装场地

（1）为满足居民的不同需求，居住绿地内应设计儿童活动场地和供不同年龄段居民健身锻炼、休憩散步、娱乐休闲的铺装场地。

（2）铺装场地位置的设置应距离住宅建筑窗户 8 m 以外，儿童活动场地和健身场地应远离住宅建筑，并应采取措施减少噪声对住户的干扰。

（3）老年人与儿童活动场地不宜布置在风速偏高、背阴和偏僻区域。

（4）老年人活动场地与儿童活动场地宜结合在一起；老年人活动场地应平坦；儿童活动场地宜采用色彩鲜明的软性地面铺装，铺装材料应符合国家相关环保要求。

（5）铺装场地宜采用透水、透气性铺装，铺装表面应平整、耐磨，并应做防滑处理。

（6）铺装场地的排水坡度应控制在 0.3%～3%。

（7）铺装场地的外边线不应与市政井盖相撞。

七、构筑物、小品及其他设施设计

（一）构筑物

（1）居住区构筑物应在空间形态、建筑风格、比例尺度、色彩处理等方面与周边环境相协调，并应符合当地地域文化。

（2）亭、廊、棚架及膜结构等构筑物设施应符合下列规定：

①亭、廊、棚架等供游人坐憩之处不应采用粗糙饰面材料，不得采用易刮伤肌肤和衣物的构造；

②设有吊顶的亭、廊等，其吊顶应采用防潮材料；

③亭、廊、棚架的体量与尺度，应与场地相适宜，其净高不应小于 2.2 m；

④膜结构设计不应对人流活动产生安全隐患，并应避开消防通道。

（3）居住区围墙设计应达到围护、安全要求，高度应为 1.8～2.2 m；表面材料应方便清洗和维护。

（4）居住区内的人行景观桥设计应自然简洁，与环境协调，并应符合下列规定：

①应有阻止车辆通过的设施；

②桥面均布荷载应按 4.5 kN/m² 取值；计算单块人行桥板时，应按 5.0 kN/m² 的均布荷载或 1.5 kN 的竖向集中力分别验算，并取其不利者；

③无防护设施的园桥、汀步及临水平台附近 2.0 m 范围以内的常水位水深不应大于 0.5 m，桥面、汀步及临水平台面与水体底面的垂直距离不应大于 0.7 m。

（5）构筑物与居住区道路边缘的距离，应符合现行国家标准《城市居住区规划设计标准》（GB 50180—2018）的有关规定。

（二）小品

（1）居住区小品设施应优先选用新技术、新材料、新工艺，应安全环保、坚固耐用。

（2）小品设施不宜采用大面积的金属、玻璃等高反射性材料。

（3）室外座椅（具）的设计应满足人体舒适度要求，普通座面高宜为 0.40～0.45 m，座面宽宜为 0.40～0.50 m，靠背座椅的靠背倾角宜为 100°～110°。

（4）结合座凳设置的花坛的高度宜为 0.4～0.6 m；花坛应有排水措施。

（5）居住区内的雕塑、景墙浮雕等，其材质、色彩、体量、尺度、题材等应与周围环境相匹配，应具有时代感，并应符合主题。

（6）人工堆叠假山石应以安全为前提，进行总体造型和结构设计，造型应完整美观，结构应牢固耐久；宜少而精，并应与环境协调。

（7）居住区照明灯具应根据实际需要适量合理选型，所选用的庭院灯、草坪灯、泛光灯、地坪灯等应与环境相匹配，使其成为景观的一部分。

（8）居住区内布告栏、指示牌等标志牌设置应位置恰当、格式统一、内容清晰；标志的用材应耐用、方便维修。

（9）居住区栏杆构造应符合下列规定：

①不应采用锐角或利刺等形式；

②凡活动边缘临空高差大于 0.7 m 处，应设防护栏杆设施，其高度不应小于 1.05 m；高差较大处可适当提高，但不宜大于 1.2 m；护栏应从可踏面起计算高度；

③构造应坚固耐久且不易攀登，其扶手上的活荷载取值竖向荷载应按 1.2 kN/m 计算，水平向外荷载应按 1.0 kN/m 计算，竖向荷载和水平荷载不同时计算；作用在栏杆立柱柱顶的水平推力应为 1.0 kN/m。

（三）其他设施

（1）健身器械、儿童游戏场设施应避免干扰周边环境，并应符合下列规定：

①健身器械应安全、牢固；健身场地周边应设置座椅；

②儿童游戏场内应设有洁净的沙坑，沙坑周边应有防沙粒散失的措施，沙坑内应有排水措施；

③儿童游戏器械结构应坚固耐用，并应避免构造上的硬棱角，尺度应与儿童的人体尺度相适应。

（2）垃圾容器高宜为 0.6～0.8 m、宽宜为 0.5～0.6 m，亦可选用成品，其外观色彩及标志应符合垃圾分类收集的要求。

（3）居住区内音响设施可结合景观元素设计；音响放置位置应相对隐蔽，宜融入园林景观。

（4）车挡应与居住区道路的景观相协调；球形车挡高度宜为 0.3～0.4 m，柱形车挡高不宜大于 0.7 m；间距宜为 0.6～1.2 m。

八、给水排水设计

（一）给水

（1）给水设计应充分利用小区内已有的居住区总体市政给水管网和相应设施。

（2）居住绿地应采用节水设备、节水技术，并应与雨水收集回用及中水回用有机结合统筹设计；在设计有中水回用的小区，应优先利用中水浇灌绿化。

（3）居住绿地设计用水量应符合现行国家标准《建筑给水排水设计规范》（GB 50015—2019）的有关规定，并应包括下列内容：

①绿化用水量；

②道路广场用水量；

③水景、娱乐设施用水量；

④未预见水量和管网漏失水量。

（4）从居住区生活饮用水管道上直接接出的浇灌系统管网的起端应设置水表和真空破坏器。

（5）绿化浇灌宜优先采用喷灌、微灌、滴灌、涌泉灌等高效节水的灌溉方式，并应设置洒水栓进行人工补充浇灌。

（6）自动灌溉应根据当地的气候条件、土壤条件、植物类型、绿地面积大小选择适宜的浇灌方式；草坪宜采用地埋式喷头喷灌，乔木宜采用涌泉灌，灌木宜采用滴灌，花卉宜采用微喷灌。

（7）灌溉系统的运行宜采用轮灌方式，并应符合下列规定：

①轮灌组数量应满足绿化需水要求，并应使灌溉面积与水源的可供水量相协调，各轮灌组的流量宜一致，当流量相差超过20％时，宜采用变频设备供水；

②同一轮灌组中宜采用同一种型号的喷头或喷灌强度相近的喷头，并且植物品种一致或对灌水的要求相近；

③地形高差较大的绿地自动灌溉系统宜使用具有压力补偿功能的电磁阀或具有止溢功能的灌水器。

（8）人造水景的初次充水和补水水源不应采用市政自来水和地下井水，应优先采用雨水、中水及天然水源。

（9）水景的水质应符合现行行业标准《喷泉水景工程技术规程》（CJJ/T 222—2015）的有关规定。

（10）水景应设置补水管，宜设置可靠的自动补水装置。

（11）水景工程宜采用不锈钢管等防锈耐腐蚀管材，室外水景喷泉管道系统应有放空防冻措施。

（12）喷泉水池的有效容积不应小于最大一台水泵5～10 min的循环流量，水深应满足喷头的安装要求，并应满足水泵最小的吸水深度要求。

（13）水泵宜设于泵坑内，并应加装格栅盖板，循环管道宜暗敷。

（14）与游人直接接触的戏水池和旱喷泉中，水泵应选用12 V安全电压潜水泵，或将水泵设置在池外，并满足电气安全距离要求。喷头的喷水高度应避免伤人。

（15）景观水池应采用水池循环供水方式。

（二）排水

（1）居住绿地雨水排水设计应充分利用绿地周边已有的居住区总体雨水排水管网和相应设施。绿地内的雨水收集后应分散就近排入居住区总体雨水管网。居住区绿地雨水设计宜设置雨水回收利用措施；雨水资源化利用的控制目标应满足当地的上位专项（专业）规划的控制指标要求。

（2）设计雨水流量、暴雨强度、雨水管道的设计降雨历时和各种地面的雨水径流系数的计算和取值应符合现行国家标准《建筑给水排水设计规范》（GB 50015—2019）的有关规定。

（3）绿地的设计重现期应与所在小区的设计重现期一致。

（4）雨水排放应充分发挥绿地的渗透、调蓄和净化功能。屋面雨水宜设置断接措施，绿地内雨水排水宜设置植草沟、下凹绿地、人工湿地、雨水花园等渗透、储存、调节的源头径流控制设施。在条件允许的情况下，宜设置初期雨水弃流设施。

（5）绿地内雨水的地表径流部分应有收集措施，种植区低洼处宜采用盲沟、土沟、卵石沟、透水管（板）、水洼系统等收集;硬质场地低洼处宜采用雨水口、明沟、卵石沟等收集。

（6）地下建（构）筑物上的绿地应设置蓄排水板和透水管等蓄排水措施。

（7）景观水池应有泄水和溢水的措施;泄水宜采用重力自流泄空方式,放空时间宜为 12～48 h;溢水管管径应大于补水管管径,并应满足暴雨量计算要求;溢流管路宜设置在水位平衡井中。

（8）与天然河渠相通的景观水体应在连接处设置水位控制措施。

九、电气设计

（1）居住绿地用电负荷为三级负荷,供电电源点的布局应根据负荷分布和容量来确定,220 V/380 V 供电半径不宜大于 0.5 km。

（2）居住绿地最大相负荷电流不宜超过三相负荷平均值的115%,最小相负荷电流不宜小于三相负荷平均值的 85%。

（3）居住绿地中公共活动的场所宜预留备用电源和接口。

（4）居住绿地中公共活动区照明应符合表 3-32 的规定。

表 3-32　公共活动区照明

区域	最小平均水平照度, E_{hmin}/lx
车行道	15
人行道、自行车道	2
庭园、平台	5
儿童游戏场地	10

（5）居住绿地景观照明及灯光造景应考虑生态和环保的要求,应避免产生对行人不舒适的眩光,并应避免对住户的生活产生不利影响。

（6）居住绿地照明应按区域和功能分回路采用自动或手动控制,自动控制可采用定时控制、光控或两者结合的方式。

（7）绿地中配电干线和分支线宜采用铜芯绝缘电缆,配电线路截面的选择应符合下列规定:

①按线路敷设方式及环境条件确定的导体截面,其导体载流量不应小于计算电流和按保护条件确定的电流;

②线路电压损失应满足用电设备正常工作及启动时端电压的要求;

③导体应满足动稳定与热稳定的要求;

④线路最小截面应满足机械强度的要求。

（8）居住绿地的低压配电系统接地方式宜采用 TT 制;电源进线处应设接地装置,接地电阻不应大于 4 Ω,室外安装的配电装置（配电箱）内应安装相适应的电涌保护器（SPD）。

（9）夜景照明装置及景观构筑物的防雷应符合现行国家标准《建筑物防雷设计规范》（GB 50057—2010）的有关规定。

（10）居住绿地中配电装置及用电设备的外露可导电的金属构架、金属外壳、电缆的金属外皮、穿线金属管、灯具的金属外壳及金属灯杆均应可靠接地。

第四节
《城市道路绿化设计标准》(征求意见稿)

一、基本规定

(1)道路绿化设计应与城市道路的功能等级相适应,符合上位规划对道路的交通组织、设施布局、景观风貌、环境保护等要求。绿化设计应符合表 3-33 的规定。

表 3-33　城市道路功能等级与绿化要求

道路分类	城市功能要求	绿化要求
快速路	为城市长距离机动车提供快速交通服务	保障畅通安全、防护功能为主、兼顾绿化景观,宜与两侧景观相融合
主干路	为城市组团间或组团内部的中、长距离联系交通服务	保障交通安全、突出城市风貌、兼顾防护和生态要求,宜增强道路识别性,注重慢行交通的遮阴需求
次干路	为干线道路与支线道路的转换以及城市内中、短距离的地方性活动组织服务	保障通行功能,注重与街道景观和功能协调,保持慢行连续遮阴,绿化配置突出多层次和多样性
支路	为短距离地方性活动组织服务	保障通行安全,注重慢行的畅通和舒适,绿化配置凸显生活性

(2)道路绿化设计应与道路红线外相邻的城市其他绿地相结合,与沿街建筑、广场、街道铺装、小品、公共设施等要素共同构成城市景观风貌。

(3)道路绿化不得进入道路建筑限界,不得干扰标志标线、遮挡信号灯以及道路照明,不得影响通行的安全性。道路建筑限界的要求应符合《城市道路工程设计规范》(CJJ 37—2012)(2016 年版)的规定。

(4)道路绿化应符合行车视线要求,不得进入交叉口视距三角形,在行车安全视距范围内不宜种植分枝点低的乔木,应采用通透式配置。

(5)道路绿化应考虑台风、暴雪等极端天气对绿化植物及道路通行安全的影响,选择适宜的绿化树种和栽植方式。

(6)园林景观路路段的绿化覆盖率不应小于 60%,宜大于 80%。其他城市道路路段的绿化覆盖率可参照《城市综合交通体系规划标准》(GB/T 51328—2018)的规定。

(7)历史文化街区内新建或改建道路的绿化应符合风貌保护要求。

(8)绿化种植应统筹安排好与道路照明、交通设施、地上杆线、地下管线管廊、安防监控等设施的关系,保证树木必需的立地条件与生长空间。

(9)绿化种植土壤质量应符合《绿化种植土壤》(CJ/T 340—2016)的规定。绿化种植土壤厚度应符合表

3-34 的规定。

表 3-34 城市道路绿化种植土壤土层厚度要求

植被类型		土层厚度/cm
乔木	深根性	≥200
	浅根性	≥150
灌木	高度≥50 cm	≥90
	高度<50 cm	≥60
竹类		≥60
多年生花卉		≥40
一二年生花卉		≥30
草坪植物		≥30

(10)道路绿地的坡向、坡度应符合道路排水要求并与城市排水系统结合,避免绿地内长时间积水和水土流失。道路绿地内布置下凹绿地时,应不影响植物正常生长。

(11)道路绿地应根据需要配备灌溉设施,鼓励使用再生水。

(12)道路绿化宜保留有价值的原有树木,对古树名木应予以严格保护。

二、道路绿带设计

(一)一般规定

(1)道路绿化应以乔木为主,乔木、灌木、地被植物相结合,不得裸露土壤。

(2)同一道路的绿化宜有统一的景观风格,不同路段的绿化形式可有所变化,宜和谐有序。

(3)同一连续路段的各类绿带植物种类和配置不宜变化过多,应相互配合,形成协调的树形组合、空间层次、色彩搭配和季相变化的关系。

(4)道路绿带植物配置的节奏韵律应符合不同通行速度的观赏规律。

(5)道路绿带应重视乔木的高度和道路宽度的比例关系。

(6)毗邻山、河、湖、海、林、田的道路,其绿化应结合自然环境共同形成景观,并留出透景线。

(二)分车绿带设计

(1)分车绿带内乔木树干中心距路缘石内侧距离应≥0.75 m。

(2)分车带内植物配植应防止人流穿行,当无防护隔离措施时,应采取通透式种植。

(3)被人行横道或道路出入口断开的分车绿带,其端部停车视距内的绿化应采取通透式配置,长度根据道路设计速度确定。

(4)中间分车绿带最小净宽度≥1 m 时,宜种植灌木和地被植物;最小净宽度≥2 m 时,宜种植乔木;最小净宽度≥4 m 时,宜乔灌木结合,可采用自然式群落配置。

(5)中间分车绿带不得布置成开放式绿地。

(6)中间分车绿带绿化应阻挡相向行驶车辆的眩光,在距相邻机动车道路面高度 0.6 m 至 1.5 m 的范围内,配置植物的树冠应常年枝叶茂密,单独栽植的植物株距不得大于冠幅的 5 倍,也可采取连续的绿篱式

栽植。

（7）分车带内设置雨水调蓄设施时，不得影响绿带内乔灌木的正常生长；两侧分车绿带内设置雨水调蓄设施时，不得影响乔木的连续性。

（三）行道树绿带设计

（1）行道树绿带种植应充分考虑遮阴效果，保障行道树种植的连续性。

（2）行道树定植株距宜以树种壮年期冠幅为准，种植株距及树木规格应符合下列规定：

①大乔木最小种植株距宜为 6 m；胸径不应小于 8.0 cm，主枝 3 个以上，进入路面枝下净高不小于 2.8 m。

②小乔木最小种植株距宜为 4 m；枝下净空满足行人通行。

（3）行道树绿带净宽度不得小于 1.5 m；种植大乔木的树池，树木中心点距树池围牙内侧宜≥0.75 m。

（4）在行人多的路段，行道树之间宜采用透水、透气性铺装，树池宜覆盖树池篦子，并保障行道树绿带地下土壤的连通性。在行人少的路段，宜采取连续树池。

（5）在道路交叉口视距三角形范围内，行道树绿带应采用通透式配置。

（四）路侧绿带设计

（1）路侧绿带应根据道路功能等级、相邻用地性质、绿带宽度等因素进行设计，并应符合以下规定：

①路侧绿带设计应与道路红线外侧绿地统一考虑，保证路段内绿化景观的连续性和完整性；

②主要承担防护功能时，应保持在路段内的树木种植的连续性，宜采用乔灌草复层栽植形式；噪声污染较大的城市路段，应根据噪声来源的高度范围进行绿化栽植；

③体现道路绿化景观时，应突出城市的地域特色和植物景观特色；

④作为城市生态廊道时，宜应用丰富植物材料和异龄、复层、混交的配置方式增加生物多样性；

⑤路侧绿带与毗邻的其他绿地总宽度大于 8 m 时，可设计为带状公园，并应符合《公园设计规范》（GB 51192—2016)的规定；

⑥ 位于商业设施集中的路段，应结合外侧建筑功能与建筑退线空间进行统一的景观设计，宜增加与外侧建筑底层商业间的通行空间。

（2）道路两侧环境条件差异较大时，宜将路侧绿带集中布置在条件较好的一侧。

（3）路侧绿带承担城市绿道功能时，宜保证绿道夏季遮阴的连续性，可采用乔草型通透式配置或乔灌草型复层配置方式，灌木层不宜配置得过密。

（4）道路护坡绿化应结合生态修复工程措施栽植护坡植物。

（5）道路弯道外侧在不影响行车安全的前提下，应加强视线引导。

（6）路侧绿带应结合场地雨水排放进行设计，并可采用雨水花园、下凹式绿地、景观水体、植草沟等具有调蓄雨水功能的绿化方式。种植设计应符合《城市绿地设计规范》（GB 50420—2007)（2016 年版)的规定。

三、交通岛、停车场及立体交通绿化设计

（一）交通岛绿化设计

（1）交通岛绿地不宜布置成开放式绿地。

(2)交通岛周边的植物配置宜增强导向作用,在行车安全视距范围内应采用通透式配置。

(3)立体交叉绿岛的绿化种植宜采用疏林草地模式,营造疏朗通透的景观效果。

(4)导向岛绿地植物配置应以低矮灌木和地被植物为主,平面构图宜简洁。

(5)符合条件的交通岛,其绿化设计可因地制宜布置雨水调蓄设施。

(二)停车场绿化设计

(1)停车场绿化应有利于汽车集散、人车分隔、保证安全、不影响夜间照明。

(2)停车场宜设计为林荫停车场,结合停车间隔带种植高大庇荫乔木,并宜种植隔离防护绿带,绿化覆盖率宜大于30%。

(3)停车场种植的乔木枝下高度应符合停车位净高度的规定:小型汽车为2.5 m;中型汽车为3.5 m;大型汽车、载货汽车为4.5 m。

(4)停车场地面宜选用透水透气性铺装,宜设置低影响开发设施,满足雨水净化和雨洪管理要求。

(三)立体交通绿化设计

(1)立体交通绿化应根据环境和气候条件,遵循安全、适用、美观、经济、可持续的原则,其设计不得影响道桥设施及相关构筑物的强度及其他功能需要。

(2)立体交通绿化主要包括下列内容:

①高架桥柱、快速路声屏障、道路护栏、挡土墙等的垂直绿化;

②高架道路、天桥等的沿口绿化;

③立交匝道绿化。

(3)高架桥柱、快速路声屏障、道路护栏、挡土墙等宜选择合适的垂直绿化类型,应确保绿化实施的安全性、可操作性和可持续性。

(4)新建高架道路、天桥等沿口应充分考虑沿口绿化建设需要,预留种植槽。用于沿口绿化的种植箱的设计应满足下列要求:

①宜结合载体共同设计,不宜采取外挂式;

②结构强度应满足最大有效荷载条件下的施工作业;

③固定设施应满足种植箱的有效种植荷载;

④支架、连接架及其他附属物必须牢固、耐久。

(5)互通式立体交叉范围的绿化设计应符合以下要求:

①宜采用特色植物栽植作为互通的标志;

②立体交叉匝道口的环形匝道和三角地带等指示栽植区域内宜种植高大乔木,宜乔灌草相结合;

③立交桥出入口处及匝道转弯处构成的视距三角形范围内的绿化必须采用通透式配置;

④立体交叉匝道植物配置应满足视距要求,宜增强导向作用。匝道平曲线内侧不宜种植乔木和高灌木,在保证视距要求的条件下,可种植地被植物及低矮灌木。

图3-1所示为互通式立体交叉范围内的绿化示意图。

(6)道路立体绿化鼓励使用节水灌溉措施,宜采用自动灌溉控制系统。雨水收集控制等生态环保技术宜同步设计应用。

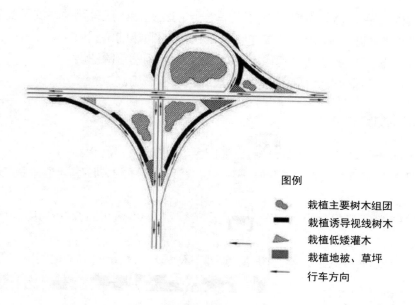

图例

栽植主要树木组团

栽植诱导视线树木

栽植低矮灌木

栽植地被、草坪

行车方向

图 3-1　互通式立体交叉范围内的绿化示意图

四、植物选择

(1)植物应选择适应道路环境条件、生长稳定、观赏价值高、环境效益好、便于管理、养护成本低,能适应所在城市极端气候及体现地域特色的植物种类。

(2)应加强大乔木的种植力度,重视对乡土树种和长寿树种的选择和应用。

(3)行道树应选择树干端直、树形端正、分枝点高且一致、冠型优美、深根性且生长健壮、适应城市道路环境条件、落果坠叶等对行人不会造成危害、具有良好生态效益的树种。

(4)灌木应选择枝叶繁茂、耐修剪、生长健壮、便于管理的树种。

(5)地被和草坪植物应选择茎叶茂密、覆盖率高、生长势强、萌蘖力强、病虫害少和耐修剪的木本或草本观叶、观花植物。

(6)寒冷积雪地区的城市,分车绿带、行道树绿带种植的乔木,应选择抗雪压树种。易受台风影响的城市,分车绿带、行道树绿带内种植的乔木,应选择抗风性强的树种。

(7)行道树及分车绿带树种应避免选择具有植源性污染或潜在危险的种类。避免在人流穿行密集的行道树绿带、两侧分车绿带栽植叶片质感坚硬或锋利的植物。

(8)路侧绿带宜选用丰富的植物种类,提高道路绿化的生态效益和城市生物多样性。

(9)设置雨水调蓄设施的道路绿化用地内植物宜根据水分条件、径流雨水水质等进行选择,宜选择耐淹、耐污、耐旱等能力较强的树种。

(10)避免不适合植物生长的异地移植,不得选用入侵物种。

(11)道路绿化植物材料栽植密度应适宜,避免过密栽植影响植物生长。

(12)分车绿带、行道树绿带内种植的树木不宜使用造型树。

(13)严禁移植古树名木。分车绿带、行道树绿带内种植的树木不得使用大树,乔木胸径不宜大于20 cm。

(14)行道树的苗木胸径要求:速生树种不得小于 5 cm,慢生树种不得小于 8 cm。

(15)道路绿化树种配置应近远期结合。

五、道路绿化与有关设施

(一)道路绿化与架空线

(1)在分车绿带和行道树绿带上方不宜设置架空线。必须设置时,应保证架空线安全距离外有不小于 9 m 的树木生长空间,不足 9 m 时应对导线采取绝缘保护。架空线下配置的乔木应选择开展型且耐修剪的树种。

(2)树木与架空电力线路导线之间的最小垂直距离应符合表 3-35 的规定。

表 3-35　树木与架空电力线路导线之间的最小垂直距离

线路电压/KV	<1	1~10	35~100	220	330	500	750	1000
最小垂直距离/m	1.0	1.5	3.0	3.5	4.5	7.0	8.5	16

注:考虑树木自然生长高度。

(3)架空电力线路导线在最大弧垂或最大风偏后与树木之间的安全距离应符合表 3-36 的规定。对不符合要求的树木应当依法进行修剪或砍伐。不满足最小安全距离要求的架空电力线应采取绝缘保护。

表 3-36　架空电力线路导线在最大弧垂或最大风偏后与树木之间的安全距离

电压等级	最大风偏距离/m	最大垂直距离/m
30~110 千伏	3.5	4.0
154~220 千伏	4.0	4.5
330 千伏	5.0	5.5
500 千伏	7.0	7.0

(二)道路绿化与地下管线管廊

(1)地下管线因位置受限,必须布置在绿化带下时,地下管线外缘与绿化树木的最小水平距离宜符合表 3-37 的规定;行道树绿带下方不得敷设管线。

表 3-37　乔木、灌木与工程管线之间的最小水平净距

管线名称		最小水平净距/m	
		至乔木中心	至灌木中心
给水管线、闸井		1.5	1.0
污水管线、雨水管线、探井		1.5	1.0
再生水管线		1.0	1.0
燃气管线、探井	低压、中压	0.75	0.75
	次高压	1.2	1.2
电力管线	直埋	0.7	0.7
	保护管		
电力电缆		1.0	1.0

续表

管线名称		最小水平净距/m	
		至乔木中心	至灌木中心
通信管道	直埋	1.5	1.0
	管道、通道		
通信电缆		1.0	1.0
热力管线(道)		1.5	1.5
管沟		1.5	1.0
直埋蒸汽管道		2.0	
排水盲沟		1.0	

(2)当遇到特殊情况不能达到表 3-37 中规定的标准时,绿化树木根茎中心至地下管线外缘的最小距离可采用表 3-38 的规定。

表 3-38　树木根茎中心至地下管线外缘最小距离

管线名称	距乔木根茎中心距离/m	距灌木根茎中心距离/m
电力电缆	1.0	1.0
通信电缆	1.0	1.0
通信管道	1.5	1.0
给水管道(管线)	1.5	1.0
雨水管道(管线)	1.5	1.0
污水管道(管线)	1.5	1.0

(3)绿化栽植的植被类型应依据综合管廊覆土深度确定。
(4)道路绿化的植物生长区土壤应与周围实土相接。

(三)道路绿化与其他设施

树木与其他设施的最小水平距离应符合表 3-39 的规定。

表 3-39　树木与其他设施最小水平距离

设施名称		至乔木中心距离/m	至灌木中心距离/m
围墙(2 m 高以下)		1.0	0.75
挡土墙顶内和墙角外		2.0	0.5
路灯杆柱		2.0	2.0
电力、电线杆柱		2.0	2.0
消防龙头		1.5	1.2
测量水准点		2.0	1.0
建筑物外墙	有窗	3.0	1.5
	无窗	2.0	1.5
铁路中心线		5.0	3.5
道路路面边缘		0.75	0.5

续表

设施名称	至乔木中心距离/m	至灌木中心距离/m
人行道路面边缘	0.75	0.5
道路侧石边缘	0.5	0.5
排水沟边缘	1.0	0.3
体育用场地	3.0	3.0

第五节
《风景名胜区详细规划标准》（GB/T 51294—2018）

一、基本规定

(1)风景区详细规划应包括下列内容：

①总体规划要求分析；

②现状综合分析；

③功能布局；

④土地利用规划；

⑤景观保护与利用规划；

⑥旅游服务设施规划；

⑦游览交通规划；

⑧基础工程设施规划；

⑨建筑布局规划；

⑩根据详细规划区特点，可增加景源评价、保护培育、居民点建设、建设分期与投资估算等规划内容。

(2)现状综合分析与总体规划要求分析应符合下列规定：

①应分析详细规划区在风景区内的地位关系，包括风景区总体规划对详细规划区的资源保护、景观展示、用地建设、功能要求、设施配置、居民调控、规模与容量控制等各方面的要求；应进行详细规划和总体规划内容的符合性分析，对不一致的内容应予说明或论证。

②应根据实际需要收集基础资料，分析地形地貌、气候气象、自然灾害、动植物、生态环境、风景资源、历史文化、游览状况、建筑、道路交通、基础工程设施、居民社会等现状情况。

③应分析详细规划区的用地适宜性。

④分析结果应明确发展的有利条件与制约因素。

(3)应明确规划定位。以景区为规划范围的详细规划区定位应结合风景资源价值、游赏特点、主要功能、保护要求和相关发展条件等因素综合确定。

(4)功能布局应功能组织清晰、空间关系合理，各部分有机关联，突出资源特色与主体功能设施建设布置应符合风景区保护规定。

(5)详细规划应控制游人容量、总人口规模和建筑总量，并应预测游人规模。游人集中分布的重要游览

区段,可针对游览高峰日及其高峰时段,制订疏导管理措施,提出极限游人容量。高峰时段游人容量应按"人次/h"计算。

(6)详细规划应确定建设分期实施目标和实施步骤,编制建设分期实施项目清单,明确建设内容与控制要求,估算投资金额。

二、景观保护与利用规划

(1)景观保护与利用规划应包括景观与自然生态保育、景观评价、景观特征分析与景象展示构思、景观环境整治与提升、观赏点建设、景点利用、景群利用、景线利用等内容。

(2)景观与自然生态保育应针对详细规划区内的自然文化景观、珍稀动植物、特色生物群落与生态系统及其他需要保护的资源与环境,提出保护对象与范围、技术措施与方法、科研监测保护设施、保护培育项目及其实施阶段等。

(3)景观评价应在总体规划景源评价的基础上,进行更深入的调查筛选,可视景源条件挖掘新的游览景观。

(4)景观特征分析和景象展示构思应遵循景观多样化和突出景观特色的原则,对各类景观景物的种类、数量、特点、空间关系、意趣展示及其观赏方式等进行具体分析。应对观赏点选择及其视点、视角、视距、视线、视域和游赏组织进行规划分析和安排。应注重历史文化挖掘,并通过时空序列组织,系统展示文化景观的价值和内涵。

(5)景观环境整治与提升应符合下列规定:

①现状历史人文景点景物的维护和修缮应符合真实性和完整性原则,周边环境整治应与历史人文景点景物相协调。

②现状景点游览环境改善应明确游览、观赏方式;组织游赏序列;景观空间较丰富的景点,宜按主、次、配景的关系组织景观层次;应提出景观提升、环境改善和设施配套等相应规划措施。

③受破坏的景观及环境需要恢复时,应提出整治措施与要求,恢复其特色景观风貌、文化传统内涵与空间格局;对景观环境造成破坏或产生不利影响的建(构)筑物应提出拆除、改造或遮挡的措施与方案,对自然生态提出修复措施与步骤。

④重要景观视线、视廊应按照美学原则进行控制,保持观赏的通透性,并应对破坏观赏的因素提出整治措施。

⑤植物生态修复与景观营造应保护原生植被,适地适树,保护生物多样性。

(6)观赏点应选择在景源最佳观赏效果的地段,其建设应服从地形环境特征,建设基址与周边景物宜巧妙结合,建设材料应采用乡土材料;各观赏点之间应具有合理的视角、视距、视线和视域;游赏线路上宜设置指示牌、景观小品等导引性设施。

(7)对于能够提升美学价值、游览体验和风景品质的景点应编制景点利用规划。景点利用规划应立足本土文化、提升审美意境、强化景观特色、丰富游赏内容与游赏体验,完善景观设施,并应符合下列规定:

①建筑遗址复建应分析其原址、原貌、原规模、原功能和景观空间环境等,提出复建方案;复建应符合历史延续性、文化传承性、景观一致性和空间环境协调性等原则。

②游览、休憩等风景建筑应与基址周边的地形、地貌、山石、水体、植物等其他景观要素统一协调,建筑高度和体量应与景观空间和尺度相协调。

③新建人文景点应对题材与选址进行分析论证;建筑布局应符合空间环境审美要求;建筑景观应与风景区历史人文环境相适应、与自然环境相协调,体现风景美学意境。题刻内容、形式应具有较高的艺术水准

和文学欣赏价值,位置选择应符合所在自然景观空间的构成关系。

(8)景群利用应依据其景点分布的空间组合关系、景观特征提出相应的景观序列与主题,选择合理的游赏利用方式与游赏线路,展现景群的丰富景观。

(9)景线利用应结合生态环境、景观和风貌特征,选择风景建筑和景观设施,培育特色植被,组织游赏线路,构成景观序列。

三、旅游服务设施规划

(1)旅游服务设施规划应依据风景区总体规划确定的各级旅游服务基地进行分类设置。主要旅游服务设施应结合自然地形与环境设置,并满足无障碍设计要求和不同人群游览需要。

(2)游客中心可分为综合游客中心和专类游客中心,基本功能应包含信息咨询、展示陈列、科普教育、旅游服务等主要内容。

(3)风景区徽志、解说标志牌、导览标志牌、指示标志牌和安全警示标志牌等应进行系统规划,统一形式、规范设置,构建具有特色的解说系统。风景区徽志应结合风景区主次入口、游客中心等设置在明显位置。

(4)餐饮、住宿设施应体现当地餐饮文化与居住文化特色,符合规划定位,满足游人用餐和住宿需求,营造各具特色的设施环境。

(5)娱乐设施应结合旅游村以上级别的旅游服务基地设施进行建设。特色露天表演场所等设施可结合游赏需求和详细规划区功能设置。

(6)文化设施的展览内容应与历史文化相结合,满足不同游人的文化需求。文化设施可与娱乐设施相结合设置。

(7)门票售卖、应急救援、治安管理、医疗救护等功能设施宜结合游客中心或入口设施区集中设置。

(8)旅游服务设施配置及建设规模应根据游人规模、场地条件、景观环境等确定。风景区内的旅游服务设施规模应严格控制,其建设总量和设置类别应符合风景区总体规划和旅游服务设施配置指标(见表3-40)的规定。

表3-40　旅游服务设施配置指标

设施类型	设施项目	配置指标和要求
旅行	邮电通信	邮电所面积以 30～100 m² 为宜
	道路交通	见本标准的规定
游览	卫生公厕	(1)单座厕所的总面积为 30～120 m²,3～5 m² 设一个厕位(包括大便厕位和小便厕位),每个厕位服务 300～400 人; (2)每座厕所的服务半径:在入口处、步行游览主路及景区人流密集处,服务半径为 150～300 m;在步行游览支路、人流较少的地方,服务半径为 300～500 m; (3)入口处必须设置厕所; (4)男女厕位比例(含男用小便位)不大于 2:3
	游客中心	总面积控制在 150～500 m²;信息咨询 20～50 m²;展示陈列 50～200 m²;视听 50～200 m²;讲解服务 10～30 m²

续表

设施类型	设施项目	配置指标和要求
游览	座椅桌	步行游览主、次路及行人交通量较大的道路沿线 300～500 m;步行游览支路、人行道 100～200 m;登山园路 50～100 m
	风雨亭、休憩点	结合公共厕所,步行游览主、次路及行人交通量较大的道路沿线 500～800 m;步行游览支路、人行道 800～1000 m
餐饮	饮食点、饮食店	每座使用面积:2～4 m²
	餐厅	每座使用面积:3～6 m²
住宿	营地(帐篷或拖车及小汽车)	综合平均建筑面积:90～150 m²/单元(每单元平均接待 4 人)
	简易旅宿点	综合平均建筑面积:50～60 m²/间
	一般旅店	综合平均建筑面积:60～75 m²/间
	中级旅馆	综合平均建筑面积:75～85 m²/间
	高级旅馆	综合平均建筑面积:85～120 m²/间
购物	市摊集市、商店、银行、金融	单体建筑面积不宜超过 5000 m²
	小卖部、商亭	30～100 m² 为宜
娱乐	艺术表演、游戏娱乐、康体运动、其他游娱文体	(1)小型表演剧场:500 座以下; (2)主题剧场:800～1200 座; (3)观众厅面积:0.6～0.8 m²/座
文化	文化馆、博物馆、展览馆、纪念馆及文化活动场地	每个展览馆的使用面积不宜小于 65 m²
其他	治安机构	面积以 30～80 m² 为宜
	医疗救护点	(1)面积以 30～80 m² 为宜; (2)高原等特别地区,可以根据情况增设医疗救护设施

四、游览交通规划

(1)游览交通规划应主要针对车行路外的游览交通道路与设施进行规划。应结合环境条件、游赏需求和游人量控制规定,预测交通流量,确定合理的交通方式与交通转换节点,组织系统的交通网络。

(2)对于在风景区游览区域内需要提供观光电瓶车交通的,宜单独设置电瓶车路;需与步行游览路并行的,应限制电瓶车的行车速度在 15 km/h 以下,电瓶车线路应避开景点、景物等游人驻足观赏的路段。

(3)自行车游览路设置应符合下列规定:

①道路纵坡应在 5% 以内,纵坡大于 4% 的连续下坡路段长度不得大于 200 m;

②自行车游览路宜单独设置,与步行游览路混行的路段应有标线分隔;

③单向行驶自行车路宽度宜大于 25 m;

④自行车游览路及停靠场地应避开主要景点等游人驻足观赏的地段。

（4）步行游览路设置应符合下列规定：

①选线应结合地形地貌、景源分布确定，并宜形成环路；

②主路应串联主要景点、景物与观赏点，形成主要游览线，宽度应大于2.0 m；次路串联其他景点、景物与观赏点，形成一般游览线，路宽宜为0.8～2.0 m；

③当步行交通量较大或地形坡度较大时，在有条件地段应将步行主路分幅设置，每幅路宽控制在3 m以内。

（5）在风景区内设置康体运动型步行路应避开主要游览路线，宜利用原有山路、土路等建设，其道路宜设置成环路，组织单向交通；路宽宜为0.8～2.0 m，以自然土石道为主要路面类型；不同路线的长度与坡度可按不同等级分设，适合不同运动强度的需要。

（6）需要组织水上游览的水域，设置的航线与选择的游船不得对风景游览环境产生不利影响，其游船码头的设置应与陆地交通合理衔接，并应设置集散场地，同时应避开景点、景物等游览地段。

（7）确有必要设置的客运索道应避开景点和观赏面，隐蔽设置，其色彩应与自然环境相协调，避免对景观环境和游览欣赏产生不利影响。索道站点规模尺度宜小不宜大，不得在站点内安排与索道运行管理无关的其他设施。

（8）在风景区、景区出入口和交通转换处应设置游人集散场地，该场地宜选在地形较平缓地带。休息场地应结合步行路设置，宜与风景观赏点相结合，用地空间有限地段可分散设置。集散场地、休息场地建设应顺应地形，应与周边自然生态、景观环境相协调，应保护古树名木、大树和珍稀植物。

（9）风景区、景区出入口及交通转换节点停车场应选择地形平缓地带，或利用坡地建成台地与多层停车场，减少对自然生态环境的破坏。停车场每标准停车位面积应按国家现行相关标准执行，停车场应种植乔木，形成绿树掩映的效果。

五、基础工程设施规划

（1）基础工程设施规划主要应包括给水工程、排水工程、电力工程、电信工程、环境卫生、综合防灾等内容，可根据详细规划区特别需要编制供热工程、燃气工程等规划。

（2）基础工程设施规划应与周边城乡的基础设施相衔接。风景区内的旅游城、旅游镇、旅游村等服务基地的基础工程规划应按照现行国家有关规划标准执行。

（3）工程设施构筑物、设备安装和管道布置应避开重要景点和景物，隐蔽设置。其设施色彩与形式应易于隐蔽于环境之中，必要时应通过植物种植、地形处理等进行遮挡。各种管道宜埋地敷设。

（4）给水工程规划应符合下列规定：

①应对总体规划确定的水源进行论证，确定给水设施的规模、位置，布置给水管线。

②用水量应根据游人数量、旅游服务设施的建筑物性质和用水指标进行预测。散客用水量指标应为10～30 L/(人·d)。其他用水指标应按照现行国家标准《建筑给水排水设计规范》(GB 50015—2019)执行，管网漏失水量与未预见水量之和宜按最高日用水量的10%～15%计。

③给水系统布置应满足用水要求和安全需要，并应在对地形、设施布局、景观要求、技术经济等因素进行综合评价后确定。

④供水水质应符合现行国家标准《生活饮用水卫生标准》(GB 5749—2006)的规定，当水质达不到要求时，应设置给水处理设施。给水处理设施应靠近主要用水设施，不受洪水威胁、工程地质条件及卫生环境应良好。当水压、水量不能保证供水要求和安全时，应设提升泵站和蓄水设施。

⑤给水管线布置应经济合理,避开不良地质构造,宜沿道路埋地敷设。当埋地敷设困难、工程量大,不能埋地敷设时,应选择安全可靠、施工方便的给水管材、并应满足景观、安全供水、巡线检修、防冻等要求。

（5）排水工程规划应符合下列规定:

①排水体制应采取雨污分流;

②应确定排水设施规模、管线布置、污水处理工艺及排放标准;

③生活污水量预测应按日平均用水量的85％～90％计算;

④雨水设计重现期宜采用1～3年;

⑤排水系统应以重力流为主,不设或少设排水泵站;

⑥排水管渠应根据当地水文、地质、气象及施工条件确定材质、构造基础、管道接口和埋深;

⑦污水不得随意排放:当无法接入市政污水管网时应设污水收集、处理系统;污水处理设施宜集中与分散相结合设置,处理程度和工艺应根据受纳水体、再生利用要求确定;当地质条件允许开挖时,应埋地设置。

（6）电力工程规划应符合下列规定:

①应对总体规划确定的电源进行论证和确认,当旅游服务设施分散且规模较小、设置供电线路不经济时,可根据当地条件利用太阳能、风能、地热、水能、沼气生物能等能源,但不得破坏风景区景观环境质量和自然生态系统。

②用电负荷预测宜采用单位建筑面积负荷指标法,应符合表3-41的规定,并应符合国家和当地的节能要求。

表3-41　风景区单位建筑面积用地负荷指标

建筑类别	用电指标/（W/m²）	建筑类别	用电指标/（W/m²）
旅馆	30～50	办公	40～80
商业	一般:40～80	医疗点	40～70
	大中型:70～130	展览建筑	50～80

③应确定配变电所的位置与容量,变压器宜与其他建筑物合建,当用电负荷小且分散时宜选用户外箱式变电站。

④在游览道路和游人活动区域,供电线路应沿道路埋地敷设,在其他区域不影响景观情况下可架空明设。

（7）电信工程规划应符合下列规定:

①通信网络应覆盖详细规划区范围;移动、宽带普及率应为100％。比较集中的服务设施应设置远端模块或程控交换机,当用户数较少且有线无法接入或有线接入不经济时,应采用无线接入方式。移动通信基站不得影响景观。

②电话需求量宜采用单位建筑面积电话用户预测指标进行预测,应符合表3-42的规定,并满足当地电信部门的规定和管理方要求;主要游览道路和景点宜设置公用电话。

表3-42　每对电话主线所服务的建筑面积

建筑类别	每对电话主线所服务的建筑面积/m²	备注
宾馆	20～30	每单间客房1对;每套间客房2对
服务中心	40～50	
商业	30～40	
办公	25～30	
休闲娱乐场所	100～120	

③特别保护区域或有特殊使用要求时,应单独设置通信线路。

④线路宜采用埋地敷设方式,宜与有线电视、广播及其他弱电线路共同敷设。

⑤监控系统设置应包括确定监控中心地点和主要摄像机位置、线路走向等,并应确定系统配置。

⑥ 根据管理和游览服务需要,可另行编制安全防范、信息网络、数字化景区、智能管理和多媒体等专项规划。

(8)环境卫生工程规划应符合下列规定:

①详细规划区内不宜设置垃圾处理设施,可将垃圾收集、转运至城镇垃圾处理厂。

②生活垃圾应采用分类收集方式,医疗垃圾应单独收集、处理。主要游览道路 100 m 左右、一般游览道路 200～400 m 应设置一处垃圾废物箱。

③主要服务建筑附近应设置小型垃圾转运站,用地面积不宜大于 200 m^2。

④公厕可设在服务建筑内,给水管道不能到达区域应设置环保生态的免水冲厕所。

(9)综合防灾工程规划应符合下列规定:

①各类建筑和设施的消防规划应按现行国家标准《建筑设计防火规范》(GB 50016—2014)(2018 年版)执行。森林型景区入口处应设置防火检查站。风景区应配备消防器具和防火通信网络,设立防火瞭望塔。

②游览活动区域的防洪规划应提出预警、防范等安全措施。村镇、服务设施等防洪措施应按现行国家标准《防洪标准》(GB 50201—2014)执行,必要时应设置截(排)洪沟。

③对难以避让的滑坡、崩塌、泥石流、塌陷等地质灾害,应提出工程措施和生态措施相结合的防治方式。

④海滨海岛风景区的详细规划区应针对海洋灾害提出预警、防范等安全措施,服务设施应避开海洋灾害易发生区域,必要时应规划设置防浪、防风设施,海滨浴场应划定安全区域和配备安全设施。

⑤建设抗震应符合现行国家标准《中国地震动参数区划图》(GB 18306—2015)和《建筑抗震设计规范》(GB 50011—2010)(2016 年版)的规定,供水、供电、通信等生命线工程设施的抗震设防标准应提高一级。

⑥游览区域应设置安全防护设施保证游人游览安全;存在地质灾害、自然灾害等安全隐患区应选择合理的游赏方式与线路避让;难以避让的安全隐患区可限定游览安全时段,应提出游人安全防护、游览管控和应急救助等措施。

⑦防灾避难场所及相应设施应设置在较平坦、安全地段,并应符合现行国家标准《防灾避难场所设计规范》(GB 51143—2015)的规定。

六、居民点建设规划

(1)详细规划区内的城市、村镇等居民点建设规划应突出风景及环境特点,符合环境承载力要求以及城乡规划编制的基本要求,并应符合下列规定:

①应深化和完善风景区总体规划中关于居民社会调控与经济发展引导规划的内容;

②应保护风景资源与生态环境,居民点建设风貌应与当地文化特色及自然景观环境相协调;

③应优先发展旅游产业及与之相关的农副产业,严禁设置污染环境的工矿企业;

④应根据居民人口、服务设施的实际需要和实际用地条件,按照适量、适建原则,合理确定居民点建设用地范围、规模与标准;

⑤对于历史文化名城、名镇、名村和传统村落,规划应符合国家和地方相关保护与规划要求。

(2)城市居民点的开发边界、建设强度和建筑体量应严格控制,严禁向景区、景点延伸发展,建设用地不宜过度集中、连片发展,应合理控制建筑高度、提高绿地率,应保持中心城区绿地与风景区自然环境互通。地块建筑布局应紧凑灵活,建筑设计应符合风景美学要求。

（3）村镇居民点建设应符合下列规定：

①建筑布局应顺应地形，并应保护山、水、林、田、湖、草等自然要素与景源，营造具有自然特色的村镇景观格局；

②应体现密度低、强度低、高度低、绿化覆盖率高的建设要求，突出地域特征，协调自然环境，形成整体建筑景观风貌；

③应建设公共设施，美化环境，增加公共活动空间；

④具有旅游服务功能的村镇居民点，宜结合居民建筑开展旅游服务活动，新建旅游服务设施应与村镇整体景观风貌相协调。

（4）景点类的村镇居民点应保持原有景观格局和建筑风貌，保护文物建筑与历史建筑，保护特色文化，改善景观环境。建筑改扩建应遵循原址原风貌的原则，新增建筑宜另择址建设。

（5）位于敏感地段的村镇居民点应严格控制建筑规模、体量、高度、形式、材料、色彩，有条件的地区，宜加强绿化遮挡，达到树木掩映的效果。

七、用地协调规划

（一）用地规划

（1）用地规划应包括现状用地分析、用地区划、用地布局、用地分类、用地适建性与兼容性等内容。

（2）现状用地分析应包括土地利用现状特征、风景游赏与生产生活等各类用地的结构和关系、土地资源保护利用存在的问题和矛盾等，并应汇总现状土地利用一览表，提出土地利用调整的对策和目标。

（3）用地区划应依据用地适宜性评价和风景区总体规划要求划定建设边界，明确建设条件。

（4）用地布局应符合下列规定：

①应保护风景游赏用地、林地、水源地和优良耕地等，将未利用的废弃地等纳入规划优先利用；

②应优先扩展甲类用地，严格控制乙类、丙类、丁类、庚类用地，缩减癸类用地；

③应综合考虑文物古迹保护、古树名木保护、城乡建设的"五线"控制、视廊及景观空间形态控制等要求；

④应根据各专项规划要求，明确用地配置的规划安排，列出规划土地利用统计表。

（5）用地分类应符合下列规定：

①基本分类应按现行国家标准《风景名胜区总体规划标准》（GB 50298—2018）执行，应采用大类、中类、小类3级分类体系；

②用地分类应按土地使用主导性质进行划分和归类，并应与现行国家标准《城市用地分类与建设用地标准》（GB 50137—2011）相衔接；

③用地分类的代号，大类应采用中文表示，中类和小类应各用一位阿拉伯数字表示。

（6）用地适建性与兼容性应符合下列规定：

①"旅游服务设施用地"（乙）内设施适建性应按现行国家标准《风景名胜区总体规划标准》（GB 50298—2018）中"旅游服务设施与旅游服务基地分级配置"表的规定控制；

②城乡建设用地的适建性除应符合城乡规划的有关规定外，还应符合风景区景观保护、生态环境保护等特定要求；

③"居民社会用地"（丙）可兼容旅游服务功能，设施适建性可参照相同区域旅游服务基地的等级要求；

④"旅游服务设施用地"（乙）可兼容"风景游赏用地"（甲）的功能。

(二)建设用地控制

(1)建设用地控制性规定应包括地块划分、土地使用、设施配套、景观环境等,并应符合下列规定。

①应根据生态敏感性和景观敏感性,进行资源保护和土地使用的分类控制;

②尊重土地自然特征,维护原有地貌特征和大地景观环境,降低地表改变率,营造空间特色;

③应明确具体地块的不同的保护、建设与功能等控制要求;

④应统筹安排地形利用、工程补救、水系梳理、生态修复、表土回用、地被更新和景观恢复等各项技术措施。

(2)地块划分应根据土地使用的主导性质确定,以中类为主、小类为辅,并应确定地块编码。地块划分应明确范围边界,地块规模应与资源分布状况、地形地貌和用地类型相适应。

(3)土地使用控制应对用地的基本内容和建设强度进行控制。设施配套控制应对管理服务设施、基础工程设施、保护设施和交通设施等进行控制。景观环境控制应对建筑景观和自然景观等进行控制。控制指标应符合表 3-43 的规定。

表 3-43　建设用地控制指标

指标体系分类			控制指标名称	建设用地指标使用
1	土地使用	基本内容控制	用地面积	▲
			用地性质	▲
			后退红线	▲
			出入口方位	▲
			配建车位	▲
			用地使用兼容	△
		建设强度控制	建筑密度	▲
			容积率	▲
			建筑总量	▲
			绿地率	▲
2	设施配套	管理服务设施控制	管理办公设施	△
			安全设施	▲
			医药卫生设施	△
		基础工程设施控制	基础工程设施	△
		保护设施控制	保护设施(监测站、瞭望塔、防火设施)	▲
		交通设施控制	交通设施(旅游码头、换乘枢纽、停靠站)	△

续表

指标体系分类			控制指标名称	建设用地指标使用
3	景观环境	建筑景观控制	建筑限高	▲
			建筑体量	△
			建筑形式	△
			建筑色彩	△
			建筑材料	△
			建筑屋顶	△
		自然景观控制	植被覆盖率	△
			古树名木保护	△
			驳岸景观	△

注：▲表示强制性控制指标，△表示指导性指标。

八、建筑布局规划

（1）风景区的出入口、旅游服务设施集中区、文化设施与文化娱乐项目集中区和重要交通换乘区应进行城市设计和建筑布局规划。

（2）建筑布局应避开重要风景视点、视廊、观赏面等景观区域，应协调与周边风景及空间环境的关系，对周边景点、景物及观赏视线视廊进行分析，以地形、地物所构成的空间尺度关系确定建筑的风格、形式、体量和规模，构成与风景环境和谐的整体风貌。

（3）用地空间不能集中满足功能安排时，建筑布局宜结合用地条件分散布置。分散的建筑布局应有机组织空间序列和游览线路。

（4）建筑布局应结合场址条件减小地表改变率，应合理利用地形、地物、保留有价值的地形地貌和景观要素，保护地表植被，防止水土流失。严禁开山采石、乱挖滥填，将土方量减至最少。对需要重点保护的景物应留出观赏空间，提出保护措施。

（5）建筑布局应将地形、水体、绿地、树木、标志牌、道路、场地等环境与景观要素同主体建（构）筑物进行平面与竖向的统筹安排，在满足使用功能空间的基础上美化环境空间，达到树木掩映的景观效果。应绘制建筑布局规划总平面与竖向规划图纸，重点建筑宜增加立面、剖面或效果示意图纸。

（6）应明确详细规划区范围内的用地、建筑面积及建筑限高等内容，并应按本标准附录进行汇总。

附录　风景名胜区详细规划技术经济指标统计表统一格式

风景名胜区详细规划技术经济指标应按表 3-44 进行汇总。

表 3-44　技术经济指标

项目		计量单位	数值	所占比例/（%）	指标使用
一、规划总用地		hm²			▲
1.建筑用地	功能建筑用地	hm²			▲
	景观建筑用地	hm²			▲
	工程设施用地	hm²			▲
2.绿化用地		hm²			△
3.风景用地		hm²			△
4.其他用地		hm²			△
二、总建筑面积	现状建筑面积	m²			▲
	新增建筑面积	m²			▲
三、容积率					△
四、建筑限高					▲
五、建筑密度		%			△
六、地表改变率		%			△

注：▲表示必要指标；△表示选用指标。